基础化学实验教学示范中心建设系列教材

主　编：方志杰

副主编：（按姓氏笔画排序）

王风云　贡雪东　居学海　彭新华

中国石油和化学工业优秀教材
大学化学实验2　合成实验与技术　第二版

主　　编：彭新华

副 主 编：蒋鹏举　纪明中

编写人员：（按姓氏笔画排序）

方志杰　刘　卉　纪明中　李晓瑄

林雪梅　周建豪　施新宇　姬俊梅

彭新华　董　伟　蒋鹏举　穆飞虎

基础化学实验教学示范中心建设系列教材

方志杰 主编

中国石油和化学工业优秀教材

大学化学实验 2
合成实验与技术

DAXUE HUAXUE SHIYAN 2
HECHENG SHIYAN YU JISHU

第二版

彭新华 主编

化学工业出版社
·北京·

《基础化学实验教学示范中心建设系列教材》是南京理工大学、南通大学、南京理工大学泰州科技学院等几家院校大学化学实验教学改革的成果。经过十几年不断地探索、教学实践的检验和完善，也参考了其他院校基础化学实验课程改革的经验。该系列教材将基础化学实验分成四个分册：基础知识与技能、合成实验与技术、测试实验与技术、综合与设计性实验。本书是第二分册。

《大学化学实验 2　合成实验与技术》第二版分为化学合成实验基础、无机化合物合成实验、有机化合物合成实验三章，第 1 章主要介绍大学化学合成实验常规、特殊以及近代技术与方法，从分离、纯化等基础的化学合成实验到低压催化氢化、无水无氧等特殊技术以及自蔓延高温无机合成、固相有机合成等新方法；第 2 章和第 3 章分类精选了许多无机化合物合成实验和有机化合物合成实验应用实例，除了一些典型的基础合成实验外，还涉及部分新方法、新技术的实践。

本书内容广泛而新颖，适用于化学、化工、环境、生物、制药、材料等专业的大学生和研究生使用，也可供从事化学实验和科研的相关人员参考。

图书在版编目（CIP）数据

大学化学实验 2　合成实验与技术/彭新华主编. —2 版. 北京：化学工业出版社，2012.8（2024.8重印）
基础化学实验教学示范中心建设系列教材　中国石油和化学工业优秀教材
ISBN 978-7-122-14293-1

Ⅰ. 大…　Ⅱ. 彭…　Ⅲ. 化学实验-高等学校-教材
Ⅳ. 06-3

中国版本图书馆 CIP 数据核字（2012）第 094443 号

责任编辑：刘俊之　　装帧设计：韩　飞
责任校对：边　涛

出版发行：化学工业出版社（北京市东城区青年湖南街 13 号　邮政编码 100011）
印　　装：北京天宇星印刷厂
787mm×1092mm　1/16　印张 10½　字数 271 千字　　2024 年 8 月北京第 2 版第 8 次印刷

购书咨询：010-64518888　　售后服务：010-64518899
网　　址：http://www.cip.com.cn
凡购买本书，如有缺损质量问题，本社销售中心负责调换。

定　　价：22.00 元

前言

基础化学实验教学示范中心建设系列教材（共4册）第一版在2007年出版发行，因系统性强，内容新颖，涉及新方法新技术实践，已在大学生和研究生教学中获得广泛应用，得到用书学校师生的高度认同和肯定。各分册均多次印刷，并获得第九届中国石油和化学工业优秀教材奖。

编写一套理论和实践趋向完美结合的实验教材，需要师生们的新思想，我们很高兴利用再版的机会吸收新观点，摒弃第一版中不合时宜的内容，并保持教材的以下特色。

(1) 综合性：一个实验是两个或两个以上二级学科知识点的有机结合。例如无机制备或有机合成与分析表征的结合、晶体合成与结构表征的结合等。

(2) 先进性：部分实验内容来源于科学研究的最新成果，可以引导学生尽早了解各分支学科的国际前沿和热点。例如组合化学、纳米材料合成等。

(3) 实用性：实验的对象是真实的样品，例如地表水、表面活性剂、分子筛或自行制备的工业水处理剂等。

(4) 普遍性：通过一个实验可以达到“举一反三”的目的，既可以深入学习方法的原理，又可以得到实际操作能力的训练，进而可以推广应用。

作为基础化学实验教材，既要保持内容的系统性，又要反映科学技术发展的先进性。然而科学技术发展日新月异，及时反映科学技术发展的前沿，除了教学人员的知识体系不断更新外，还需要不断进行适合于新方法技术的先进仪器设备等装备。鉴于此，《大学化学实验2　合成实验与技术》仍沿袭了第一版的风格，保留了第一版的内容，即从化学合成常规技术与方法、到化学合成特殊技术与方法、以及化学合成近代技术和方法的实践，构建一套较完善体系的典型实训内容。

本实验教材是为化学化工领域大学生实践学习所编写，其他相关专业领域人员也可参考。我们感谢书中所列参考文献的作者和因疏漏等原因未列出的文献作者，因他们创新了很多典型案例。同样我们感谢化学工业出版社的编辑，使得本书及时修订。最后我们感谢南京理工大学、南通大学、泰州科技学院等单位对本书再版工作的支持。书中不妥之处，敬请读者批评指正。

编　者
2012年4月

第一版前言

为实施“高等教育面向21世纪教学内容和课程体系改革”计划，拓宽基础，淡化专业，注重知识、能力和素质的综合协调发展，培养面向21世纪的创新型人才，以基础化学实验教学示范中心建设为契机，我们对原有的实验课程教学模式进行了较大的调整改革，对基础化学实验内容进行了整合、优化与更新，将实验课由原来依附于理论课开设变成独立设课，由原来按二级或三级学科内容开设变为分层次开设，将基础化学实验作为以能力培养为目标的整体来考虑。从培养技能的基本操作性实验，到培养分析解决问题能力的有关原理、性质、合成、表征等方面的一般实验，进而到重点培养综合思维和创新能力的综合与设计探索性实验，分层次展开，进一步强化大学生的自我获取知识的能力，在巩固其扎实的基础知识和基本技能的基础上，更有利于培养学生的动手能力和创新能力，为以后的科学研究工作奠定坚实的基础。据此，我们编写了基础化学实验教学示范中心建设系列教材。该系列教材共分4册，由方志杰任主编，分别为《大学化学实验1　基础知识与技能》、《大学化学实验2　合成实验与技术》、《大学化学实验3　测试实验与技术》和《大学化学实验4　综合与设计性实验》。

本书作为系列教材的第二册，系统介绍了大学化学合成实验常规、特殊以及近代技术与方法，从分离、纯化等基础的化学合成实验到低压催化氢化、无水无氧等特殊技术以及自蔓延高温无机合成、固相有机合成等新方法。本册还分类精选了许多无机化合物合成实验和有机化合物合成实验的应用实例，除了一些典型的基础合成实验外，还涉及部分新方法、新技术的实践。

本书由彭新华任主编，蒋鹏举、纪明中任副主编，具体编写分工为纪明中（1.1.1，1.3.1，实验2.2～2.15），蒋鹏举（1.1.2，实验3.1～3.3，实验3.9，实验3.11～3.12，实验3.23～3.24），周建豪（1.2.1，实验3.17～3.18），董伟（1.2.2，1.3.2，实验3.16），彭新华（1.3.2，实验3.26～3.28，实验3.32），施新宇（实验2.1～2.2），姬俊梅（实验2.3，实验3.4，实验3.6～3.8，实验3.10，实验3.13～3.15），穆飞虎（实验2.3，实验3.4，实验3.6～3.8，实验3.10，实验3.13～3.15），林雪梅（实验3.5），李晓瑄（实验3.19，实验3.25），方志杰（实验3.20～3.22，实验3.30～3.31），刘卉（实验3.29）。南京理工大学新药合成研究室的申涛、陶建琦、叶磊、杨敬梅、姜宇华、郑保辉和方韬等同学在本册的编写过程中做了大量文字录入和预实验工作。

本书的出版得到南京理工大学化工学院和教务处，南通大学、泰州科技学院等单位的大力支持，还得益于化学工业出版社编辑的指导和认真细致的编辑工作，编者在此一并致以衷心的感谢。同时还要感谢书中所列参考文献的作者，以及由于疏漏等原因未列出的文献作者。

由于编者水平有限，加之时间仓促，书中不妥之处在所难免，恳请广大师生和读者批评指正。

编　者

2007年7月

目 录

第 3 章　有机化合物合成实验　79

第 1 章　化学合成实验基础

1.1　化学合成实验常规技术与方法

1.1.1　无机化学合成实验中的常规技术与方法

到目前为止，无机化合物已有上百万种，各种化合物的制备方法差异很大，同一种化合物也有差异很大的多种合成方法，现主要介绍无机化合物的制备及提纯的基本原理和方法。

1.1.1.1　无机化合物合成路线的设计

根据目标化合物的物理性质和化学性质，可以设计多种合成路线或制备方案。而设计的实验路线是否可行，可以从反应热力学和反应动力学两个方面考虑。首先通过热力学原理，计算设计方案中合成路线反应的 Gibbs 自由能变化的大小，确定该反应能否进行或反应达到平衡时转化率的高低。在反应路线可行的前提下，再考虑反应的动力学性质，必要时可通过实验确定其反应速率，选择合适的催化剂提高反应速率。只有理论的指导，才能减少实验的盲目探索。对于热力学不可行的实验路线必须重新设计新的合成路线。

例如 $CuSO_4 \cdot 5H_2O$ 的合成。若铜与稀硫酸直接反应，由于其标准 Gibbs 自由能变 $\Delta G^{\ominus} \gg 0$，说明该反应在热力学上不可行，也就是说不可能通过改变反应温度、压力、浓度、添加催化剂等条件实现铜和稀硫酸直接反应生成硫酸铜。若以铜和稀硫酸为原料，可以设计许多不同的实验方案来制备 $CuSO_4 \cdot 5H_2O$。

① 将金属铜与空气或氧气在高温下反应生成氧化铜，再与稀硫酸反应生成硫酸铜。

$$2Cu + O_2 = 2CuO(600℃) \qquad CuO + H_2SO_4 = CuSO_4 + H_2O$$

② 通过在铜和稀硫酸的混合物中，加入硝酸为氧化剂，再通过硫酸铜和硝酸铜的溶解度不同，通过蒸发、析晶获得纯度较好的硫酸铜。

$$3Cu + 2HNO_3 + 3H_2SO_4 = 3CuSO_4 + 2NO\uparrow + 4H_2O$$

③ 在铜和稀硫酸的混合物中通入氧气或空气，获得硫酸铜产物，但该方案在常温下反应速率较慢，可以通过改变反应温度、压力或添加催化剂，如 Fe^{3+}、NO_3^-、Cl^- 等来提高反应速率。

$$2Cu + O_2 + 2H_2SO_4 = 2CuSO_4 + 2H_2O$$

④ 向铜和稀硫酸的混合物中滴加过氧化氢来获得产物。

$$Cu + H_2SO_4 + H_2O_2 = 2H_2O + CuSO_4$$

⑤ 通过电解的方法，以稀硫酸为介质，以铜为电极。

$$Cu + H_2SO_4 = H_2\uparrow + CuSO_4$$

在设计方案可行的情况下，进一步考虑合成工艺的先进性及不同方案中合成产物的纯度、产率、成本、环保等因素。如以铜与硝酸反应，先合成硝酸铜，转化为氧化铜后，再转化为硫酸铜。其方案也有多种：

a. 直接加热分解硝酸铜，得氧化铜。

b. 将硝酸铜与 NaOH 反应生成 $Cu(OH)_2$ 沉淀，加热后转化为氧化铜。

c. 将硝酸铜与 Na_2CO_3 反应生成 $Cu_2(OH)_2CO_3$ 沉淀，焙烧后得氧化铜。

其中方法 a 由于工业铜粉含杂质较多，所得产品的纯度不高，而且环境污染严重。方法 b 不

足之处是由于 $Cu(OH)_2$ 是两性偏碱的物质，在碱性溶液中可生成 $[Cu(OH)_4]^{2-}$，溶于溶液中，故产率不高，且 $Cu(OH)_2$ 是胶状沉淀，难以过滤。方法c由于污染小，生成沉淀完全，产品的纯度和产率都高，所以实际生产中基本上采用此法。因此，设计无机化合物合成路线时，首先从热力学的角度来考虑反应的可行性。在反应可行的情况下，选择合适的合成工艺和合成工艺条件参数，从而使生产过程简单，安全无毒，环境污染小，而且产品质量好，成本低廉。

1.1.1.2　无机化合物的常用合成方法

（1）水溶液中的离子反应　利用水溶液中的离子反应制备化合物是无机合成中最常用的方法。若产物为沉淀，可过滤、洗涤获得；若产物溶于水，可通过浓缩、析晶获得；若产物为气体，收集气体即可。例如立德粉是一种优质的白色涂料，其制备方法是，以 BaS 和 $ZnSO_4$ 为原料，将上述两种物质的溶液混合进行反应，反应式为 $BaS+ZnSO_4 \xlongequal{} ZnS\downarrow+BaSO_4\downarrow$，过滤洗涤后即得产品。又如 KNO_3 的制备：以水为溶剂，以 KCl、$NaNO_3$ 为原料合成 KNO_3。在水溶液中存在 K^+、Na^+、NO_3^- 和 Cl^- 四种离子，可生成四种盐 KCl、$NaNO_3$、KNO_3 和 NaCl。在高温下 NaCl 的溶解度最小，而且其溶解度随温度的升高几乎不变。当加热混合溶液后，可先将溶解度最小的 NaCl 趁热过滤出去。这样溶液中主要存在 K^+ 和 NO_3^-，且 KNO_3 的溶解度随温度变化最大，将滤液冷却，KNO_3 就从溶液中结晶析出，即 $KCl+NaNO_3 \xlongequal{} KNO_3+NaCl$。

（2）水溶液中的其他反应　在水溶液中有其他形式的反应存在，如分子间化合物的制备、氧化还原反应、电解等。分子间化合物范围十分广泛，有水合物，如 $FeSO_4\cdot 7H_2O$；氨合物，如 $CaCl_2\cdot 8NH_3$；过氧化氢复合物，如 $CO(NH_2)_2\cdot H_2O_2$、$2Na_2CO_3\cdot 3H_2O_2$；复盐，如 $(NH_4)_2SO_4\cdot FeSO_4\cdot 6H_2O$、$K_2SO_4\cdot Cr_2(SO_4)_3\cdot 24H_2O$；配合物，如 $[Cu(NH_3)_4]SO_4$、$K_3[Fe(C_2O_4)_3]\cdot 3H_2O$、$[Co(en)_3]I_3\cdot H_2O$ 等。例如 $[Cu(NH_3)_4]SO_4$ 的合成，可在硫酸铜的溶液中，加入浓氨水后，再加入乙醇析出蓝紫色的目标产物。

（3）非水溶剂中的反应　对大部分化合物而言，水是最好的溶剂。水性质稳定，安全无毒，操作容易而且价格低廉。但有些化合物在水中强烈水解，如 SnI_4、$AlCl_3$、$NaBH_4$、格氏（Grignard）试剂等，需要在非水溶剂中进行。常见的非水无机溶剂有液氨、硫酸、氟化氢、熔盐等，有机溶剂有石油醚、乙醇、丙酮、氯仿、二硫化碳、甲苯等。化学合成实验时选择溶剂必须同时考虑反应物的性质、生成物的性质以及溶剂的性质。一般选择溶剂时应考虑以下几个主要因素：反应物在溶剂中有较大的溶解度；反应产物不能与溶剂作用；尽量不发生副反应；溶剂与产物易于分离。例如：无水卤化物 SnI_4 的合成。SnI_4 遇水强烈水解，在空气中也会缓慢分解，所以不能在水溶液中合成。以冰醋酸和乙酸酐的混合物作溶剂，也可以用石油醚作溶剂，将一定量的锡和碘与溶剂混合后加热回流，冷却后析晶可得产物。

许多无水硝酸盐不能用水合物加热脱水的方法来制备。因为硝酸盐在失去结晶水前往往会分解，由于非水溶剂的发展，在非水溶剂中制取无水硝酸盐成为可能。四氧化二氮是制备无水金属硝酸盐的理想溶剂。例如金属铜溶解在溶剂 N_2O_4 中，发生如下反应：

$$Cu+2N_2O_4 \xlongequal{} Cu(NO_3)_2+2NO\uparrow$$

析出组成为 $Cu(NO_3)_2\cdot N_2O_4$ 的蓝绿色固体无水硝酸盐。Mn(Ⅱ)、Co(Ⅱ)的无水硝酸盐也可以用类似的方法获得。

为了适应电子工业的需要，电子陶瓷粉末的粒度和纯度的要求越来越高。精细陶瓷粉末的传统合成方法是高温固相合成，即将原料氧化物在高温下通过固相反应来获得。如：

$$BaCO_3+TiO_2 \xlongequal{} BaTiO_3+CO_2\uparrow$$

$$PbO+1/4Fe_2O_3+1/4Nb_2O_5 \xlongequal{} Pb(Fe_{0.5}Nb_{0.5})O_3$$

该法合成的产品粒度大，粒径分布范围宽，纯度差，为解决上述弊端，相继发展了合成精细陶瓷粉末的许多新方法，如溶胶-凝胶法、均相沉淀法、熔盐合成法等。

熔盐法是以熔融的碱金属氯化物（或硫酸盐、碳酸盐）作为原料氧化物的反应介质。原料溶于熔盐中进行的均相化学反应与固相法相比，反应温度低，速度快，产品纯度高、粒度小且分布均匀。例如$Pb(Fe_{0.5}Nb_{0.5})O_3$的合成，首先按化学计量比称取原料氧化物PbO(PbO能与熔盐作用，故应过量10%)、Fe_2O_3、Nb_2O_5，并与作为反应介质的NaCl、KCl(物质的量的比例为1∶1）混合，氧化物与氯化物之比为1∶1，在研钵中加丙酮研磨使其混合均匀，所得浆状物在120℃干燥，以彻底除去丙酮，然后置于刚玉坩埚中，在800℃反应1h，将产物取出冷却，用热水洗至无Cl^-，再用煮沸的5%醋酸处理除去残留的PbO，烘干后即得产品。用此法合成的产物平均粒径为0.5μm，粒度均匀，无团聚，可以烧结为优质陶瓷。

1.1.1.3 无机化合物的提纯技术

产品的分离、提纯是无机合成中重要组成部分。合成过程常伴有副反应，要获得纯物质必须进行分离和提纯，所以化合物的提纯与合成是分不开的。常见无机化合物的分离提纯方法有结晶、蒸馏与精馏、沉淀分离、气相转移等。

（1）结晶　结晶是指易溶物质在溶液中含量超过该物质的溶解度时，晶体从溶液中析出的过程。留下的溶液称为母液，可溶性的杂质残留在母液当中，经过多次结晶提纯称为重结晶，重结晶可达到提纯物质的目的。结晶时，溶液的pH值范围取决于待结晶物质的性质，例如硫酸铜溶液在弱酸性条件下，易生成碱式硫酸铜沉淀，所以制备$CuSO_4 \cdot 5H_2O$晶体应控制溶液的pH值为1～2；又如$K_3[Fe(C_2O_4)_3]$溶液，pH值偏高会生成$Fe(OH)_3$沉淀，过低，化合物不稳定，最佳的pH值范围为3～4。

结晶时，溶液蒸发浓缩的程度与溶解度的大小有关。常见情况有以下几种：被结晶物室温时溶解度很大，例如结晶硫酸铝时，一般将溶液蒸发浓缩至浆状；若物质在常温下溶解度较小，但溶解度随温度升高增加明显，例如$CuSO_4 \cdot 5H_2O$结晶时，一般将溶液蒸发至表面出现结晶膜；若物质的溶解度在常温下较小，随温度变化更为明显，例如$K_3[Fe(C_2O_4)_3] \cdot 3H_2O$，这类物质结晶时必须浓缩到一定体积，让溶液达到饱和后慢慢结晶；对于热不稳定的物质，若加热浓缩往往引起产物的分解，可通过加入与水相溶的溶剂，引起溶解度的下降，析出晶体获得产品。

（2）蒸馏　制取纯水时，在水中加入一些高锰酸钾溶液加热消除有机物，弃去前馏分，收集100℃左右的馏分得纯水，难挥发的电解质留在蒸馏残液中。若要求产物的纯度更高，则可以进行多次蒸馏或精馏。

（3）沉淀分离　当物质中所含有的杂质可通过与其他物质反应形成沉淀时，可通过加入适当的试剂，使之与杂质反应，生成沉淀，经过滤分离达到提纯的目的。例如提纯NaCl时，溶液中含有Ca^{2+}、Mg^{2+}等杂质，加入沉淀剂Na_2CO_3溶液，生成$CaCO_3$和$Mg(OH)_2$沉淀，除去Ca^{2+}、Mg^{2+}，再加入HCl溶液，调节pH值至中性，浓缩析晶得纯净产物。当提纯$CuSO_4 \cdot 5H_2O$时，工业硫酸铜中往往含有Fe^{2+}，直接加碱形成$Fe(OH)_2$沉淀时，同时也产生$Cu(OH)_2$，故不能直接加碱。若进行重结晶，由于Fe^{2+}可在硫酸铜析晶时混于其中，也难以分离，即使多次结晶，也难以提纯，因此在实际中先将Fe^{2+}氧化为Fe^{3+}，在pH值3～4时可生成$Fe(OH)_3$沉淀，而不形成$Cu(OH)_2$沉淀，从而达到分离目的。工业$ZnSO_4$中往往含有Cd^{2+}、Pb^{2+}、Mn^{2+}、Fe^{2+}等杂质，可先加入$KMnO_4$，将Mn^{2+}、Fe^{2+}氧化为MnO_2、Fe^{3+}，调节pH值生成$Fe(OH)_3$沉淀，过滤除去；在滤液中加入Zn粉，将Cd^{2+}、Pb^{2+}还原为金属Cd和Pb过滤除去，也可以采取电解的方法，除去其中的Cd^{2+}和Pb^{2+}杂质。

（4）化学气相转移　化学转移反应是指将一种不纯的固体物质，在一定温度下与某气体反应生成气相物质，该气相物质在另一温度下，又可发生分解，得到提纯后的固体物质。例如提纯粗镍时发生如下反应：

$$Ni(s)+4CO(g) \xlongequal{} Ni(CO)_4(g) \qquad (反应温度 50\sim80℃)$$

$$Ni(CO)_4(g) \xlongequal{} Ni(s)+4CO(g) \qquad (反应温度 180\sim200℃)$$

粗镍与CO反应生成 $Ni(CO)_4$ 气态物质，然后在高温下又分解出纯镍。

其他许多提纯方法还包括升华、离子交换、色谱分离、萃取、吸附、区域熔炼、液膜分离等方法。

1.1.1.4 无机化合物合成基本操作

（1）溶解、蒸发和浓缩　固体物质在溶解前，若固体颗粒太大，可在研钵中研细后加入到溶剂中溶解。溶解时可使用加热、搅拌等方法促进溶解。搅拌时，搅拌棒不能触及容器内壁和底部，加热方式的选择可根据物质的热稳定性采用直接加热或水浴加热等不同方式。要使物质从稀溶液中析出晶体时，需要进行蒸发、浓缩、析晶的操作。将稀溶液放入蒸发皿中，缓慢加热并不断搅拌，溶液中的水分不断蒸发，溶液的浓度逐步提高，当蒸发至一定浓度时，放置冷却即可析出晶体。溶液浓缩的程度与被结晶物质的溶解度的大小及溶解度随温度的变化等因素有关。若被结晶物质的溶解度较小且随温度变化较大，则蒸发至出现结晶膜即可。若被结晶物质的溶解度随温度变化不大时，则蒸发至稀粥状后再冷却。若希望获得大颗粒晶体，则不宜蒸发得太浓。

在实验室中，蒸发、浓缩的过程是在蒸发皿中完成的，蒸发皿中所盛放的溶液量不可超过其容量的2/3，一般可将蒸发皿放在石棉网上加热蒸发，也可用水浴间接加热。

（2）过滤和洗涤　沉淀与溶液的分离可采用倾析法、过滤法和离心分离法。

① 倾析法。结晶的颗粒较大，静置后易于沉降的可用倾析法进行固液分离。倾析法的操作为：将烧杯倾斜放置，待烧杯中的沉淀沉降至烧杯底部，取一根玻璃棒横搁在烧杯口上，然后将上清液沿玻璃棒小心倒出，使沉淀与溶液分离。若需洗涤沉淀，可加少量洗涤液于沉淀中，充分搅拌后静置、沉降，用倾析法分离，一般需洗涤2～3次。

② 过滤法。过滤法是固液分离中最常用的方法。通过过滤装置和过滤介质，可使固液混合物中的溶液通过过滤介质流入接收容器中，过滤后的溶液称为滤液，沉淀物在过滤介质上。过滤的方法通常有常压过滤，减压过滤和热过滤。

常压过滤：在常压下，使用普通漏斗过滤的方法称为常压过滤。此法简便适用，适合颗粒较小的沉淀物质，但过滤速度较慢。常压过滤一般使用普通漏斗和滤纸作过滤器，若过滤强氧化剂，则需用玻璃纤维（或砂芯）漏斗。

减压过滤：由布氏漏斗、抽滤瓶、安全瓶和真空泵组成一个抽滤装置。减压过滤的基本操作：先在布氏漏斗内覆盖上一层（或二层）滤纸，滤纸的大小应略小于布氏漏斗的内径且能遮盖住所有的小孔。用少量水润湿滤纸，安装布氏漏斗和抽滤瓶，安装时布氏漏斗出口处的斜面应对着抽滤瓶的抽气支管，以防止滤液被抽入安全瓶中。微微开启抽气阀门，使滤纸紧贴于漏斗的底部。然后在开启阀门的情况下，将固液混合物慢慢倒入布氏漏斗中，每次倒入的溶液量不得超过布氏漏斗容量的2/3。待溶液倒完再将沉淀转移至布氏漏斗中，直到沉淀被抽干。若需洗涤沉淀，应先停止抽滤，加入洗涤液与沉淀充分接触后再抽滤至干。抽滤过程中，抽滤瓶中滤液液面不能超过支管口，抽滤完毕，应先拔下抽滤瓶支管上的橡皮管，再关闭阀门，否则，容易引起真空泵中的水（或油）倒吸。一般为避免水（或油）倒吸入抽滤瓶污染滤液，常在真空泵和抽滤瓶之间安装安全瓶。

布氏漏斗内沉淀的取出步骤如下：用玻璃棒轻轻揭起滤纸边，取下滤纸和沉淀，也可将漏斗倒置，轻轻敲打漏斗边缘或用气吹漏斗口，将滤纸和沉淀一同取出。滤液应从抽滤瓶的上口倒出，同时抽滤瓶的支管向上，切不可从支管口倒出滤液。

（3）蒸馏　液态混合物的分离和提纯常采用蒸馏的方法。所谓蒸馏就是将液态物质加热至沸腾，使之汽化，然后再将蒸气冷凝为液体的操作过程。若沸点相差较大（沸点相差30℃以上）的液体混合物，通过蒸馏，低沸点的物质先汽化蒸发，高沸点的物质后汽化蒸出，不挥发的物质则留在蒸馏瓶中，从而达到分离各组分的目的。蒸馏装置包括三个部分，即蒸馏瓶、冷凝管和接收瓶。

蒸馏瓶是装液体混合物的容器，一般以液体量占蒸馏瓶容积的1/3～2/3来选择蒸馏瓶的大小，蒸馏瓶上口插一根温度计，蒸馏瓶支管和冷凝管相连。溶液在蒸馏瓶经加热汽化，蒸气从蒸馏瓶支管溢出进入冷凝管。冷凝管的作用是将蒸气冷凝为液体，冷凝管分为直形冷凝管、球形冷凝管、蛇形冷凝管等多种。用直形冷凝管时，沸点低于130℃时用水冷却，沸点高于130℃时用空气冷凝。冷凝水用橡皮管引入，自来水与冷凝管下口相连，自来水在冷凝管中由下至上充满整个冷凝管，然后从冷凝管的上口流出，通过橡皮管通入下水道。冷凝管的上端出水口应向上放置，以保证冷凝管套管中充满冷却水。接收瓶通过接收管与冷凝管相连，且接收管与接收瓶之间应与大气相通。蒸馏瓶安装时，应掌握由下至上、由左至右、横平竖直的原则。一般先从热源开始，选择适当高度为基点，用铁夹夹住瓶颈将蒸馏瓶固定在铁架台上，蒸馏瓶上口装上蒸馏头，在蒸馏头上口插入温度计，温度计放置的位置应是温度计水银球的上限恰好与蒸馏瓶支管的下限处于同一水平线上。蒸馏瓶与冷凝管相连时，先将冷凝管用铁夹固定在铁架台上，铁夹一般夹在冷凝管的中上部，然后调整冷凝管的高低及倾斜度，使之与蒸馏头支管处于同一直线上，再松开夹冷凝管的铁夹，让冷凝管和蒸馏头支管紧紧相连后再夹紧，在冷凝管的尾部安装上接收管，接收管下安装接收瓶，整套装置安装完毕后，从正面和侧面观察都应处于同一平面。铁架台位于仪器的背面，铁夹松紧得当，同时整套装置必须与大气相通。

加热蒸馏前，先将蒸馏头上口的温度计取出，插入长颈漏斗，通过长颈漏斗将溶液倒入蒸馏瓶中，注意不要让液体流入支管。料液中还需加入助沸物。助沸物一般是表面疏松多孔、吸附有空气的物质，如沸石、玻璃沸石或素瓷片，也可以是一端封闭的毛细管。加入助沸物的目的是防止加热过程中产生暴沸，保持沸腾平稳。若加热蒸馏时未加助沸物，切不可在沸腾的液体中补加，否则会引起暴沸，出现险情，应使沸腾的溶液冷却至沸点以下方可补加。若蒸馏中途停止，重新加热时，必须补加助沸物。在加热前还需安装好温度计，通入冷凝水。液体受热后慢慢沸腾，蒸气上升，当上升的蒸气到达温度计水银球部位时，温度计的读数急剧上升，此时需减小热源的供热量，使加热速度减慢，让蒸气顶端保留在原处使温度计和蒸馏头受热。然后调节热源进行蒸馏。热源温度控制在以每分钟蒸出1～2滴为准，这时蒸气需始终充满于温度计的水银球上，同时温度计上又始终有被冷凝的液滴。在液体和蒸气达到平衡后，温度计上显示的温度才是馏出液的沸点。热源温度过高，会使蒸馏速度过快，蒸气过热而读出的温度高于沸点；热源温度过低，会使蒸馏速度过慢，蒸气不能充满水银球而使读出的温度过低或不规则。当温度计的温度趋于稳定时，就可用一干燥、洁净的接收瓶接收馏出液，记下从开始馏出至最后一滴的温度计上的读数，即馏分的沸程，蒸馏完一个组分后，温度计读数会突然下降，这时应停止蒸馏，若继续升温会使一些高沸点的馏分蒸出而影响所需馏分的纯度。需十分注意的是，在任何情况下，都不能将液体蒸干，以免蒸馏瓶破裂或出现其他意外情况。蒸馏完毕，应先停止加热，再停止通冷凝水。拆除仪器的顺序与装配顺序相反，先拆接收瓶、接收管，再拆冷凝管、蒸馏瓶。

(4) 回流　在常压下，若有些化学反应需在沸腾的条件下维持较长的时间，为了避免反应物质或溶剂的蒸气逸出，就需要用回流冷凝装置。最简单的回流冷凝装置由圆底烧瓶和冷凝管组成。反应物放置于烧瓶中，在适当的热源中加热。直立的冷凝管夹套中自下而上通入冷凝水冷却，保持夹套内充满冷凝水，控制加热温度和调节冷却水流，使得蒸气在冷凝管中的高度低于其高度的1/3。若反应物怕受潮，可在冷凝管上端装一干燥管，防止潮气浸入。若会逸出有害气体，则可在冷凝管上连接一气体吸收装置。

（5）萃取　萃取也是分离和提纯物质常用的方法之一。利用物质在两种不相溶或微溶的溶剂中溶解度或分配比的不同，使物质从一种溶剂转移到另一种溶剂中去，从而进行分离或提纯的方法即为萃取。

液-液萃取也称溶剂萃取，通常在水溶液和有机溶剂两相间进行。液-液萃取最常用的仪器是分液漏斗。操作时，先选一个大小适当的分液漏斗（体积为萃取液的 2～3 倍），将分液漏斗的活塞涂上凡士林，检查分液漏斗是否渗漏。待检查完毕，确认无渗漏后，将分液漏斗置于固定在铁架台上的铁圈内，关紧活塞，自漏斗口依次加入待萃取液和萃取剂（体积一般为溶液体积的 1/5～1/3）。为了提高萃取效率，需振荡分液漏斗，使水相和有机相充分混合。取下分液漏斗，塞紧上口塞子，右手握住分液漏斗上口颈部，手掌顶住上口塞子以免松开，左手握住分液漏斗的活塞处，拇指和食指捏住活塞柄，朝内压紧（切勿拔出），左手掌悬空（切勿顶活塞小口处）。振荡时，漏斗稍倾斜（活塞部分向上），开始振荡要缓慢些，摇荡几次后，便将向上的下口朝向无人和无火源处，轻轻开启活塞，放出漏斗内的蒸气或产生的气体（称为“放气”），使漏斗内外压力保持平衡。关闭活塞后，重复振荡、放气操作数次，待分液漏斗内基本无气体放出时，再剧烈振荡 2～3min，放气后，关紧活塞，将分液漏斗放入铁圈内静置，在漏斗下口处放上一接收容器（锥形瓶或烧杯）。当分液漏斗内出现二层清晰的液体时，可进行分离，先打开漏斗的上口塞子使漏斗与大气相通，再慢慢旋开下口活塞，使下层液体流出分液漏斗，当分层的交界面接近于活塞时，关闭活塞，再静置一会儿或稍加旋摇再静置，仔细地将下层液体完全放出。上层液体需从分液漏斗的上口倒出，切不可经活塞由下口放出，以防漏斗颈内残存的下层液体沾污了上层液体。若一次萃取分离不完全，可进行多次萃取（一般 3～5 次），合并多次萃取液。

1.1.2　有机化学合成实验中的常规技术与方法

1.1.2.1　重结晶

有机合成实验技术中，重结晶方法是提纯固体有机物的常用方法之一，相比无机化合物，有机化合物的重结晶有一定的具体操作特殊性。要提纯由有机合成得到的粗产品，最常用的有效方法是选择合适的溶剂进行重结晶。固体有机化合物在溶剂中的溶解度随温度变化而变化，一般温度升高溶解度也升高，反之则降低。如果把固体有机物溶解在热的溶剂中制成饱和溶液，然后冷却到室温以下，则溶解度下降，原溶液变成过饱和溶液，这时就会有结晶析出。利用溶剂对被提纯物质和杂质的溶解度不同，使杂质在热过滤时被除去或冷却后留在母液中，从而达到提纯的目的。重结晶提纯方法主要用于提纯杂质含量不大于 5%的固体有机物，杂质过多常会影响结晶速度或晶体生长，其一般过程如下所示。

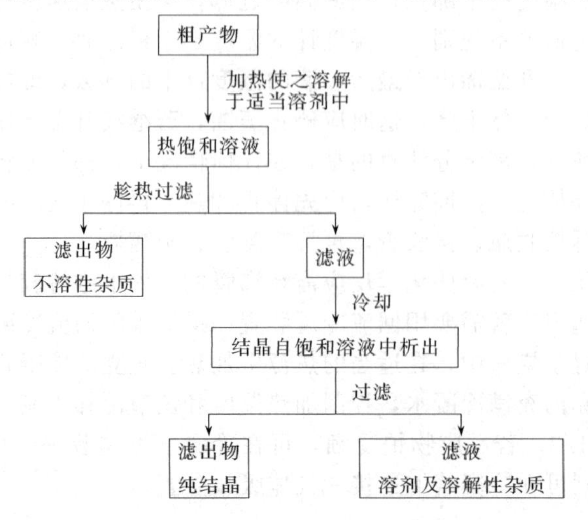

可见，重结晶的一般过程如下。

① 将提纯的固体在溶剂的沸点或接近沸点的温度下，全部溶解在溶剂中，制成饱和溶液。

② 有色杂质存在时，可以加活性炭煮沸脱色。

③ 趁热过滤除去不溶性杂质及活性炭。

④ 滤液自然冷却，待提纯物以结晶析出，可溶性杂质留在母液中。

⑤ 抽滤将结晶与母液分离，结晶用少量溶剂洗涤后烘干。

⑥ 用熔点法检验所得结晶纯度，若纯度不合要求，可重复上述操作直至熔点达到要求为止。

有机物重结晶的首要问题是选择合适的溶剂，基本依据是“相似相溶”原理。理想的情况是：被提纯的物质在室温下难溶于溶剂中，而在该溶剂的沸点温度时却相当易溶（见图 1.1 曲线 A）。图 1.1 曲线 B、C 表明它们所对应的溶剂都不适于用作重结晶。合适的溶剂必须具备下列条件。

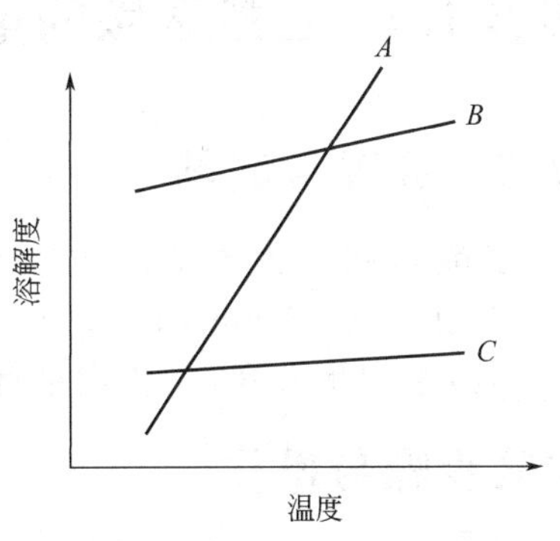

图 1.1 不同溶剂对溶质的溶解度与温度的关系

① 与被提纯的物质不起化学反应。

② 被提纯物质在热溶剂中溶解度大，冷却时溶解度小，而杂质在冷、热溶剂中溶解度都较大，杂质始终留在母液中，或者杂质在热溶剂中不溶解，这样在热过滤时也可把杂质除去。

③ 易挥发，但沸点不宜过低，便于与结晶分离。

④ 价格低，毒性小，易回收，操作安全。

常用的重结晶溶剂及有关性质见表 1.1。

表 1.1 常用的重结晶溶剂及有关性质

溶 剂	沸点/℃	冰点/℃	相对密度	与水的混溶性①	易爆性②
水	100	0	1.0	+	0
甲醇	64.96	<0	0.7914	+	Ⅰ
95%乙醇	78.1	<0	0.804	+	Ⅱ
冰醋酸	117.9	16.7	1.05	+	Ⅰ
丙酮	56.2	<0	0.79	+	Ⅲ
乙醚	34.51	<0	0.71	—	Ⅳ
石油醚	30～60	<0	0.64	—	Ⅳ
苯	80.1	5	0.88	—	Ⅳ
氯仿	61.7	<0	1.48	—	0
四氯化碳	76.54	<0	1.59	—	0

① +—与水的混溶性好，——难溶于水。

② Ⅰ～Ⅳ—数字越大，其蒸气与空气混合爆炸性越易。

选择溶剂的具体试验方法举例：取 0.1g 有机固体于试管中，用滴管逐滴加入溶剂，并不断振荡试管，待加入溶剂约为 1mL 时，注意观察是否溶解，若完全溶解或间接加热至沸完全溶解，而冷却后析出大量结晶，这种溶剂一般认为是合适的。如果试样不溶于或未完全溶于 1mL 沸腾的溶剂中，则可逐步添加溶剂，每次约加 0.5mL，并继续加热至沸，当溶剂总量达 4mL，加热后样品仍未全溶（注意是否为不溶解杂质），表明此溶剂也不适用。若该物质能溶于 4mL 以内热溶剂中，冷却后仍无结晶析出，必要时可用玻璃棒摩擦容器内壁或用冷水冷却，促使结晶析出，若晶体仍不能析出，则此溶剂也是不适合的。

按上述方法对几种溶剂逐一试验、比较，可选出较为理想的重结晶溶剂。当难以选出一种合适溶剂时，常使用混合溶剂。混合溶剂一般由两种彼此互溶的溶剂组成，其中一种较易溶解结晶，另一种较难或不能溶解，常用的混合溶剂有乙醇-水、乙醇-乙醚、乙醇-丙酮、乙醚-石油醚、苯-石油醚等。具体实验技术和方法见实验1.1。

实验1.1 乙酰苯胺的重结晶

仪器、装置与试剂

乙酰苯胺（含少量杂质）2.0g，活性炭①，100mL锥形瓶，200mm球形冷凝管，125mL过滤瓶，65mm布氏漏斗，25mL量筒，250mL(或100mL）烧杯，表面皿。

本实验以水为溶剂，对混杂有氯化钠和炭黑的乙酰苯胺进行重结晶。

实验步骤与操作

称取1.5～2.0g含杂质的乙酰苯胺，装入100mL锥形瓶中，并加一粒沸石②和50mL水，装上球形冷凝管（见图1.2)。接通冷却水，加热至沸腾后③，观察乙酰苯胺的溶解情况。若沸腾2～3min后仍存在未溶解完的乙酰苯胺④，则停止加热，自球形冷凝管上端倒入数毫升水（注意记录加入水的体积)，并再投入一粒沸石，重新加热至沸腾。如此反复，直至加入的水使锥形瓶内的乙酰苯胺在沸腾状态下刚好全部溶解，再多加入5mL水。

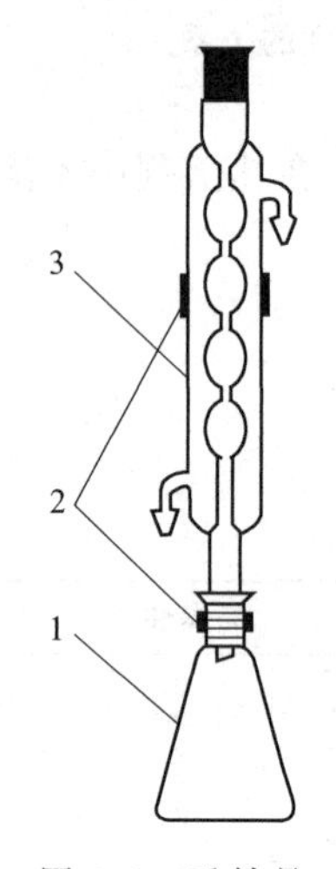

图1.2 重结晶回流装置

1—锥形瓶；2—铁夹；3—球形冷凝管

在热饱和溶液配好后，可用活性炭吸附有色杂质。在溶液的沸点温度以下加入0.1g活性炭，同时加入一粒沸石，加热沸腾2～3min后趁热过滤。过滤前应将布氏漏斗和过滤瓶预热，以防止过滤时热饱和溶液迅速冷却析出结晶而造成损失，并堵塞漏斗。滤液迅速倒入50mL烧杯内，盖上表面皿，加热至固体全部溶解（若难以全溶可补加少量水，但一般不超过5mL）后静置，自然冷却至室温。用布氏漏斗和过滤瓶过滤，并用10mL冷水分两次洗涤滤饼，尽量压紧抽干，得到无色的乙酰苯胺片状结晶。将其转移至表面皿中，干燥后称重，用作下次测定熔点实验的样品。

(1）注解

① 加入活性炭，不能在溶液处于沸腾状态时进行，否则会引起溶液的暴沸与冲料。一定要等溶液稍微冷却后才能加活性炭。活性炭为多孔结构，对气体、蒸气或胶体固体有强吸附能力。活性炭的比表面积为500～1000$m^2 \cdot g^{-1}$，相对密度约1.9～2.1，含碳量10%～98%。活性炭可用于糖液、油脂、醇类、药剂等的脱色净化，溶剂的回收，气体的吸收、分离和提纯，还可作为催化剂载体。活性炭有颗粒状和粉状之分，可根据用途分为工业炭、糖用炭、药用炭、分析纯炭、化学纯炭、特殊炭等。活性炭使用（如吸附气体等）后经解吸可再生使用。

② 沸石可以起到沸腾中心的作用，防止液体发生暴沸现象。如沸腾的溶液放冷后重新加热，因原有的沸石已经失效，应重新加入沸石。

③ 可用明火加热，因为水作为重结晶溶剂，不是易燃溶剂。

④ 未溶完的乙酰苯胺，此时已成为熔融状态的含水油珠状，沉于瓶底。

(2）安全提示

① 乙酰苯胺在热水中往往以熔融状态出现。如果配制热饱和溶液时发现锥形瓶中有油

味，可能乙酰苯胺未全溶，还需添加溶剂。

② 配制热饱和溶液时，每次加入的溶剂量最多不超过 3mL，并应准确记录加入量。同时必须注意防止误将不溶性杂质当作未溶解的乙酰苯胺，导致溶剂加过量而造成损失。

③ 活性炭是一种具有较大比表面积的多孔性物质，常用于吸附有机化合物中的少量有色杂质，一次加入量一般为干燥粗产品质量的 1%～5%，若过滤后滤液尚未完全脱色，可再次加入活性炭重复脱色。但如果一次加入活性炭太多，则会吸附被提纯的物质，造成不必要的损失。

④ 布氏漏斗上铺的滤纸要圆，其直径以小于漏斗内径并刚好能盖住所有小孔为限。过滤前，过滤瓶应在沸水中预热，不可用电炉或电热套直接加热。布氏漏斗用铁夹夹住，倒悬在沸水上，用水蒸气充分预热。热过滤时，先将滤纸铺平并用少许热水湿润，打开水泵抽气，使滤纸与漏斗贴紧，再倒入热饱和溶液。若发现滤液中有活性炭，应将滤液在加热至固体全溶后重新过滤。

⑤ 停止抽滤时，应先将过滤瓶与水泵间相连的皮管拔去，再关闭水泵，以防水倒流入过滤瓶内。

⑥ 趁热过滤时，滤液的温度稍有下降，乙酰苯胺晶体即快速析出，但这种结晶的晶形不好，而且包有杂质。因此，必须将其重新加热溶解后缓慢冷却，使晶体逐渐生长，以获得纯净结晶。

⑦ 第二次过滤时，为减少因晶体粘在烧杯壁上造成的损失，在用冷水洗涤滤饼前应该用滤液将烧杯中的结晶冲洗到漏斗中，不要用水冲洗。用冷水洗涤滤饼时，应先将滤饼尽量压紧抽干，再将过滤瓶与水泵分开，把冷水均匀地倒在滤饼上，静置片刻，待滤饼浸润后抽滤。

⑧ 本实验以不具有燃烧性的水为溶剂为一特例。当以易燃的乙醚、石油醚、苯等作为重结晶溶剂时，必须高度注意防火。配制热饱和溶液添加溶剂和过滤时，周围都不能有明火（如酒精灯、电炉等）。

⑨ 纯净的乙酰苯胺晶体转移至已贴好标签并称重的表面皿内，自然干燥数天后称重，标签应写品名、制作日期及制作者姓名。

预习内容

（1）根据重结晶原理，画出以水为溶剂对混杂有氯化钠及炭黑的乙酰苯胺进行重结晶的操作流程图。

（2）查阅乙酰苯胺物理性质：

结构式（C_6H_5—$NHCOCH_3$）、M(相对分子质量)、m. p.(熔点)、d(相对密度）及 S(水中溶解度)。

思考题

（1）为什么热饱和溶液配好后，还需加入 3～5mL 溶剂，若不加，对实验有何影响?

（2）为什么活性炭必须在热饱和溶液配好后再加入？为什么活性炭必须在溶液的沸腾温度以下加入?

（3）对 20g 含 95%化合物 a 和 5%化合物 b 的混合物进行重结晶时，有 A、B、C、D 四种可供选择的溶剂。a、b 两种化合物在四种溶剂中的溶解度 S_a 和 S_b(g/100mL）见下表。分别计算不同溶剂对 a、b 混合物进行重结晶所需要的最少溶剂量和所得到的纯化合物 a 的质量，以决定采用哪种溶剂（不考虑溶剂的成本、安全等问题），并简单说明之。

溶　剂	S_a/(g/100mL 溶剂)		S_b/(g/100mL 溶剂)		最少溶剂量/mL	纯 a 质量/g
	冷	热	冷	热		
A	0.9	9.5	0.25	3.0		
B	0.2	8.5	1.0	9.5		
C	0.5	9.5	0.40	8.0		
D	4.6	10.5	3.5	6.5		

(4) 在实际工作中，常用两种对被提纯固体有不同溶解度并互溶的溶剂组成混合溶剂进行重结晶。若某固体化合物在冷、热乙醇中皆易溶，在冷、热水中皆难溶。简述如何确定提纯该化合物所用混合溶剂的比例。

1.1.2.2　熔点的测定

熔点是有机化合物最重要的物理性质之一，它是化合物的液相和固相以平衡状态共存时的温度，纯粹的有机化合物都有确定的熔点。当有机化合物存在杂质时，熔点一般降低，而且化合物在一个较宽的温度范围内逐渐熔化，这一温度范围称作熔程。一般较纯的有机化合物熔程为 1～2℃，纯度越高，熔程越窄，熔点值越接近标准值。

测定熔点有两个用途：一是利用熔点值定性鉴别有机化合物；二是应用熔程宽度定性了解被测物质的纯度。然而，如果某一样品是两种已知熔点的有机化合物 A、B 之一，而且 A、B 的熔点相差在 3℃以内，就很难用单一物质的熔点值测定该样品，因为这一差别与测定熔点的误差相近。此时，如果有纯品 A（或 B），这一问题就很容易解决。若该样品为化合物 A，则它与纯品 A 以任何比例混合后所测得的熔点与该样品单独测定的熔点相同。若该样品为化合物 B，它以纯品 A 混合后其熔点将明显下降，并且熔程变宽。因为 A、B 互为杂质，这一方法称为混合熔点法，是定性鉴别有机化合物的常用方法之一。具体实验技术与方法见实验 1.2。

实验 1.2　乙酰苯胺熔点的测定

仪器、装置和试剂

Thiele 熔点测定管，水银温度计（0～150℃），毛细管（外径 1～1.2mm），玻璃管（长 40～80cm）。

乙酰苯胺，尿素，顺丁烯二酸酐。

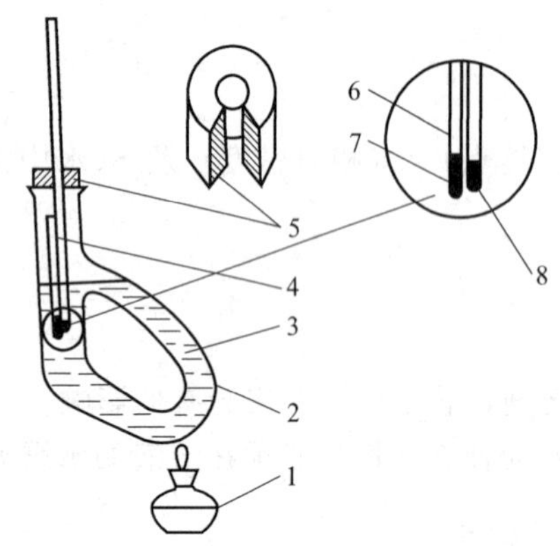

图 1.3　毛细管法测定熔点实验装置
1—酒精灯；2—Thiele 熔点测定管；3—导热液；4—橡皮圈[②]；5—开口塞；6—毛细管；7—样品；8—温度计[③]

步骤与操作

测定熔点的基本方法使用毛细管法[①]。实验将以毛细管法测定乙酰苯胺标准样品和经过重结晶精制的乙酰苯胺的熔点。还要用混合熔点法（毛细管法）定性鉴别熔点相近的有机化合物尿素和顺丁烯二酸酐。

毛细管法测熔点的常用装置为双熔式熔点测定器和 Thiele 熔点测定管（见图 1.3）。

将外径 1～1.2mm 的毛细管截为 6～8cm 长，其一端在灯焰边缘边烧边转动，使之熔封［见图 1.4(a)］。合格的封口应呈半球形，没有较厚的粒点形成［见图 1.4(b)，(c) 为不合格的封口］。取少许干燥、研细的样品聚成小堆，将毛细管的开口端插入。再取一根约 50cm 长的玻璃管垂直立在硬表面上，使毛细管的开口端向上，自玻璃管口自由落下，样品便被填入毛细管底部敦实。重复上述操作直至毛细管内样品高度达 2～3mm。将毛细管如图 1.4 所示装入 Thiele 熔点测定管（以下简称 Thiele 管），以酒精灯加热。控制加热速度，使温度计升温速度为5～10℃/min，并逐渐减慢升温速度。在温度距待测物熔点值 5～10℃时，升温速度为1℃/min 左右。观察毛细管内样品的熔化情况，准确记录样品的熔程。

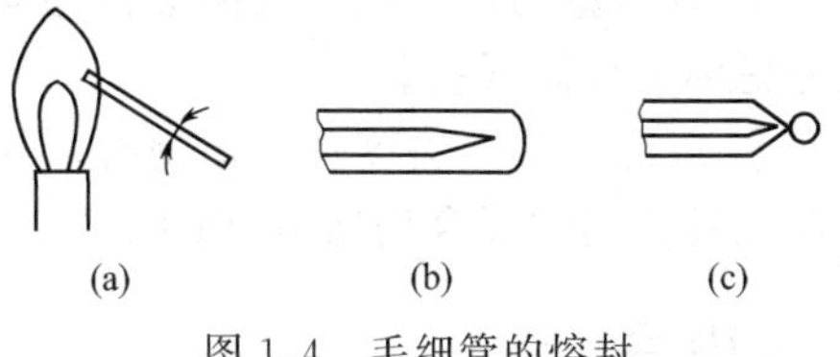

图 1.4　毛细管的熔封

（1）注解

① 中华人民共和国国家标准 GB 617—88《化学试剂　熔点范围测定通用方法》规定了用毛细管法测定有机试剂熔点的通用方法，适用于结晶或粉末有机试剂熔点的测定，可供实验者学习时参考。

② 小橡皮圈可选用医用橡皮管，用剪刀剪成小圈即可用于固定毛细管。

③ 测定熔点的温度计应当选用单球内标式，分度值为 0.1℃，并具有适当的量程，以满足样品的熔点值测定需要。

（2）安全提示

① 样品装填在毛细管中必须均匀、结实，不可留空隙，否则不易传热，影响数据的准确性。用显微热法测熔点时，盖玻片与载玻片之间的样品也尽量碾细、贴平。

② 实验以液体石蜡作导热液，液体石蜡在 Thiele 管中的液面应略高于侧管口。实验完成后将液体石蜡倒回试剂瓶，Thiele 管不可用水洗，否则下次再用时液体石蜡易溅出伤人。其他常用的导热液还有甘油、浓硫酸等。

③ 被测样品的熔点未知时（例如混合熔点法鉴别未知物），为加快测定速度，通常先以较快的升温速度（约 5℃/min）大致确定熔点的范围，第二次再以较慢的升温速度准确测定熔点。

④ 样品在毛细管中熔化时一般有三个阶段，如图 1.5 所示。

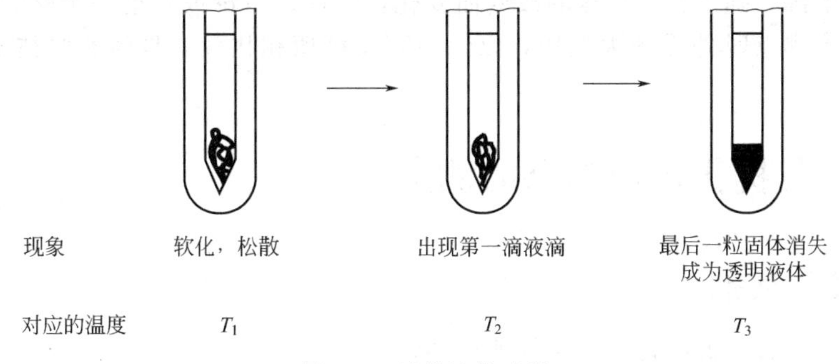

图 1.5　试样溶化过程

所谓熔程即为 T_2～T_3 的温度范围，必须注意观察和记录（不可用 T_2 与 T_3 的平均值作为熔点值!）。

⑤ 温度计水银球应位于 Thiele 管上下侧口连线的中间，毛细管位于温度计的左侧（远离灯焰的一侧），其中固定毛细管的橡皮圈应高于液体石蜡液面 2cm 以上，以防液体石蜡受热后体积膨胀将橡皮圈浸没，橡皮圈溶胀后毛细管即脱落。

⑥ 测定一次熔点后，将温度计和 Thiele 管自然冷却 1～2min，再测第二次，不可用水强冷。否则，温度计水银柱会由于温度急剧下降而断裂，Thiele 管则会炸裂。同时必须注意，一根毛细管内的样品不能测两次。

⑦ 本实验测定乙酰苯胺标准样品是为了校正温度计。因此，精制乙酰苯胺的熔点值必须考虑温度计的误差。

⑧ 以混合熔点法鉴别未知物时，为防止生成低共熔混合物而导致判断错误，一般至少测定三种比例的混合物熔点（1∶9、1∶1、9∶1），本实验为帮助理解可选择一种测定。

预习内容

查阅化合物乙酰苯胺、尿素、顺丁烯二酸酐的熔点值（℃）。

思考题

(1) 测定熔点时样品用量太多对数据有何影响？为什么？

(2) 测定熔点的误差与哪些因素有关？

(3) A、B、C 三种化合物的熔点皆为 149～150℃，A、B 混合物（1∶1）在 130～139℃熔化，A、C 混合物在 149～150℃熔化，则 B、C 混合物（1∶1）应在什么温度熔化？A、B、C 是否为同一种化合物？为什么？

1.1.2.3　沸点的测定

液体有机化合物的沸点是重要的物理常数之一，在使用、分离和纯化过程中，具有很重要的意义。

液体化合物的蒸气压随温度升高而增加，当液体的蒸气压力与大气压相等时，液体即开始沸腾，液体在 101.33kPa(1atm) 的沸腾温度即为该化合物的沸点。液体化合物的沸点随外界压力而改变，外界压力增大，沸点升高；外界压力减小，沸点降低。

在一定压力下，纯净有机化合物的沸点是固定的，而且沸程很短，一般 1℃左右。但具有恒定沸点的液体不一定是纯粹的化合物，如两个或两个以上的化合物形成的共沸混合物也具有一定的沸点。不纯液体有机物的沸点，取决于杂质的物理性质。如杂质是不挥发性的，则不纯液体的沸点比纯液体的高；若杂质是挥发性的，则蒸馏时液体的沸点会逐渐上升（恒沸混合物例外），故沸点的测定也可用来鉴定有机物或判断其纯度。

由于物质的沸点随外界大气压的改变而变化，因此，讨论或报道一个化合物的沸点时，一定要注明测定沸点时外界的大气压，以便与其文献值相比较。具体实验技术和方法见实验 1.3。

实验 1.3　有机化合物沸点的测定

仪器、装置与试剂

沸点管，毛细管，温度计，小烧杯或提勒管。

环己烯、1-溴丁烷、四氯化碳、乙二醇、正丁醇、苯甲醇、乙酸乙酯、乙酸正戊酯等。

步骤与操作

沸点的测定分为常量法和微量法①。常量法装置及操作与一般蒸馏法相同。

微量法测定沸点可用图 1.6 所示装置。取一支长约 8cm、直径为 4～5mm、下端封闭的薄壁玻璃管制成沸点管，在其中加入待测液体有机化合物样品 4～5 滴②，再在管中插入一支上端密封、开口向下的毛细管③。用橡皮圈将此沸点测定管固定在温度计的一侧，使待测液液面与温度计水银球上限平齐，如图 1.6 所示。然后将温度计连同测定管一起置于盛有浴液的小烧杯或提勒管中④，小烧杯或提勒管加热时由于气体膨胀，会有小气泡慢慢逸出，当接近沸点时气泡增加，到达液体沸点时有一连串气泡快速逸出，此时停止加热，温度逐渐下降，气泡逸出的速度即渐渐减慢，当毛细管末端不再有气泡逸出，液体刚要进入毛细管的瞬间（最后一个气泡有开始缩回毛细管内的倾向时），说明毛细管内蒸气压与外界压力相同。记下温度计的温度，即为该化合物的沸点。待温度降下几度后再非常缓慢地加热，记下刚出现大量气泡时的温度。两次温度计读数相差应该不超过 1℃。

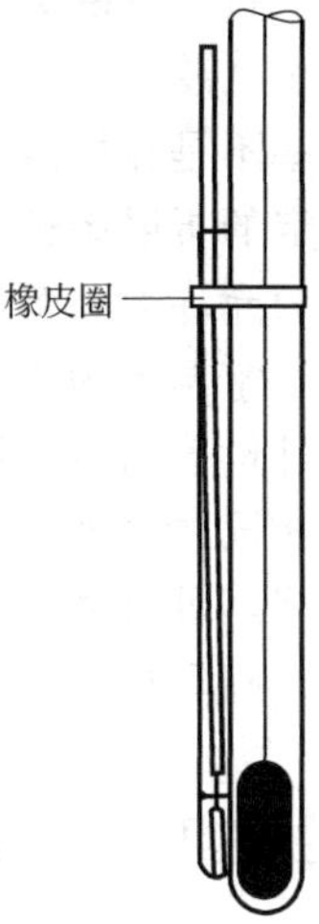

橡皮圈

图 1.6 微量法测定沸点实验装置

注解

① 中华人民共和国国家标准 GB 616—88《化学试剂 沸点测定通用方法》规定了液体有机试剂沸点测定的通用试验方法。该方法适用于受热易分解、易氧化的液体有机试剂的沸点测定。

② 用毛细滴管吸取待测液体有机化合物后，向沸点管内加料。

③ 用测熔点的毛细管截取适当长度后即可使用，注意要使毛细管的开口端向下，其密封端在上面。

④ 浴液的选取，可参考测定熔点时所用的浴液种类。

1.1.2.4 折射率的测定

光线从空气进入密度较大的透明液体时，传播速度减慢，导致光线在入射点向垂直于液面的垂线偏折（图 1.7）。光线在空气中的速度 $v_{空}$ 与它在液体中的速度 $v_{液}$ 之比为该液体的折射率 n，即

$$n=v_{空}/v_{液}$$

实验证明，折射率等于光线的入射角 θ_i 与折射角 θ_r 的正弦值之比，即

$$n=v_{空}/v_{液}=\sin\theta_i/\sin\theta_r$$

折射率是物质的特征常数。对于室温下为液体的物质，有机化学实验室常用的阿贝(Abbe) 折光仪可以方便地测定到万分之一的精确度。所以，折射率的测定作为鉴定纯净有机液体的方法，比熔点、沸点等物理常数的测定具有较高的精确性，可用作检验室温下为液体的有机原料、有机溶剂、有机中间体及最终产品的纯度。对于相对分子质量相近的二元同系物混合溶液或结构相近的化合物的二元溶液，其折射率与溶液的组成呈线性关系，因而可以由折射率数据确定混合物的组成。

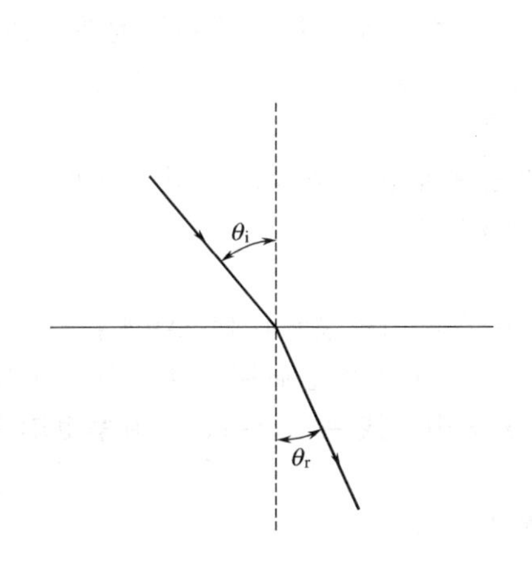

图 1.7 光线的折射

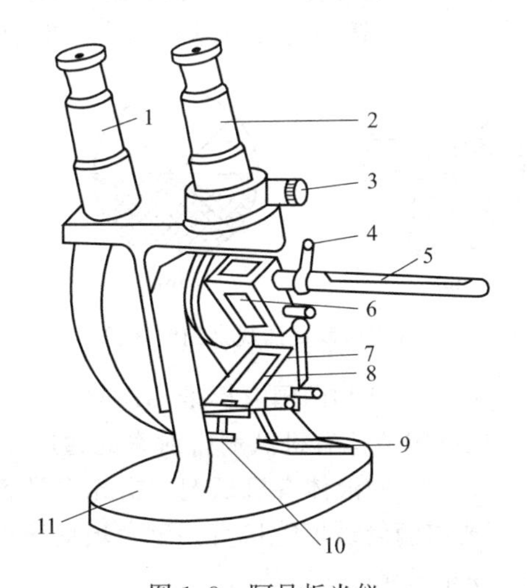

图 1.8 阿贝折光仪

1—读数望远镜；2—测量望远镜；3—消色散手柄；4—恒温水进口；5—温度计；6—测量棱镜；7—辅助棱镜；8—加液槽；9—反光镜；10—锁钮；11—底座

折射率的数值与被测样品的温度及使用的波长有关。标准折射率是20℃下用钠光谱的D线（波长589nm）测定的，记作n_D^{20}。例如，蒸馏水的标准折射率计为n_D^{20}1.333。如果折射率不是在标准条件下测定的，则必须注明测定条件。例如，在24.5℃下用氢光谱的F线测定的折射率记作$n_F^{24.5}$。一般而言，测定温度每升高1℃，折射率下降0.0004。测定折射率的允许误差范围一般为±0.0010。

室温下为液体的物质，其折射率可用阿贝折光仪测定。由于仪器上装有消色散棱镜（亦称补偿器），通过它的作用，可以直接利用日光测定折射率，所测得数值和钠光D线的测定值相同。另外，由刻度盘即可直接读出折射率，无需计算。为保证液体在恒温条件下测定，应将阿贝折光仪与电动恒温水浴相连。

阿贝折光仪的外部结构如图1.8所示。具体实验技术与方法见实验1.4。

实验1.4　有机化合物折射率的测定

仪器、装置与试剂

阿贝折光仪（精密度为±0.0002），恒温水浴及循环泵[可向棱角提供温度为（20.0±0.1)℃循环水]。

校正仪器用水应符合GB 6682—88二级水规格[①]。

步骤与操作

测定折射率[②]的操作步骤如下。

① 启动电动恒温水浴电机，使恒温水进入直角棱镜夹套。打开刻度盘反光盘，转动直角棱镜旋钮，观察到刻度盘目镜，将刻度值调至被测样品的标准折射率值附近（样品的标准折射率未知时，略去该步骤）。

② 转动闭合旋钮，打开直角棱镜，将数滴样品滴在棱镜的毛玻璃上[③]，使液体在毛玻璃上形成均匀的液膜，迅速关闭直角棱镜。

③ 观察望远镜目镜。若视场内光线太暗，调节反射镜直至得到合适的亮度。转动消色散棱镜旋钮，使目镜中的彩色基本消失，能观察到清晰的明暗界面[图1.9(a)]。

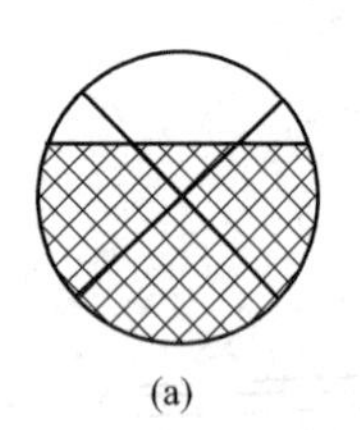
(a)

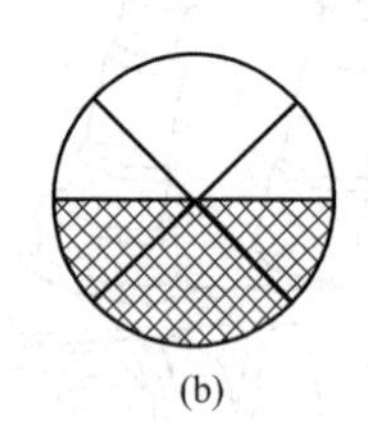
(b)

图1.9　从望远镜目镜观察到的现象

④ 转动直角棱镜旋钮，观察望远镜目镜，将明暗界面调节至目镜中十字丝的交叉点处[图1.9(b)]。

⑤ 通过刻度盘目镜读出折射率数值，精确到四位小数。

（1）注解

① 实验室可用蒸馏水代替二级水。

② 中华人民共和国国家标准GB 614—88《化学试剂　折光率测定通用方法》规定了用阿贝折光仪测定液体有机试剂折射率的通用方法，该方法适用于浅色、透明、折射率范围在1.3000～1.7000的液体有机试剂。折光率又名折射率。

③ 不要将滴管玻璃管口直接触及玻璃表面，以免损坏镜面。

（2）安全提示

使用阿贝折光仪时必须注意如下事项。

① 被测样品放得过少或分布不均，都会导致视场不清。对于易挥发液体，可用滴管从上下直角棱镜之间的小孔中加入。测定速度不宜过慢。

② 滴加样品时，滴管切不可触及棱镜，以免在镜面上造成刻痕。

③ 测定折射率后，应立即打开直角棱镜，用折成矩形的数层擦镜纸轻轻地单向擦拭，不要用滤纸代替擦镜纸。

④ 强酸性、强碱性以及对棱镜和仪器其他部分有腐蚀或溶解作用的液体不能用阿贝折光仪测定。

1.1.2.5　蒸馏与分馏

蒸馏是分离和提纯液态有机化合物最重要的手段，它包括三个基本过程，即被蒸馏物质的汽化、蒸气的冷凝及冷凝液（亦称馏出液）的收集三部分。

液体在一定温度下都有一定的蒸气压，它随着温度的升高而增大（见图 1.10）。当蒸气压达到与施加在液面上的压力（通常为一个标准大气压，即 1.013×10^5 Pa）相等的值时，液体开始沸腾，此时蒸气的温度（图 1.10 中的 T_A、T_B）就分别为 A、B 两种化合物的沸点。因此，对于 A、B 混合溶液，分别收集温度为 T_A 和 T_B 的蒸气的冷凝液，即可将 A、B 两种化合物分开，这就是简单蒸馏的基本原理。简单蒸馏操作简便，分离速度快，能耗低，因而在实验室和化工生产中都有广泛应用。但是，当化合物 A 在 T_A 温度下沸腾时，化合物 B 亦有一定的蒸气压 p_B。所以，在此温度下收集的馏出液中含有一定量的化合物 B。T_A 和 T_B 相差越远，化合物 B 在温度为 T_A 时的蒸气压 p_B 就越低，馏出液中化合物 B 的含量也就越低。一般而言，只有 T_A 与 T_B 相差 80℃以上时，用简单蒸馏方法才能取得较满意的分离效果。

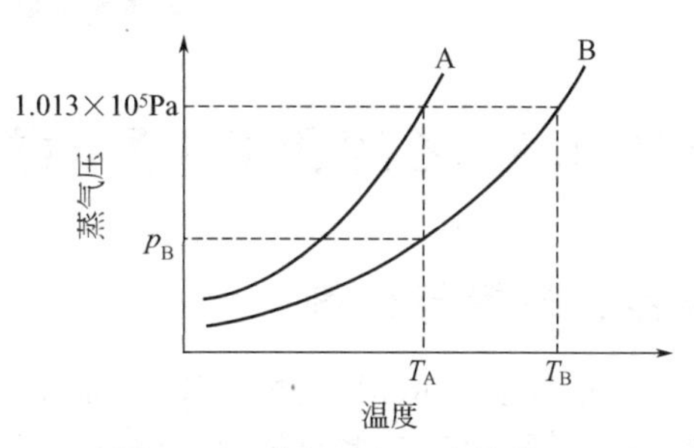

图 1.10　蒸气压与温度的关系

由于在同一温度下，化合物 A 的蒸气压高于化合物 B(沸点越低，则蒸气压越高，反之亦然)，因而在 T_A 温度下收集的馏出液中，A、B 两种化合物含量的比值［A]/[B］高于混合溶液中的比值。如果将此馏出液再进行一次简单蒸馏，则第二次得到的馏出液中［A]/[B］值将更高。如此重复多次，即可得到纯净的化合物 A。分馏就是将这种多次汽化和冷凝过程在一根分馏柱中完成。分馏柱实质上是加长了蒸气从蒸馏烧瓶通向冷凝管的路程。蒸气通过分馏柱时，一部分上升的蒸气冷凝，一部分下降的液体蒸发，相当于进行了一次简单蒸馏，使上升的蒸气中低沸点组分增加，下降的液体中高沸点组分增加。这种在分馏柱中进行的热量交换次数越多，分馏柱顶的蒸气中低沸点组分和分馏柱底部的液体中的高沸点组分越多。

分馏柱有各种类型，能适用于不同的分离要求。但对任何分馏系统而言，要得到满意分离效果，必须具备以下条件。

① 在分馏柱内，蒸气与液体之间可以广泛而紧密地接触。

② 分馏柱自下而上保持一定的温度梯度。

③ 分馏柱有足够的高度。

④ 混合溶液各组分的沸点有足够的差距。

必须指出，无论是简单蒸馏还是分馏，当被蒸馏物质是相对较纯的化合物 A 时，蒸气温度将稳定在 A 的沸点 T_A 附近，不随馏出液体积 V 的增加而变化［如图 1.11(a)］。当被蒸馏物质是具有不同沸点 T_A、T_B 的化合物 A、B 的混合溶液时，蒸气温度将随流出液体增加而上升，图 1.11(b)，(c) 表示了 A、B 混合溶液的蒸气温度随流出液体积变化的不同情况，通过比较简单蒸馏和分馏的 T-V 曲线，能够比较这两种方法的分离效果。具体实验技术与方法见实验 1.5。

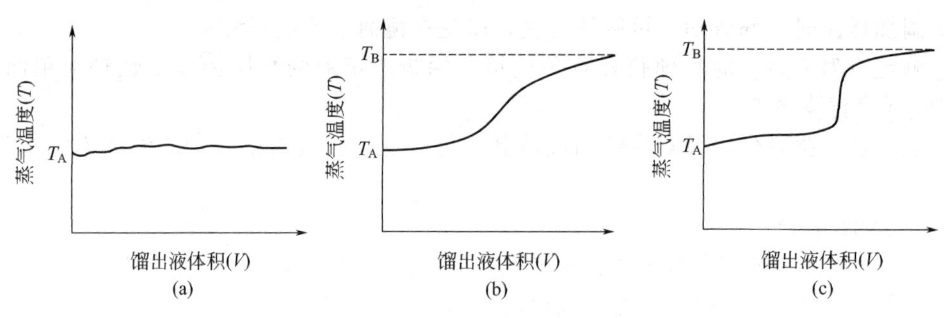

图 1.11　蒸馏过程中蒸气温度随馏出液体积的变化

实验 1.5　乙醇和 1-丁醇的蒸馏与分馏

仪器、装置与试剂

简单蒸馏：50mL 烧瓶，75°蒸馏头，搅拌器套管，水银温度计（0～150℃），直形冷凝管，接收管，25mL 磨口烧瓶，试管，长颈漏斗。

分馏：将 75°蒸馏头改为刺形分馏管，其余同上。

乙醇，1-丁醇①。

步骤与操作

电热套（或水浴）为热源，可将接收烧瓶改为磨口量筒。

安装仪器的基本顺序是"自下而上，自左而右"，首先固定好电热套的位置（垫一两块小木板，以便调节流出速度），再按此原则依次安装各种仪器。玻璃仪器用铁夹固定（注意安装铁夹到正确位置）。同时注意：①铁夹与玻璃仪器之间必须有软质衬垫；②铁夹切忌夹得太紧。若接收装置为量筒，在安装时必须先大致估计一下电热套及量筒的位置，以保证量筒处于垂直状态。接收管的支管应与通入下水道的橡皮管相连，以减少装置周围有机蒸气的浓度。

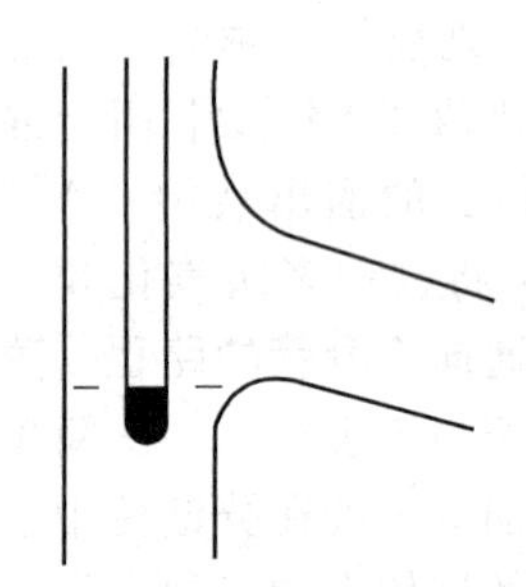

图 1.12　温度计的位置

（1）简单蒸馏操作

简单蒸馏装置装好后，取下温度计套管，用长颈漏斗将 30mL 混合溶液倒入烧瓶，加入几粒沸石，将温度计调整至图 1.12 所示的位置。仔细检查各接口的密闭性后②，接通电源，同时通入冷却水，并开始记录（时间、操作内容及现象）。当第一滴流出液滴入接收装置时，记下温度计读数（初馏点），并适当调整电热套位置，使得在蒸馏过程中保持每秒 1～2 滴的馏出速度。准确记录蒸气温度随馏出体积的变化，并用两支小试管分别取 80℃以下及 81℃以上的馏分各 3～5 滴，塞紧试管。当蒸馏烧瓶中的液体只剩下 1mL 左右时，停止加热，移去热源 1min 后关闭冷却水，将接收装置中的馏出液倒入回收瓶。按装配仪器的相反顺序拆卸仪器③，并将试管中的馏出液测折射率。

（2）分馏操作

① 分馏柱的安装必须保持垂直。在分馏过程中，可用干布包裹分馏柱，以保持合适的温度梯度④。

② 仪器装好后，将蒸馏烧瓶卸下，倒入混合溶液（不可自分馏柱顶倒入）。

③ 分馏过程中，调整电热套位置，使馏出速度为每秒 1 滴，不宜过快⑤。

④ 分馏过程中，温度计读数可能会出现波动现象，但此现象并不一定表示被蒸馏物质已全部蒸出。此时应注意分馏柱的保温，并适当提高蒸馏烧瓶周围的温度。当蒸馏烧瓶中只剩下 1mL 左右的液体时方可停止加热[⑥]。

实验室常用的简单蒸馏和分馏装置分别见图 1.13(a) 和图 1.13(b)。

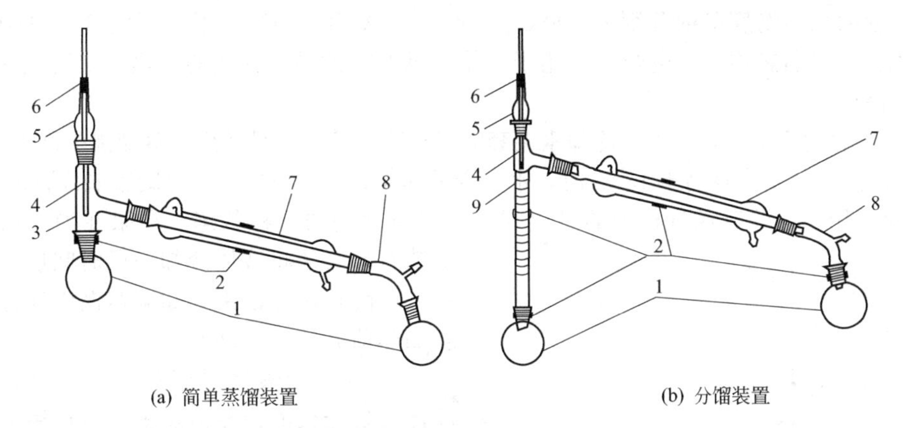

图 1.13　简单蒸馏和分馏装置

1—烧瓶；2—铁夹；3—蒸馏头；4—温度计；5—温度计套管；6—乳胶管；7—直形冷凝管；8—尾接管；9—分馏柱

(3) 注解

① 1-丁醇的沸点为 117℃。其红外光谱图见图 1.14。

② 蒸馏装置各器件连接的密闭性不好，在蒸馏时，容易漏气，不仅影响蒸馏产物的产率，还污染实验环境。若是易燃气体，还可能造成燃烧、爆炸等事故，所以装置的各磨口连接一定要严密。

③ 在停止通冷却水，取下并放好接收器后，再拆卸冷凝管。应先放掉冷凝管内的积水后再卸下，以免碰撞损坏。

④ 由于分馏柱有一定的高度，只靠烧瓶外面的加热提供的热量，不进行绝热保温操作，分馏操作是难以完成的。实验者也可选择其他适宜的保温材料进行保温操作，达到分馏柱的保温目的。

⑤ 分馏柱中的蒸气（或称蒸气环）在未上升到温度计水银球处时，温度上升得很慢（此时也不可加热过猛），一旦蒸气环升到温度计水银球处时，温度迅速上升。

⑥ 当大部分液体被蒸出，分馏将要结束时，由于乙醇蒸气量上升不足，温度计水银球不能时时被乙醇蒸气所包围，因此温度出现上下波动或下降，标志分馏已近终点，可以停止加热。

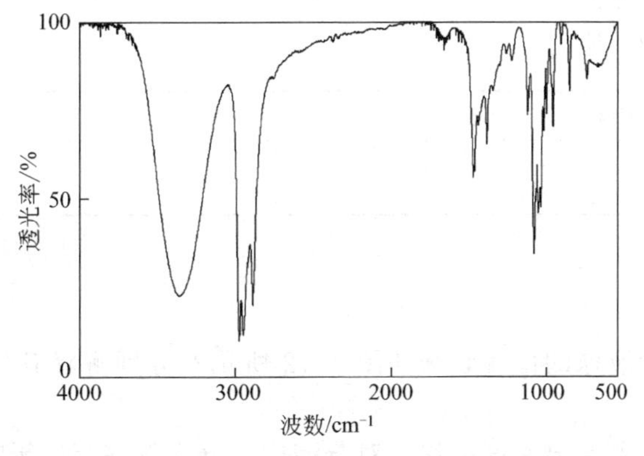

图 1.14　1-丁醇的红外光谱图

（4）安全提示

① 乙醇、1-丁醇均是易燃物，馏出液应倒入指定的回收瓶，严禁倒入水池。

② 应用电热套为热源，安装仪器时应注意烧瓶不要接触电热套内壁，以保证被蒸馏物质受热均匀。有机化学实验室中其他常用的热源还有酒精灯、电炉及热水浴、油浴、沙浴，其中后三者的加热温度范围分别为 100℃、100～250℃和 350℃以下，酒精灯、电炉使用方便，水浴、油浴加热均匀，电热套适用于不易接近明火的易燃物质的加热。上述热源应根据需要选择使用。

③ 本实验的冷凝装置为带有冷却水夹套的直形冷凝管，它只适用于蒸馏沸点低于 130℃的化合物，被蒸馏物质沸点高于 130℃时，水夹套易炸裂，此时应以空气冷凝管取代直形冷凝管。

④ 沸石用于消除蒸馏过程中的过热现象，保持沸腾的平稳状态。如果在加热后发现忘加沸石，必须将液体冷却一段时间后再补加沸石，以防止液体暴沸，如果蒸馏中途停止，重新加热前必须补加沸石。

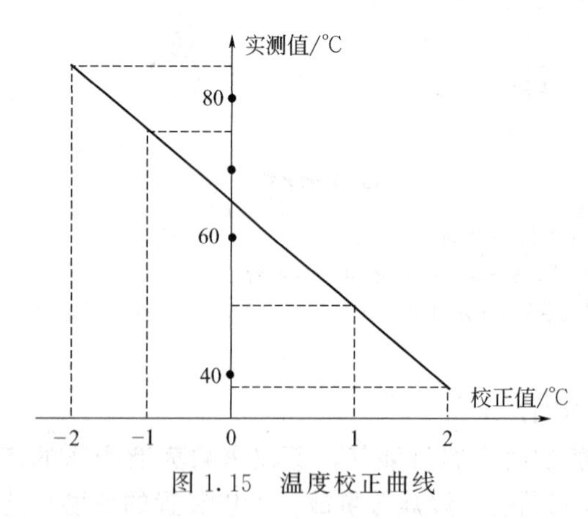

图 1.15　温度校正曲线

⑤ 在记录蒸气温度和折光率时，应将温度计及折光仪的误差值除去。也可用简易校正方法进行误差校正，标准沸点值与实测值之差即为校正值。以实测值为纵坐标，校正值为横坐标作一校正曲线，则在初馏点与最高蒸气温度均可据此曲线进行校正。例如，若初馏点为 38.0℃（校正值为＋2.0℃），最高蒸气温度为 85.0℃（校正值为－1.5℃），校正曲线如图 1.15 所示。当实测值为 50.0℃时，真实值为 51.1℃；实测值为 75.0℃时，真实值为 74.2℃。精密的温度计应由专业计量部门定期校验，折光仪的误差由指导教师预先测定，提供校正值。

⑥ 在取测定折射率的样品时，简单蒸馏和分馏的取样温度应尽可能一致，以便于分析比较。

⑦ 实验完成后，将烧瓶或量筒洗净并烘干，放回瓷盘，其余仪器不洗，其中直形冷凝管和分馏管应垂直夹在铁架台上，使其自然干燥。与玻璃仪器相连的橡皮管全部卸下以防粘接。

⑧ 做完简单蒸馏和分馏实验后，将实验报告一次完成。作图一律使用坐标纸。

预习内容

（1）折射率及其测定方法。

（2）查阅有关物理性质。

结构式	M(相对分子质量)	b. p.（沸点）	d(相对密度)	n_D^{20}(折射率)
CH_3CH_2OH				
$CH_3CH_2CH_2CH_2OH$				

思考题

（1）为什么温度计液球的位置必须如图 1.12 所示？分别解释其位置偏高或偏低对实验数据的影响。

（2）分馏操作时，若馏出速度过快，对分馏柱的分离效率有何影响？

（3）根据 T-V 曲线完成下表，并解释简单蒸馏与分馏的差别。

项　　目	简单蒸馏	分　馏
80℃以下的馏出液体积/mL		
馏出液的 A%　　T_1________℃ T_2________℃		

1.1.2.6　减压蒸馏

液体的沸点是指液体的蒸气压与外界压力相等时液体的温度。通常所说的沸点，如果没有特别说明，外界压力为 1.013×10^5Pa(760mmHg)。如图 1.10 所示，当施加在液体表面的外界压力由 1.013×10^5Pa 下降为 p'时，液体的沸点也就由正常沸点 T_b 下降为 T'_b。一个典型的例子是在大气压力较低的高原上，水的沸点明显低于 100℃。作为一条经验规律，多数液体表面的压力为 1.013×10^5Pa 左右时，压力每下降 1.333kPa(10mmHg)，沸点下降 0.5℃；在液体表面的压力较低时（小于 3.33kPa，即 25mmHg），压力每下降一半，沸点下降约 10℃。

利用液体的沸点随外压降低而下降的特点，可以使高沸点的有机化合物在较低压力下以远低于其正常沸点的温度被蒸馏出来，从而达到分离提纯的目的，这一方法为减压蒸馏。减压蒸馏特别适用于那些在其沸点温度附近易分解的高沸点有机化合物的分离提纯，但是实验装置要比常压蒸馏装置复杂。具体实验技术与方法见实验 1.6。

实验 1.6　乙二醇的减压蒸馏

仪器、装置与试剂

50mL 烧瓶，25mL 烧瓶（2 只），75°分馏头，搅拌器套管，直形冷凝管，150℃水银温度计，真空接管。

2-丁醇，1,2-乙二醇。

步骤与操作

减压蒸馏装置由三部分组成，即减压泵（及其保护装置）、压力计和蒸馏装置。

常用的减压泵为水泵和油泵。当水压足够高时，水泵所能达到的最低压力为当时水温下水的蒸气压（如：25℃为 3.165kPa，10℃为 1.124kPa）。

油泵由电动机带动，可将压力降至 133Pa(1mmHg) 以下。由于油泵十分精密，故使用时必须在油泵与蒸馏装置之间设置数个吸收塔，分别装生石灰、无水氯化钙和固体石蜡，以防止酸气、水汽和有机物蒸气进入油泵，造成机件腐蚀或机油乳化，使油泵工作能力下降①。减压蒸馏常用的压力计为 U 形管水银压力计（图 1.16），装在蒸馏装置和减压泵之间。测量压力时，将滑动标尺的零刻度与 U 形管中一端的水银面对齐，水银另一端平面所指示的刻度即为蒸馏系统内的压力（单位为 mmHg）②。为防止水银受污染而影响读数的准确性，可在压力计与蒸馏装置之间放置冷阱和缓冲瓶③。

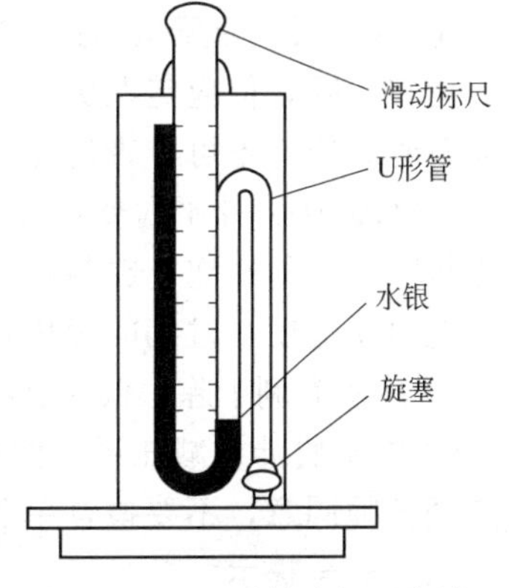

图 1.16　U 形管水银压力计

减压蒸馏的蒸馏部分装置见图 1.17。

本实验用减压蒸馏方法提纯含少量 2-丁醇的 1,2-乙二醇。按图 1.17 安装好蒸馏装置，在烧瓶中加入 20mL 待蒸馏液。检查各个接口处的严密性，确保各部分配合紧密④。

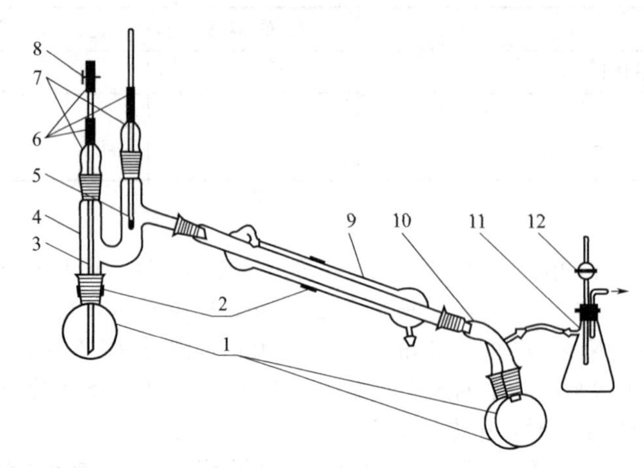

图 1.17　减压蒸馏装置（蒸馏部分）

1—烧瓶；2—铁夹；3—毛细管；4—75°分馏头；5—温度计；6—乳胶管；7—搅拌器套管；8—螺旋夹；9—直形冷凝管；10—真空双叉接管；11—缓冲瓶；12—真空活塞

开始减压蒸馏的操作顺序如下：

① 关闭真空活塞及水银压力计旋塞，旋紧螺旋夹；

② 启动减压泵；

③ 调节螺旋夹，使毛细管口形成一股细而稳定的气泡；

④ 慢慢打开压力计旋塞，测量压力；

⑤ 压力稳定后，加热烧瓶。

停止减压蒸馏的操作顺序如下：

① 撤去热源（注意：不仅仅是关闭电源!）；

② 松开螺旋夹；

③ 在压力计旋塞打开时的情况下，缓缓打开真空活塞，使压力计水银柱逐渐上升至 U 形管顶部；

④ 关闭减压泵及压力计旋塞。

（1）注解

① 减压泵是减压蒸馏操作中的核心设备之一，虽然在装置中设有保护体系以延长其正常的运转时间，但应定期更换真空泵油，清洗机械装置，尤其是在其真空度有明显下降时，更应及时维修，不可“带病操作”，否则机械损坏更为严重。

② 水银压力计平时要保养好，使之随时处于备用的状态。U 形压力计的水银灌装，要细心排除顶部的气泡。在将压力计与干燥塔或冷阱连接时，要当心不要折断压力计的玻璃管，施力要适度，过细的橡皮管不适宜作为连接用。

③ 冷阱有利于除去低沸点物质。在每次实验后，应及时除去并清洗，以免混杂在装置中。

④ 本实验涉及减压系统的操作，应在指导教师指导下认真操作，以免发生事故。初学者未经教师同意，不要擅自单独操作。

（2）安全提示

① 减压蒸馏装置使用的所有玻璃仪器均不得有裂痕，因此在使用前必须认真检查。不能用锥形瓶作为减压蒸馏的加热或接收装置。有裂痕的玻璃仪器及锥形瓶均有可能因器皿内外的压差而发生内向爆炸。所以操作者必须始终戴上防护目镜。

② 所有磨口接头在装配前均须擦拭干净，并均匀地涂抹少许真空油脂，以保证配合紧密。

③ 图 1.17 中的毛细管在减压蒸馏过程中代替沸石起沸腾中心的作用，装配时应尽量使

其末端接近烧瓶底部（但不要接触瓶底），并谨防折断。螺旋夹与毛细管通过乳胶管相连。乳胶管中最好插入一小段细铁丝，以便调节进气量，并可防止乳胶管内壁粘接。

④ 减压蒸馏时，待蒸馏物质的体积约为烧瓶容积的 1/3～1/2。本实验在 50mL 烧瓶中加入 20mL 待蒸馏物质，并准确称重。不能随意多加。

⑤ 严禁在装置的压力尚未稳定时加热烧瓶和在未移去热源的情况下停止减压。

⑥ 由于减压蒸馏常用于提纯高温下易分解的物质，所以减压蒸馏时禁止用明火直接加热烧瓶，以防局部过热引起被蒸馏物质的暴沸和分解。本实验以电热套（或水浴锅）为热源，安装时应注意使烧瓶不接触电热套（或水浴锅），并留有在停止蒸馏时撤除的余地。蒸馏过程中，通过调节加热程度和毛细管进气量，将馏出速度控制在每秒一滴左右。

⑦ 在减压蒸馏时，如果预期有两个或更多的馏分，一般采用双叉或多叉真空接管。更换接收烧瓶时，只需转动真空接管即可，不必使装置恢复常压。由于本实验中的待蒸馏物质是两组分混合溶液，故必须严格注意并记录蒸气温度以及相应的压力。当第一馏分蒸完，第二馏分开始蒸出时，蒸气温度及相应的压力会有明显的变化，此时应及时旋转双叉真空接管收集第二馏分，接收烧瓶应预先称重。在安装和旋转双叉真空接管时，应注意其位置只能使馏分流入一个接收烧瓶中。

⑧ 压力计旋塞只在需要观察压力值时打开，读数后即关闭。结束减压蒸馏时，必须先打开压力计旋塞再开启真空活塞。操作时应十分小心。若空气很快进入蒸馏装置，水银柱将迅速上升，冲破 U 形管。

⑨ 实验结束时，将连接在缓冲瓶上的橡皮管打结，并关闭真空活塞，以防止水汽进入吸收塔。将 50mL 烧瓶和 25mL 烧瓶洗净烘干。

预习内容

查阅 2-丁醇与 1,2-乙二醇的物理性质

名　称	结构式	M	b. p.	d	n_D^{20}
2-丁醇	$C_2H_5CH(OH)CH_3$				
1,2-乙二醇	$HOCH_2CH_2OH$				

思考题

（1）指出下图所示减压蒸馏装置的错误，并予以改正。

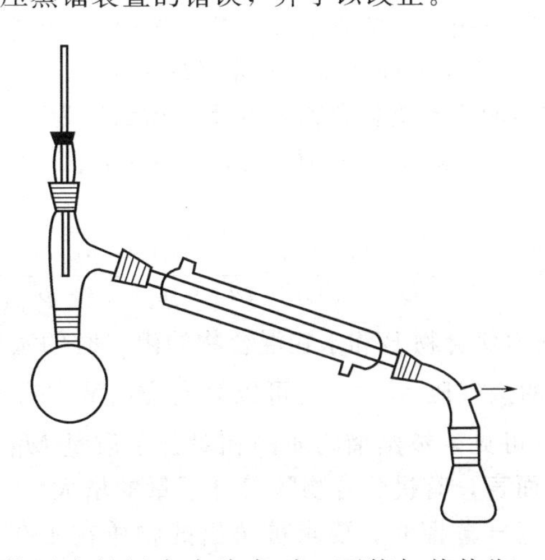

（2）为什么减压蒸馏装置内的压力未稳定时，不能加热烧瓶？

(3) 本实验在原理上与简单蒸馏和水蒸气蒸馏有什么共同点和区别?

1.1.2.7 水蒸气蒸馏

两种互不相溶的液体 A、B 单独放置时，各自的蒸气压 p_A°、p_B°随温度上升而上升。在常压 (1.013×10^5 Pa，即 760mmHg) 下，它们的沸点分别为 T_A、T_B(见图 1.18)。当这两种液体形成非均相混合物时，每种液体仍将显示各自的蒸气压，不受另一种液体的影响。因而，此时混合物液面上的总蒸气压 P_0 为两种液体单独存在时的蒸气压 p_A°与p_B°之和，即

$$P_0 = p_A^\circ + p_B^\circ$$

当 P_0 与外界压力相等时，混合物沸腾，其沸点为 T_{A+B}，它低于 A、B 单独存在时的沸点 T_A、T_B。如果 A、B 中有一个是水 (通常是沸点较低的 A)，另一个是与水不互溶的液体有机化合物，则它们的混合物就可以在不仅低于有机化合物的沸点 T_B，而且低于水的沸点 T_A 的温度下沸腾而被蒸出，这就是水蒸气蒸馏的基本原理。水蒸气蒸馏特别适合于分离在其沸点附近容易分解的高沸点物质，也适用于从不挥发物质或不需要的树脂状物质中分离出所需的组分，以及将低沸点的反应副产物、溶剂或原料从反应主产物中除去。所以，水蒸气蒸馏是分离提纯有机化合物的重要手段。

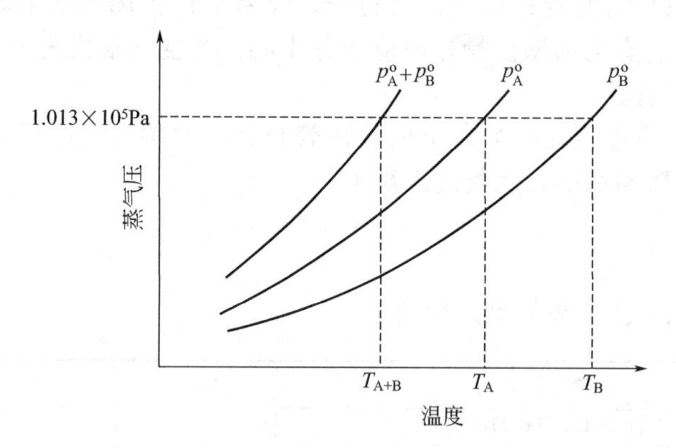

图 1.18 不混溶体系的蒸气压与温度的关系

对于不混溶液体，馏出液中两组分的摩尔比 n_B/n_A 应等于混合物沸腾时两组分的蒸气压之比，即

$$n_B/n_A = p_B^\circ/p_A^\circ \tag{1}$$

因为物质的量 n=质量 G/相对分子质量 M，代入式(1)，可得

$$G_B/G_A = M_B \cdot p_B^\circ / M_A \cdot p_A^\circ \tag{2}$$

当 A 物质为水时，馏出液中有机化合物 B 与水的质量比为

$$G_B/G_{H_2O} = M_B \cdot p_B^\circ / 18 \cdot p_{H_2O}^\circ \tag{3}$$

则

$$W_B(\%) = \frac{G_B}{G_{H_2O}+G_B} = \frac{M_B \cdot p_B^\circ}{M_B \cdot p_B^\circ + 18 \cdot p_{H_2O}^\circ} \tag{4}$$

式中，p_B°和 $p_{H_2O}^\circ$分别为化合物 B 和水在混合物的沸点时的蒸气压。如果测得了混合物的沸点以及水在该沸点下的蒸气压 $p_{H_2O}^\circ$，就可以算出馏出液中有机化合物 B 与水的质量比 (p_B°如何求得?)。由式(3) 可见，被蒸馏物质的相对分子质量 M_B 越大，则馏出液中 G_B 与 G_{H_2O}的比值越大。但一般而言，有机化合物随着分子量的增大，其蒸气压 p_B°逐步降低，难以被蒸出。因此，应用水蒸气蒸馏时，要求被蒸出的物质在 100℃左右时的蒸气压至少在 1.333kPa(即 10mmHg) 以上。

水蒸气蒸馏是用来分离和提纯液态或固态有机物的方法之一。常用在下列情况下：

① 某些沸点高的有机物，在常压蒸馏时虽可与副产品分离，但有机物易被破坏；

② 混合物中含有大量树脂状杂质，采用蒸馏、萃取等方法却难以分离；

③ 从较多固体反应物中分出被吸附的液体。

被提纯物质必须具备以下几个条件：

① 不溶或难溶于水；

② 在沸腾状态时与水不发生化学反应。

具体实验技术与方法见实验 1.7。

实验 1.7　水蒸气蒸馏提纯苯胺

仪器、装置与试剂

100mL 三口烧瓶，75°分馏头，搅拌器套管，直形冷凝管，接收管，100mL 烧瓶，25mL 三角烧瓶（2 只），空心塞（2 只），酒精温度计（0～100℃），T 形连接管，105°弯管，50mL 量筒，125mL 分液漏斗。

苯胺。

步骤与操作

按图 1.19 安装好水蒸气蒸馏的装置。量取 10mL 左右含杂质的苯胺①，倒入已称重的 100mL 三角烧瓶（被蒸馏液体不宜超过烧瓶容积的 1/3）并准确称重。在水蒸气发生器中加入相当容积 1/2～3/4 的水。按图 1.19 装好仪器②，打开螺旋夹后，电炉通电。当水蒸气自 T 形连接管的支管中冲出时，拧紧螺旋夹，水蒸气即进入烧瓶。当有馏出液滴入接收烧瓶时，调节螺旋夹使馏出速度为每秒 2～3 滴，并注意观察直形冷凝管口上端内壁的油状物。蒸馏至油状物基本消失后③，先松开螺旋夹，然后停止加热④。

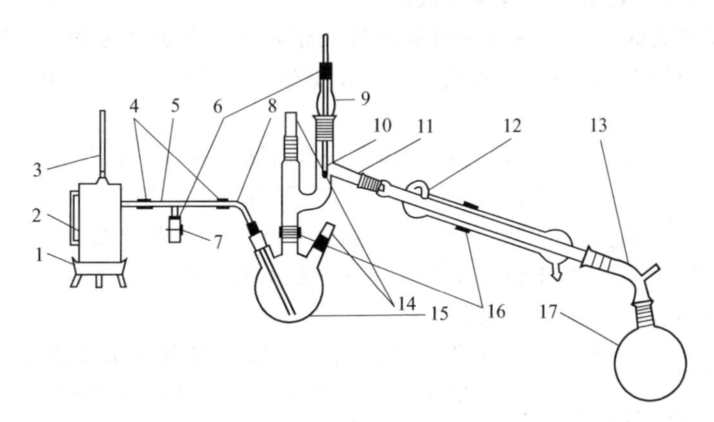

图 1.19　水蒸气蒸馏装置

1—电炉；2—水蒸气发生器；3—安全管；4—橡皮管；5—T 形连接管；6—乳胶管；7—螺旋夹；8—105°弯管；9—搅拌器套管；10—温度计；11—75°分馏头；12—直形冷凝管；13—接收管；14—空心塞；15—三口烧瓶；16—铁夹；17—接收烧瓶

接收烧瓶中的液体倒入分液漏斗，在铁圈上静置分层。分出的有机相转入干燥的 25mL 锥形瓶，用无水硫酸镁干燥。当加入的无水硫酸镁不再结块，而且液体无色透明时，静置 15～20min。将液体倒入另一只干净并已称重的 25mL 锥形瓶中，称重并测折射率，记录与苯胺一起馏出的水的体积。

整个实验流程图如下：

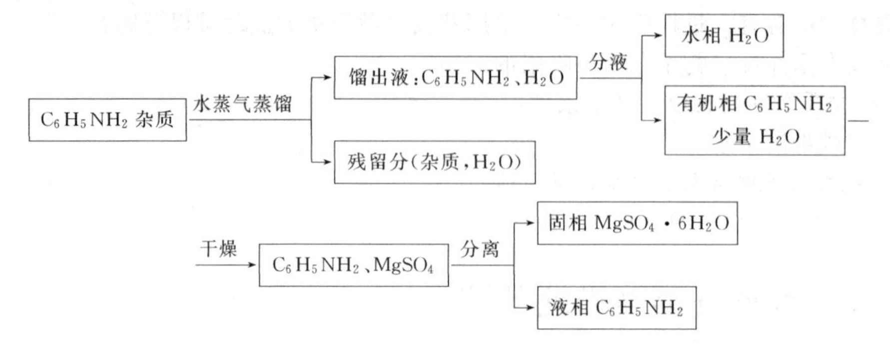

(1) 注解

① 久置苯胺系深褐色的油状液体。经水蒸气蒸馏提纯后的纯品为无色透明油状液体。纯品的沸点（b. p.）为 184.13℃，n_D^{20} 为 1.5863。

② 要进行包扎，因为当加热强度不够或室内气温过低时，在支管至三口烧瓶间的通路可以看到有冷凝水，阻碍蒸气通行。

③ 可用小试管盛接馏出液仔细观察，没有油滴，表示被蒸馏物已全部蒸出，可结束实验。

④ 在停止操作后，应先旋开 T 形连接管的螺旋夹，再停止水蒸气发生器的加热，以免发生蒸馏烧瓶内残存液向水蒸气发生器倒灌的现象。

(2) 安全提示

① 苯胺有毒，操作中应尽量避免与皮肤接触或吸入其蒸气，若不慎溅上皮肤，应立即用大量清水冲洗。水蒸气蒸馏装置的接收管必须与通入下水道的橡皮管相连。

② 安全管为一空心玻璃管，安装时尽量使其下端接近水蒸气发生器的底部。当蒸馏系统发生堵塞时，水便从安全管的上端喷出，以降低装置内的压力，避免发生爆炸。此时，应先松开螺旋夹，再移去热源，检查排除故障。

③ 安装 105°弯管时，其末端应尽可能接近烧瓶底部。在蒸馏过程中，应经常注意水蒸气发生器液面管中的水位，防止将水烧干。当需要补加冷水时，应先松开螺旋夹，然后停止加热，再加冷水。

④ 温度计用于测定水与苯胺混合物的沸点，但温度计本身一般有误差。为校正温度计，可在苯胺蒸完后，再蒸 0.5min 左右。此时的蒸气温度应为 100℃，100℃与温度计读数之差即为温度计在 100℃左右的校正值。实际工作中一般不需要测混合物沸点，故可用空心塞代替温度计。

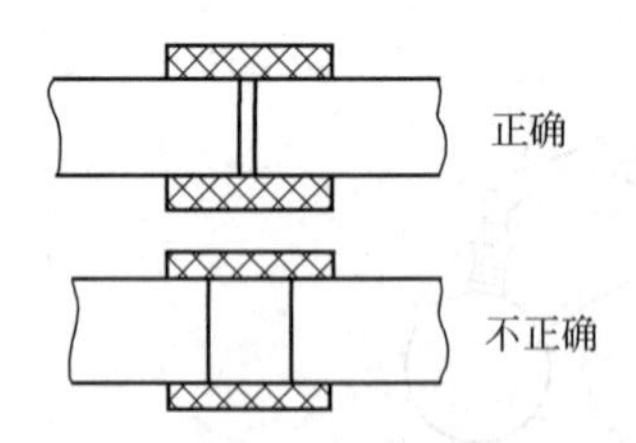

图 1.20　硬管之间的连接方式

⑤ T 形连接管与弯管及水蒸气出口用短橡皮管接连。管口应尽量靠近（见图 1.20）。实验结束时，应将所有橡皮管、乳胶管卸下，以防粘接。

⑥ 使用分液漏斗前应检查漏斗旋塞是否转动灵活和是否漏水。如有漏水现象，应将旋塞及旋塞孔擦干净，涂少许凡士林后再检查。用分液漏斗分离馏出液时，应将馏出液在分离漏斗中静置数分钟，使混合物分层，形成清晰的界面。水相与有机相分离后，在确定得到的是苯胺而不是水以前，不可将另一相弃去，以防差错。静置和分离时，分液漏斗必须用铁圈或铁夹固定在铁架台上，不能拿在手中。

⑦ 干燥剂用于吸附有机液体中的少量水分，应分批少量加入，加入干燥剂应不断振摇，

直到液体澄清而且新加入的干燥剂不再结块为止，不宜多加，因为干燥剂也同时吸附被提纯的物质。静置干燥时间不得少于 15min。常用的干燥剂除无水硫酸镁外，还有无水氯化钙、无水硫酸钠、氧化钙等，可根据被干燥液体性质选用（见表 1.2）。

表 1.2　各类有机物常用的干燥剂

化合物类型	干　燥　剂	化合物类型	干　燥　剂
烃	$CaCl_2$、Na、P_2O_5	酮	K_2CO_3、$CaCl_2$、$MgSO_4$、Na_2SO_4
卤代烃	$CaCl_2$、$MgSO_4$、Na_2SO_4、P_2O_5	有机酸、酚	$MgSO_4$、Na_2SO_4
醇	K_2CO_3、$MgSO_4$、CaO、Na_2SO_4、	酯	$MgSO_4$、Na_2SO_4、K_2CO_3
醚	$CaCl_2$、Na、P_2O_5	胺	KOH、NaOH、K_2CO_3、CaO
醛	$MgSO_4$、Na_2SO_4	硝基化合物	$CaCl_2$、$MgSO_4$、Na_2SO_4

⑧ 最后得到的纯净苯胺称量和测定折射率后，倒入指定的回收瓶，将所有仪器洗净并将两只 25mL 锥形瓶烘干。分液漏斗的旋塞与旋塞孔之间夹一张小纸条，以防粘接。

预习内容

查阅苯胺的物理性质

结构式	M	m. p.	b. p.	d	n_D^{20}	S
$C_6H_5NH_2$						

思考题

（1）为什么停止蒸馏时必须先松开螺旋夹再移去热源？如果先移去热源会出现什么情况？

（2）根据苯胺-水混合物的沸点及该沸点温度下的饱和蒸气压，计算用水蒸气蒸馏的方法提纯苯胺馏出液中苯胺含量［%(质量分数)］的理论值。与实验对照，讨论二者不一致的原因，并对实验提出改进意见。

1.2　化学合成实验特殊技术与方法

1.2.1　无机化学合成实验中的特殊技术与方法

对于不可自发进行的无机合成反应，或在通常热活化的条件下难以或不能进行的反应，就必须采取特殊的技术与方法，这些特殊技术与方法通常有电、光、磁等，即电化学合成、光化学合成、微波合成和自蔓延高温等无机合成方法。

1.2.1.1　电化学合成

利用电化学反应进行合成的方法即为电化学合成。电化学合成本质上是电解，也称为电解合成。

例如，含高价态元素化合物的电氧化合成——高氯酸钠的合成。

将 $NaClO_3$ 溶于水，在 45～50℃ 溶解饱和，使溶液中含 $NaClO_3$ 为 640～680g/L，再加入 $Ba(OH)_2$ 以除去 SO_4^{2-} 等杂质，经过滤后送往电解槽。电解槽中阳极采用 PbO_2 棒，阴极用铁、石墨、多孔镍、铜、不锈钢。电流密度为 $1500A/m^2$，槽电压为 5～6V，pH 值为 6～7。电解液温度为 45～50℃，在槽内加入 NaF 以减少阴极还原，电解反应如下：

$$NaClO_3 + H_2O - 2e^- \longrightarrow NaClO_4 + 2H^+$$

电流效率为 87%～89%，原料转化率为 85%。

1.2.1.2　光化学合成

光化学合成是指那些用热化学反应难以或必须在苛刻条件下才能合成的无机化合物，可用光化学方法实施无机合成反应。与热化学相比，光化学有如下特点，即光是一种非常特殊的生态学上的清洁“试剂”，反应条件温和，安全，反应基本上在室温或低于室温下进行，可缩短合成路线。

例如，配位化合物的光取代反应。

绝大多数光取代反应的研究集中在对热不活泼的某些配合物上，这些配合物主要是 d^3、低自旋的 d^5 和 d^6 组态的金属离子的六配位配合物，d^8 组态的平面配合物以及 Mo(Ⅳ) 和 W(Ⅳ) 的八氰基配合物。取代反应类型和取代程度依赖于中心金属离子和配位体的本性、电子激发产生的激发态类型、反应条件（温度、压强、溶剂以及其他作用物等）。

许多光取代反应可表现为激发态的简单一步反应；

$$\{[ML_x]\}^* + S^{n+} \longrightarrow [ML_{x-1}S]^{n+} + L$$

式中，L 为配体；M 为中心金属离子；S 为另一种取代基；* 表示激发态。

1.2.1.3　微波合成

微波加热作用的最大特点是可以在被加热物体的不同深度同时产生热，也正是这种“体加热作用”，使得加热速度快且加热均匀，缩短了处理材料所需的时间，节省了能源。由于微波的这种加热特性，使其可以直接与化学体系发生作用从而促进各类无机化学反应的进行，进而出现了微波化学这一崭新的领域。由于有强电场的作用，在微波中往往会产生用热力学方法得不到的高能态原子、分子和离子，因而可使一些在热力学上本来不可能的反应得以发生，从而为无机合成开辟了一条崭新的道路。微波合成技术在无机化学领域的应用已经非常广泛，如在无机化学方面，陶瓷材料的烧结，超细纳米材料和沸石分子筛中的合成都有广泛的应用。

例如，微波辐射法在无机固相合成中的应用方面。

(1) $CuFe_2O_4$ 的制备　等摩尔的 CuO 和 Fe_2O_3 用玛瑙研钵研磨混合，在 350W 下，微波辐照 30min，得到四方和立方结构的铜尖晶石 $CuFe_2O_4$，而传统的制备方法需要 23h，粉末经 X 射线衍射分析表明其 d 值与 JCPDS 卡片(25～28) d 值吻合得很好。

(2) La_2CuO_4 的制备　12.28g La_2O_3 和 3g CuO 用玛瑙研钵研磨均匀混合，置入高铝坩埚内，反应物料在 2450MHz，500W 微波炉内辐照 1min 后，混合物呈鲜亮的橙色，辐照 9min，混合物熔融，关闭微波炉，产品冷却至室温，研磨成细粉，经 X 射线衍射分析，表面主要成分为 La_2CuO_4 产物。若用传统的加热方式制备 La_2CuO_4，则需 12～24h。

1.2.1.4　自蔓延高温合成

自蔓延高温合成（self-propagating high-temperature synthesis，简称 SHS）是材料与工程领域的研究热点之一，也称为燃烧合成。该法是基于放热化学反应的基本原理，首先利用外部热量诱导局部化学反应，形成化学反应前沿（燃烧波），接着化学反应在自身放出热量的支持下继续进行，进而燃烧波蔓延至整个反应体系，最后合成所需材料。SHS 作为材料制备新技术具有节能、高效、合成产品纯度高、合成产品成本低、易于从实验转入规模生产、可控制合成产品冷却速率等特点。

例如，自蔓延高温合成在无机合成中的应用——碳化钨的合成。

工业 WO_3 粉、炭黑或石墨粉，化学纯镁粉，将其混合压成圆柱形样品，放入 SHS 反应器中，反应器抽真空后充氩气至 300～500kPa，用钨丝点燃样品。在热压机上，采用电阻直接加热对 WO_3-Mg-C 系反应产物进行热压，得到 WC-MgO 复合材料，反应式为：

$$WO_3+3Mg+C \longrightarrow WC+3MgO+Q$$

1.2.2 有机化学合成实验中的特殊技术与方法

1.2.2.1 低压催化氢化实验

在有机合成特殊技术中，催化加氢是还原烯烃和炔烃的一种特别有用的方法。而提高选择性加氢还原方法是相当有必要的，譬如在 Lindlar（林德拉）催化还原炔烃到烯烃，或是选择性还原分子结构中某个不饱和键的过程中，通常使用低压催化氢化实验技术系统（图 1.21），该系统能够在大气压下准确测定气体的吸收量，同时还允许一定量的过压强（大约 50kPa）进入反应混合物中。由于氢气具有爆炸性，在较高压强（0.2～40MPa）下催化加氢时，必须确保安全，因此在低压下催化加氢时，安全反应显得更加重要。事实上，不管压强有多高，也不管使用的氢气量有多大，实验过程中都应严格避免使用明火，邻近的电器也都必须是防火的。

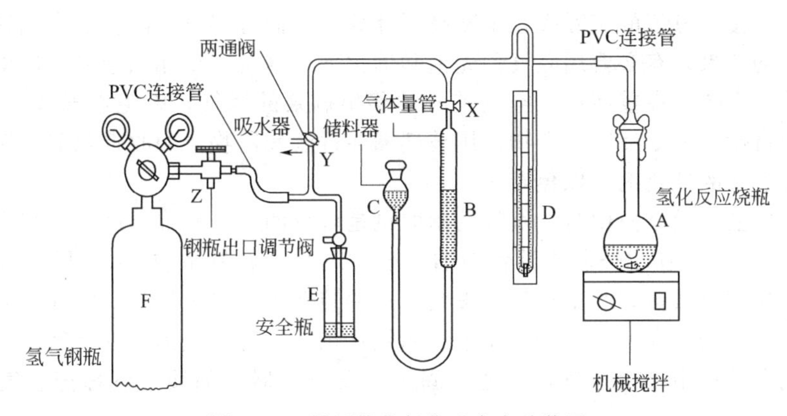

图 1.21　低压催化氢化反应实验装置

在低压催化氢化实验装置中，主要的装置和操作特性如下。

（1）氢气量管　氢化反应烧瓶（A）上连接一个可活动的气体量管（B）和储料器（C），该计量管体积通常为 100mL～2L，具体大小取决于反应物的量和填入系统中的液体是水还是水银。通过调节储料器（C）的高度来控制反应混合物上方氢气的压力。可在储料器（C）中使用水银来获得比较高的内压，但因为水银的密度很大，在储料器（C）中装入大量的水银不太现实。如果使用水，可在水里溶解少量结晶状的硫酸铜（Ⅱ）来阻止海藻的生长，并使凹液面的读数更加明显。附在系统上的还有一个压力计（D）和压力释放安全瓶（E）。在大气压下，通过调节加压钢瓶（F）上的阀来获得氢气。所有传输氢气的活动导管都必须是不透气的，最好是由纯的聚氯乙烯制成。这些导管应被紧紧地固定在装置上。

（2）氢化实验操作　在氢气的任何实验操作中都必须时刻记住两条原则：一是附近不能有明火，二是避免空气-氢气混合气体的形成。在公共实验室应特别注意，最好是能够将催化加氢的实验装置安排在一个单独的实验室。

实验具体操作为：打开活塞 X，在量管里加入水或水银，再把储料器 C 提高，使量管里的液面达活塞处。然后关闭活塞 X，降低储料器至先前的位置。把待氢化的样品放入到带有磁力搅拌棒的烧瓶 A 中，并用一定体积的反应溶剂溶解。添加催化剂到此混合物中，用移液管取微量的溶剂洗涤烧瓶壁以确保无固体粘在上面，连接烧瓶到装置系统中，并用金属弹簧丝或橡皮筋把管状的适配器和烧瓶固定好。打开两通阀 Y，把系统与吸水器相连通，抽真空直到压力计基本稳定为止。打开氢气装置系统，调节减压阀使工作压力保持在 2～3Pa（大约 0.2atm）之间。缓缓打开阀门 Z，通过压力释放安全瓶 E 观察气泡。连通抽真空系统与氢气罐。慢慢地打开阀门 Y，观察压力计中水银面的降落情况。重复操作一次，连通系统与吸气器，抽真空直到压力计显示稳定真空状态，然后再通入氢气。重复充气与抽真空循环至少三次以上，来确保系统中原有的空气全部排掉（注意：如果氢气和空气混合物接触到催化剂有可能会燃烧）。

循环五次后，打开量管活塞 X，在量管里充入适量的氢气，如果有必要可降低 C 的位置。关闭活塞 Y 隔离系统，关闭吸出器和氢气钢瓶。为得到原始体积读数，在大气压下上下移动 C 来平衡压力计中水银面，读取量管中水银的体积。根据样品量，在大气压和室温下就可计算出氢气的吸收量。搅拌反应烧瓶中的混合物，抬高 C 使得在系统内的氢气产生过压强。通常，摇动烧瓶可增加反应物和氢气的接触面积，从而达到加速氢化反应的目的。若使用摇动而不是搅拌，必须使用长颈的烧瓶以免反应液进入 PVC 导管。周期性的降低 C 使系统回到大气压强，测量管中氢气的吸入量，这个过程在反应开始时比较快，随着反应接近完全，速度变慢。氢气的实际吸入量略高于计算值，而且很难排除仪器中氢气的泄漏。有时为得到准确的结果，有必要用氢气预先饱和催化剂，这是一个相当繁复的过程。当加氢反应完成后，抽空系统；在重新通入空气前必须移出剩余的氢气，以免空气-氢气混合气接触催化剂表面而自燃。抽滤反应混合物，用玻璃漏斗过滤残留物，回收催化剂，切记，不能让太多的空气通过干的催化剂，以免着火。

（3）微量加氢　微量使用时，氢气的制取也是可行的。在标准温度和大气压下，1mmol 的气体仅为 22.4mL。在小烧瓶或试管中加入硫酸和金属锌制取氢气，用聚丙烯管道传送，并用一倒置的量筒或微量管收集氢气。很明显这种装置也应避免氢气和空气的混合以及接触明火。在脱色木炭的存在下，用硼氢化钠还原氯化铂（Ⅳ）产生活性催化剂。在原位发生器中，硼氢化钠和酸作用产生氢气，并通过固定在反应容器上的滴管气球把氢气保留在反应器中。

1.2.2.2 低温实验

有机化学实验中，有些反应大量放热而难以控制，有些反应中间体在室温下不稳定，所以反应必须在低温下进行。常见的低温反应温度为 0～100℃范围，通常将物质的温度降低到低于环境温度的实验技术，称为低温或制冷技术。一般来说，在 0℃以下称为低温，根据其获得的方法和应用情况的不同，可将室温到 173.15K 称为普通冷冻（简称普冷），将 4.2～173.15K 称为深冷冻或深冷，将 4.2K 以下称为极冷（超低温）。一般化学实验的制冷方法较为简单，通常的低温源为冰盐浴、干冰浴、液氮、液氨。

（1）冰-盐浴　将碎冰块和细盐充分混合可以达到较低的温度，一些冰盐混合物所达到的温度见表 1.3。

表 1.3　冰-盐浴冷却剂温度

冷　却　剂	冷却剂温度/℃	冷　却　剂	冷却剂温度/℃
水＋冰(1∶1)	0	NaCl＋碎冰(1∶3)	－22～－20
NH_4Cl＋碎冰(1∶4)	－15	$CaCl_2\cdot 6H_2O$＋碎冰(1∶1)	－50～－20
$NaNO_3$＋碎冰(1∶2)	－18		

（2）干冰-溶剂浴　这是有机化学实验经常采用的一种低温浴，二氧化碳干冰升华温度为－78.3℃，使用时经常加入一些有机溶剂，如丙酮、乙醇、氯仿等，以使其制冷效果更好，不同的溶剂可得到－78～－15℃范围的低温（见表 1.4）。

表 1.4　干冰-溶剂浴温度

溶　　剂	制冷温度/℃	溶　　剂	制冷温度/℃
乙二醇	−15	乙醇	−72
正庚烷	−38	丙酮	−78
氯仿	−61	乙醚	−100

（3）液氮-有机溶剂浴　氮气液化的温度为−196℃，有时将其和干冰调和起来使用，是一种很好的低温浴。将液氮加到不同的有机溶剂中可以得到−196～−13℃的低温（见表 1.5）。

表 1.5　液氮-有机溶剂浴温度

溶　　剂	温　度/℃	溶　　剂	温　度/℃
苯甲醇	−15	环己烯	−104
正辛烷	−56	乙醇	−116
氯仿	−63	正戊烷	−131
乙酸乙酯	−84	异戊烷	−160
异丙醇	−89	液氮	−196

（4）液氨　液氨的正常沸点是−33.4℃，在使用时需要在一个通风良好的实验室中使用。值得提出的是实验室经常的少量液氨、液氧和其他液化气体的贮存和气化设备。贮存液化气体贮槽具有容积大、表面积小、机械强度高、冷损耗小、冷却周期短、承载压力高等优点。液化气体贮槽由贮存液化气体的内容器、外壳体、绝热结构以及连接内外壳体的机械构件所组成。除此之外，贮槽上通常还设有测量压力、温度、液面的仪表，液、气排注回收系统以及安全设施等。液氧、液氮和液氩的小型容器通常用杜瓦容器，简称杜瓦瓶。这种杜瓦瓶一般用铜来制作。

（5）低温控制技术　低温控制方法有恒温冷浴和低温恒温器。

① 恒温冷浴　恒温冷浴通常是干冰浴，是在保温容器里慢慢地加入一些碎干冰和一种有机溶剂，如加入 95%乙醇而得到的。制好的干冰浴应是由漫过干冰 1～2cm 的液体组成，当这样一个干冰浴准备好之后，再将反应仪器放在里面，最好的方法是在制浴之前就在保温容器里装好仪器，然后再加入干冰和有机溶剂。随着干冰的升华，干冰块逐渐减少，应不断补充新的干冰块以维持冷浴的低温。有机溶剂用作热的传导介质，一些低沸点的液体，如丙酮、异丙醇等都可以使用。此外，液氮或者液氮和干冰调节可以作为更低的冷浴。

② 低温恒温器　一种液体浴低温恒温器如图 1.22 所示，可以保持−70℃以下的温度。其制冷方法是通过一根铜棒来进行的，铜棒作为冷源，一端与液氮接触，可以借助铜棒浸入液氮的深度来调节温度，使得冷浴温度比所需的温度低大约 5℃，此外还有一个控制加热器的开关，经冷热调节可使温度始终保持在恒定的±0.1℃。

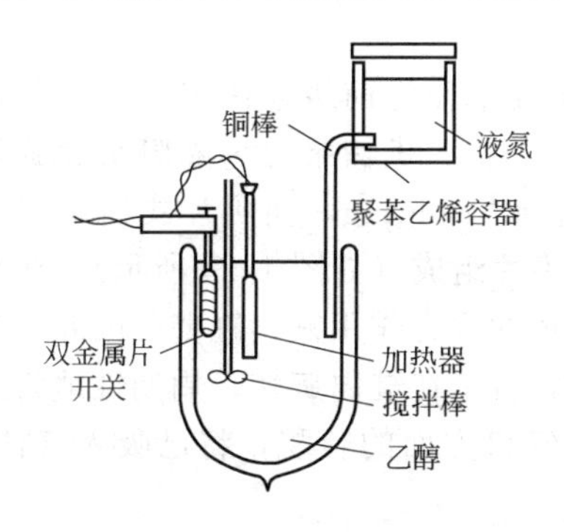

图 1.22　低温恒温器装置

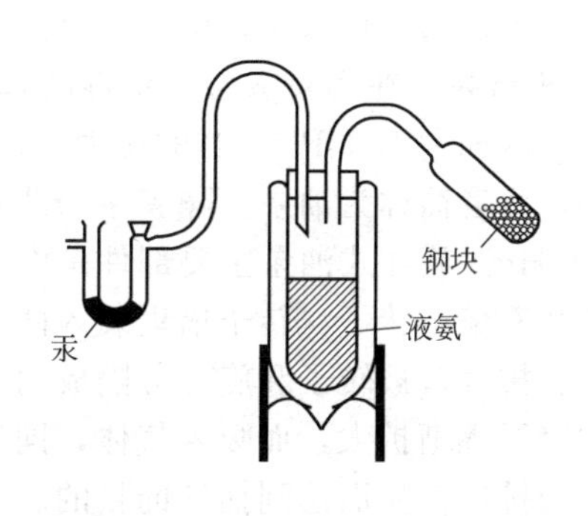

图 1.23　$NaNH_2$ 的制备装置

（6）低温化学反应　在低温进行的化学反应较多，如挥发性化合物，由于其熔点、沸点较低，其合成和纯化都要求在较低的温度下进行。此外，非金属化合物的反应一般不可能很完全，并且副反应较多。其分离主要在低温下进行。

$NaNH_2$ 的制备：

$$2Na + 2NH_3 \longrightarrow 2NaNH_2 + H_2$$

$NaNH_2$ 的制备装置如图 1.23 所示。在无水无氧的手套箱里用刀片去除钠块上的油和氧化物，然后将 5g 钠切成细小的颗粒置于盛钠的支管中，在管口接一橡胶管并用夹子封口，从箱中取出备用。将液氨钢瓶内的液氨通到杜瓦瓶内，共收集 150mL 左右，关闭钢瓶阀，把杜瓦瓶置于一通风橱内，在其中加入少量的 $Fe(NO_2)_3 \cdot 9H_2O$ 晶体。在杜瓦瓶顶部连接支管并使其通过橡胶管和一汞封相连，作为液氨蒸发出口，同时阻止空气的进入，将钠块缓慢加入以保持液氨的缓和沸腾，在大约 0.5h 加完钠块后，溶液的蓝色消失，移去管子，用橡胶塞塞好瓶口，放置 1～2d，让氨挥发掉，然后在惰性气体氛围下将氨基钠转移到瓶子里保存。

1.2.2.3　真空实验

真空实验是有机合成实验中采用的一种重要技术与方法。具有挥发性的物质和对空气和氧气敏感的化合物的合成和分离均需在真空条件下进行。真空是指压力小于标准大气压的气态空间。真空状态下气体的稀薄程度通常以压强值来表示，俗称真空度。真空度以压力的零点为基准点，用单位面积所受的压力值来表示，即是说，气体压力越低表示真空度越高。实际应用中，根据真空度高低将真空范围划分为四个区域（国际与我国国家标准规定）：真空（10^5～10^3 Pa）、低真空（10^3～10^{-1} Pa）、高真空（10^{-1}～10^{-6} Pa）、超高真空（≤10^{-6} Pa）。通常使用真空设备来获得真空度，常用的真空设备有水泵、机械泵、扩散泵等，可达到超高真空的泵有离子泵、升华泵、涡轮分子泵、吸附泵和低温泵等，用液氮和液氦作为冷凝剂组成的低温泵可以达到超高真空和极高真空。

（1）真空的获得　将产生真空的过程称为抽真空，若真空度要求较高，通常不能只使用一种泵来获得，而是用多种泵进行组合才能达到要求。表 1.6 列出了各种获得真空方法的适用压强范围。

表 1.6　各种真空泵获得不同的真空范围

真空度/Pa	主要真空泵	真空度/Pa	主要真空泵
10^3～10^5	水泵、机械泵、各种一般的真空泵	10^{-12}～10^{-6}	扩散泵加阱、涡轮分子泵、吸气剂离子泵
10^{-1}～10^3	机械泵、油泵或机械增压泵、冷凝泵	<10^{-12}	深冷泵、扩散泵加冷冻升华阱
10^{-6}～10^{-1}	扩散泵、吸气剂离子泵		

一般在化学实验室中水抽滤和水泵可以得到较低的真空度，用机械泵可得到一定的真空度，而用机械泵与扩散泵并用可以得到较高的真空度。

① 机械泵　在实验室为了获得高真空度，机械泵经常作为前级泵使用。其作用是使体系从大气压抽到 1.33Pa 左右的压力，从而产生一定的真空。机械泵分为隔膜泵和旋片式油泵两类，后者简称为油泵。隔膜泵产生的真空度可达到 12mmHg，而旋片式油泵则可达到 0.01mmHg。旋片式油泵主要部件是由转子\定子和旋片组成（如图 1.24 所示）。在泵定子空腔内装着偏心转子，转子槽里装入两块旋片，由弹簧的弹力作用贴紧缸壁。因此，定子的进气口、排气口被转子和旋片分隔成两个部分。所以，转子在缸内旋转，周期性地将进气口方面的容积逐渐扩大，而吸入气体，同时逐渐缩小排气口方面的容积，将已吸入气体压缩，从排气阀排出。从而达到抽气的目的。

在使用机械泵时，因被抽气体中多少都含有可凝气体，所以在油泵与接收器之间要安装

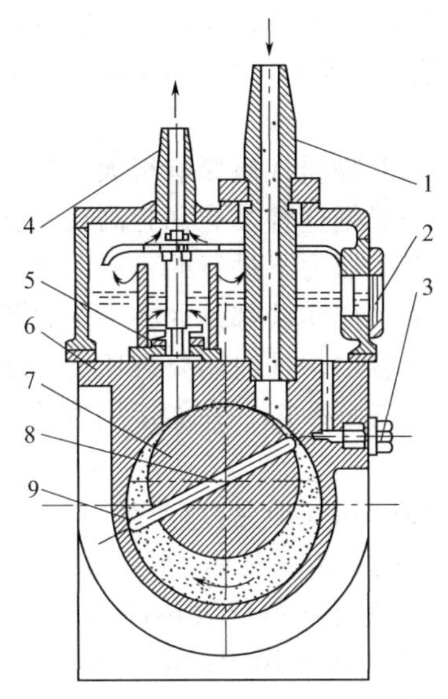

图 1.24　旋片式真空泵结构示意图

1—进气嘴；2—油窗；3—放油塞；4—排气管；5—排气阀；6—定子；7—转子；8—弹簧；9—旋片

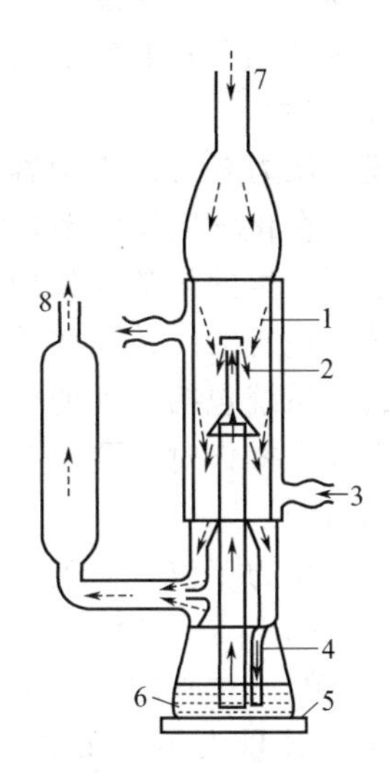

图 1.25　扩散泵结构示意图

1—被抽气体；2—油蒸气；3—冷却水；4—冷凝油回入；5—电炉；6—硅油；7—接抽真空系统；8—接机械泵

保护和测压系统，以防止易挥发的有机溶剂、酸性气体和水汽进入泵体，造成损坏。保护系统包括装有碱和干燥剂的吸收塔、冷阱等。具体为在进气口前接一冷阱或吸收塔（如用氯化钙或分子筛吸收水蒸气，用活性炭或石蜡吸附有机蒸气等）。当停泵时，应先使泵与大气相通，避免停泵后因存在压差而把泵内的油倒吸到系统中。

② 扩散泵　为了获得高真空可将扩散泵作为后级泵与前级泵的机械泵并用。前级泵将系统抽到 1.33Pa 后，扩散泵的作用是继续将系统中气体排出，使系统达到高真空度。扩散泵的种类很多，按其喷嘴个数可分为二级、三级和四级扩散泵。其结构如图 1.25 所示。

用泵底电炉加热使得泵中的工作液体（常为硅油）达到沸腾状态，然后气化，再通过中心导管顶部的喷口隙缝向泵壁喷射。大量密集的油蒸气分子的喷射，形成了一个稳定的伞形的高速蒸气射流。由于气体分子的热运动，许多分子扩散进入蒸气射流中，并经过与质量大、速度快的蒸气分子相碰撞而获得与蒸气射流方向一致的定向运动速度。这样，气体分子在蒸气流的作用下，不断向泵的出气口压缩，在出气口由于前级泵的作用而不断被抽走。喷向泵壁的蒸气流由于冷凝作用而沿着内壁返回蒸发器中循环使用。

使用扩散泵时，为避免硅油氧化裂解，要待前级泵将系统压力抽到小于 1.33Pa 后才启动。将泵停止下来时，应先将扩散泵前后的活塞关闭，这样使泵处于高真空状态，然后停止加热，待泵冷却下来，才能关闭冷却水，最后停止前级泵。

(2) 真空的测量　为了检查真空系统的真空度（压强），可以采用不同的真空检测仪表。由于真空范围很宽，因而不能用一种真空计来测量，每一种真空计只能测量有限的量程范围，如表 1.7 所示。

在进行高真空度的测量之前，首先进行低真空测验，一般是使用真空枪，利用低压强的气体在高频电场感应放电时所产生不同的颜色，估计真空度的数量级。一般情况下，真空度

表 1.7　不同真空表的测量范围

类　型	测 量 范 围	类　型	测 量 范 围
薄膜真空计	0.133～13.3kPa	麦式真空计	1.33×10^{-4}～133Pa
U 形真空计	$(13.3\sim1.33)\times10^{4}$Pa	电离真空计	1.33×10^{-9}～1.33×10^{-2}Pa

为 10^3Pa 时，为无色；真空度为 10Pa 时，为红紫色；真空度为 1Pa 时，为淡红色；真空度为 0.1Pa 时，为灰白色；真空度为 0.01Pa 时，为微黄色；真空度<0.01Pa 时，为无色。

1.2.2.4　高压实验

(1) 概述　压力是自然界中客观存在的一种现象，它对物质性质影响很大，是起支配作用的因素之一。在化学实验中要进行一系列压力实验，一般把这种实验称为高压实验。物质在压力条件下所发生的化学或物理变化并不都是在非常高的压力下进行的，所以也有人把介质在高于常压下进行的一系列实验称为加压实验。所有的加压实验都是处在一个封闭的系统中进行的。这个系统包括单独的容器或经管路连接的几个容器，同时还要有压力测量和供压装置。在进行高压操作时，要求实验人员对高压技术知识有所了解，并能运用这些知识和技巧达到预想的目的。

高压实验的压力单位有下列几种：atm(大气压)；kgf/cm^2(千克力/厘米^2)；lbf/in^2(英镑力/英寸^2)，亦称 psi；lbf/ft^2(英镑力/英尺^2)；mmHg(毫米汞柱)，亦称 Torr(托)；Pa(帕斯卡，简称帕)。过去的许多文献中常常使用 kgf/cm^2 或 psi 单位表达高压的试验压力，现在都采用国际计量大会颁布的国际单位制，压力单位一律采用 Pa(帕) 表示。Pa 单位表示压力时很小，使用不方便，因此常使用 MPa(兆帕) 或 bar(巴) 表示。巴的定义为 $1cm^2$ 的面积上承受 10^6dyn 的作用力，由于巴的压力单位与大气压或 kgf/cm^2 压力单位接近，表达比较方便，国际计量大会曾决议 bar 和 Pa 可以并用，但是，它仍是非法定计量单位。

各有关压力单位换算如下：

1 个标准大气压 $=1.01325\times10^5Pa=1.01325\times10^6dyn/cm^2=1.01325bar=1.033227kgf/cm^2=1.033227\times10^4kgf/m^2=76.0002mmHg(0℃)=1.03326\times10^3cmH_2O(4℃)=14.6961lbf/in^2$。

在进行加压实验时，一般地讲，小于 5MPa 压力的实验称低压实验；压力为 10～30MPa 的实验称为中压实验；压力为 30～100MPa 的实验称为高压实验；压力大于 100MPa 的实验称为超高压实验。

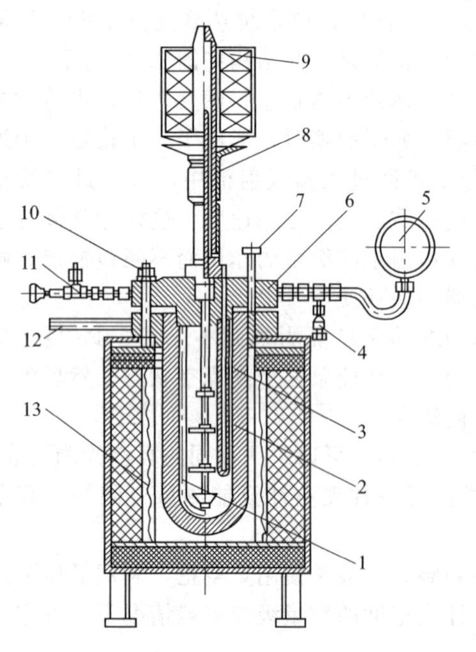

图 1.26　电磁搅拌高压釜结构示意图
1—压料管；2—热电偶套管；3—釜体；4—安全阀；5—压力表；6—釜盘；7—螺钉；8—搅拌器；9—线包；10—主螺栓；11—真形阀；12—手柄；13—电加热器

(2) 高压实验装置

① 实验室常用压力釜的构造　实验室常用的压力釜为不锈钢材质，有一定的标定容积，其附属设施有电加热装置、温度自控装置及搅拌器。搅拌的形式有摇荡式、电磁搅拌或脉冲控制的搅拌，使用压力不高的也可用密封轴动搅拌。釜盖上有 2 个或 4 个手柄。热电偶温度计接自控仪表，压力表管线上要接压力表，出料、入料的插底管，进气和排空阀门。电磁搅拌高压釜如图 1.26 所示。

高压釜常用耐腐蚀性良好的不锈钢制作，由釜体和釜盖两部分组成。釜体为厚壁容器，釜盖上有针形阀、安全阀、压力表、热电偶及搅拌装置，容积大的高压釜还带有内部冷却的盘管。釜体和釜盖的密闭通过拧紧螺母来实现，它们的接触面要求粗糙度很小，由于二者是线接触，所以密封性能很好。

② 使用高压釜的注意事项　对于高压釜一般

应尽量避免打开釜盖，要靠插底管在搅拌的情况进出物料及洗涤反应釜。如每次进出打开封闭釜时，釜盖要垂直移上、移下，以免碰击接口，影响密封性能，要分次、对称地松动或上紧螺栓，每一只螺栓都要上下对号入座，打开釜后，先用溶剂清洗釜盖接口，用吸管边搅动、边减压吸出物料，然后洗釜或继续加入下一步反应的原料。

对于加氢的反应来说，首先充入氮气约 0.15～0.2MPa，然后放空，再充一次氮气，然后再放空。如充入氮气一样，充入氢气两次再放空，但不要将其放尽，最后充入氢气至所要的压力，并开始加热及搅拌。加氢需连续完成后，压力不再下降，保持 1～2h 后再停止加热及搅拌，冷后放去余压。如果来不及放压，依物料的稳定性可以有不高的余压过夜。

1.2.2.5　臭氧化实验

在有机合成中，用臭氧断裂双键，然后再用还原或氧化的方法得到含羰基化合物是一非常重要的步骤，而且在结构鉴定时羰基的表征可能比原先的烯烃更容易些。臭氧反应最大的优越性在于它的选择性，比如用臭氧断裂双键时，反应前后羟基不受影响。

臭氧一般是将氧加入高压放电的两个电极间而获得的。商业用途的臭氧发生器可通过调节其操作电压和氧输入量提供高达 10%臭氧的氧，臭氧的产率约为 0.1mol/h。我们也可以用下列方法估计臭氧发生器的产率：在一定的时间内把臭氧蒸气通过含 KI 的 50%乙醇水溶液，然后滴定释放的碘量。不过，许多商业上用的装置都有精确的刻度表。在多数情况，用 TLC 法检测反应进程，然后据此调节臭氧产率，一般就足够了。

虽然每个装置的操作细节不同，但都必须在两电极间用预先设定的速率加入干燥的氧，同时，一定要参考说明书进行操作。在操作时应该注意，臭氧发生器使用了非常高的电压(7000～10000V)；而且臭氧有剧毒，操作必须在通风橱中进行。另外，臭氧化物中间体是一种潜在的爆炸性化合物，绝不可以分离出来，在分离目标产物前，必须对其进行适当的处理。

(1) 实验装置　典型的实验装置见图 1.27。包括必要的供氧器、臭氧发生器、捕集器以及反应器。有几种测量排出气体中臭氧含量的方法，据此可用来检测反应是否完全。传送或保存臭氧的装置（臭氧发生器出口以后的装置）必须放在通风橱中。

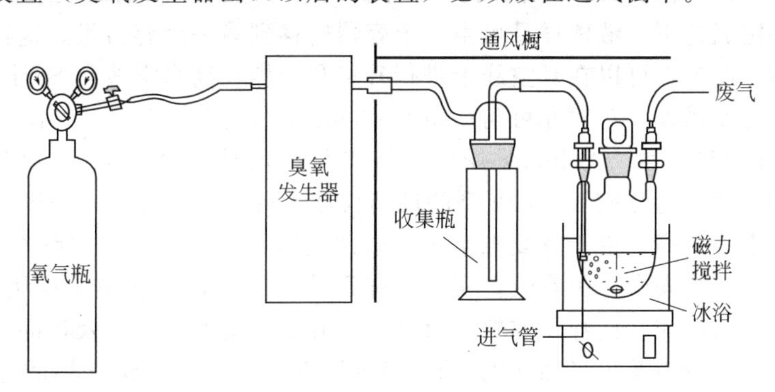

图 1.27　臭氧实验装置

(2) 臭氧分解步骤　把反应物溶解在惰性溶剂中（通常用二氯甲烷或环己烷），然后置于三口烧瓶中低温搅拌，该烧瓶还附有进口管和排臭氧口，进口管为了打散进来的蒸气，增加气体的表面积，从而增强了臭氧的吸收率。臭氧分解是利用冰浴或干冰-丙酮浴（−78℃）冷却反应混合物来完成的。反应过程可用 TLC 法来检测反应物是否消失；或是用淀粉-碘化钾试纸来检测排出气体，如果排出气体中含有臭氧，则此试纸会变成蓝色。当臭氧过量时，仅观察反应混合物也能看到现象，因为臭氧溶液是淡蓝色的。但若气体流动太快，臭氧则不能被完全吸收，这样的话，反应未完全时淀粉-碘化钾试纸也可能显示深蓝色。所以，在进行下一步反应前，用 TLC 法检测反应过程总是一种很好的办法。臭氧有剧毒性，能刺激肺部，所以我们在从反应烧瓶中取样进行TLC分析时，必须特别小心。另外，在进行分离步骤前，必须用氧化或还原的方法分解溶液中的臭氧化物。臭氧化物具有潜在的爆炸性，绝不能直接分离。

有一种很方便的还原方法是用过量的二甲基硫化物处理反应液，该硫化物立即被氧化为二甲基亚砜。然而，二甲基亚砜有一种烂卷心菜的刺鼻臭味，在拥挤的教学实验室中显然不太受欢迎。因此含锌的乙酸溶液或三苯基膦还原法被较多地运用，因为这些方法更容易被广泛接受。用硼氢化钠还原分解臭氧化物，可将羰基片段进一步还原为醇。也可选择将臭氧化物水解，但此过程中产生的过氧化氢会把醛基氧化为羧基。因此，为确保氧化完全，可在反应混合物中加入过量的过氧化氢。

1.2.2.6 无水无氧实验操作

大多数有机合成反应对水或空气是稳定的，但也有许多反应只有在无水无氧下才能进行，因为这些反应中涉及了一些对水和氧极其活泼的化合物，因此这类反应必须在无水无氧条件下进行。而且这类化合物的分离纯化、分析鉴定，必须使用特殊的仪器、试剂和无水无氧操作技术。否则，即使合成路线和反应条件都是正确的，最终也得不到预期的产物，或者得到的是不符合要求的分析结果。因此，空气敏感化合物的操作是有机合成的重要操作之一。

无水无氧操作技术目前采用三种方法：高真空线操作技术（vacuum-line）、Schlenk操作技术及手套箱操作技术（glove-box）。这三种操作技术各有优缺点和不同的适用范围，现简介如下。

（1）高真空线操作技术　本方法的特点是真空度高，很好地排除了空气，适用于气体与易挥发物质的转移、储存等操作，而且没有污染。高真空线操作系统中，所使用的试剂量较少，从毫克级到克级。真空系统一般采用无机玻璃制成，因此不适合氟化氢及其他一些活泼的氟化物的操作，若真空系统是用金属或碳氮化合物制成的则可以使用。高真空线操作要求真空度一般为$10^{-7}\sim10^{-4}$kPa，对真空泵和仪器安装的要求较高，一般使用机械真空泵和扩散泵，同时还要使用液氮冷阱。在高真空线上一般可进行样品的封装、液体的转移等操作。在真空及一定温差下，液体样品可由一个容器转移到另一个容器里，这样所转移的液体不溶有任何气体。此外，可以在真空线上进行升华和干燥。高真空线与Schlenk操作线和手套箱互为补充，方便操作，有时亦可与一条Schlenk操作线连接为一个整体。

（2）Schlenk操作技术　Schlenk操作的特点是在惰性气体气氛下，将体系反复抽真空—充惰性气体，使用特殊的Schlenk型的玻璃仪器进行操作。这一方法排除空气比手套箱好，对真空度要求不太高，由于反复抽空—充惰性气体，真空度保持大约0.1kPa就能符合要求，比手套箱操作更安全、更有效。实验操作迅速、简便，一般操作量从几克到几百克。大多数的化学反应（回流、搅拌、加料、重结晶、升华、提取等）以及样品的储存皆可在其中进行，同时可用于溶液及少量固体的转移。Schlenk操作技术是最常用的无水无氧操作体系，主要包括如下两部分。

① 提供惰性气流的装置　一种常用的简便多接头使用装置——真空惰性气体操作管线，见图1.28。此装置由几个（通常为4～5个）三斜三通活塞将两根直径为20mm的玻璃管平行连接，一根玻璃管与真空系统相连，另一根玻璃管与惰性气体相连。在两者之间同时装有鼓泡器和直形开口水银压力计。这个压力计既是汞封，又是安全释压计泡器。双斜三通活塞的第三个方向与反应体系相连接。国外实验室中常称这种真空操作线为Schlenk线。这里所接的真空泵的真空度不需要很高。通过反复抽除体系中空气，再通入惰性气体的过程，反应体系中氧的含量可达到合格。

② Schlenk类型的玻璃仪器　这类玻璃仪器如图1.29所示。实际上是有机合成中各种

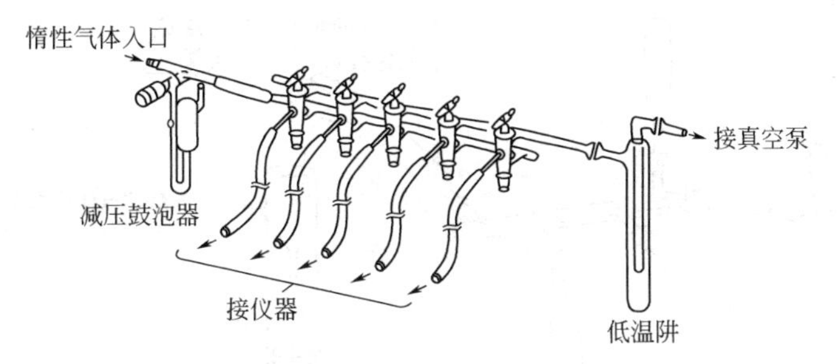

图 1.28 真空惰性气体操作管线（双排管）装置

玻璃仪器接上侧管活塞。通过活塞，将仪器与 Schlenk 操作线连接，抽空气充惰性气体。当需要开启仪器时，通过侧管活塞保持仪器内的惰性气流为正压，使空气不能进入。进行 Schlenk 操作的其他几种常见装置如图 1.30 所示。包括过滤操作如图 1.30(a)，固体过滤器转入固体容器如图 1.30(b) 和由固体容器转入安瓿瓶密封保存的操作如图 1.30(c)。固体转入安瓿瓶的另一种方法见图 1.31。

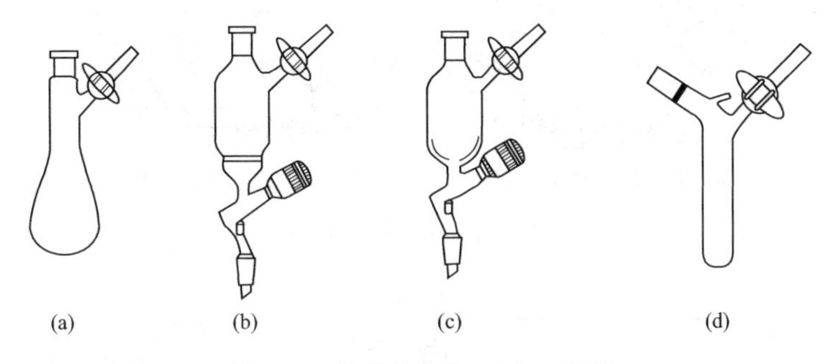

图 1.29 几种基本的 Schlenk 仪器

(a) Schlenk 管（用作反应容器和滤液接收器，梨形容器有利于电磁搅拌和从瓶中取出固体）；(b) 多孔漏斗（用于过滤，特氟隆阀可避免活塞的润滑脂污染滤液，图中是双端多孔漏斗）；(c) 滴液漏斗（使用特氟隆阀同样是为了避免活塞的润滑脂污染溶液）；(d) 盛装固体的容器（用于加入、接收和贮存对空气敏感的固体）

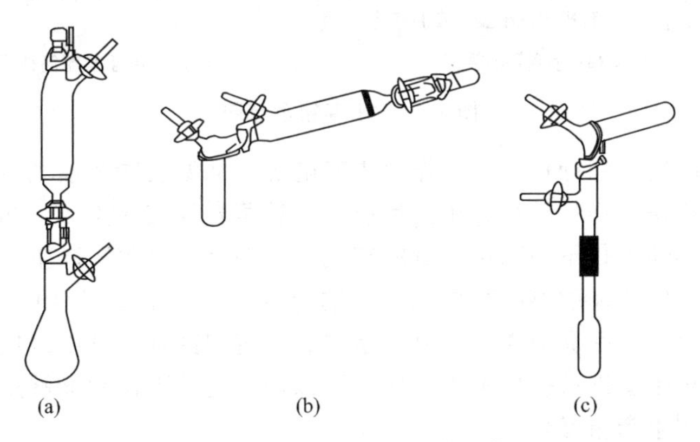

图 1.30 Schlenk 仪器的典型装置

(3) 手套袋和手套箱操作技术　手套袋为气密性好的透明聚乙烯薄膜所做。一般的操作可在其中进行。将操作所需物品放入袋中，封好袋口，反复抽空并充入惰性气体。在惰性气体恒压下，可进行称量、物料转移、一般过滤和布氏过滤，如图 1.32 所示。

手套箱大多由透明有机玻璃制成，内有照明设备。有机玻璃手套箱是不耐真空和压力的。手套箱由循环净化惰性气体恒压操作室主体与前室两部分组成，两部分间有承压闸门。前室在放入所需物品后，即关闭，抽空并充入惰性气体。当前室达到与操作室等压时，可打

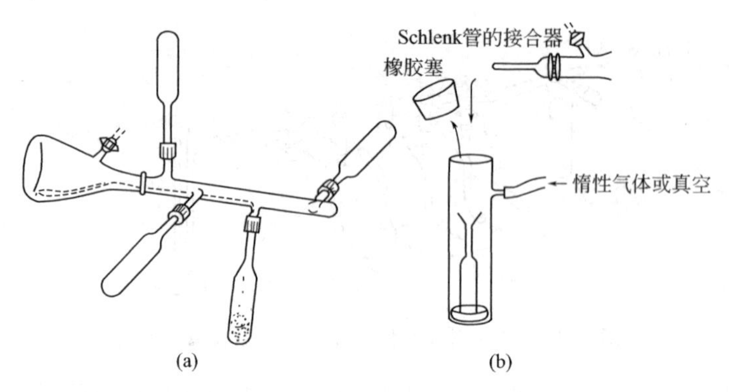

图 1.31　惰性气氛下转移固体

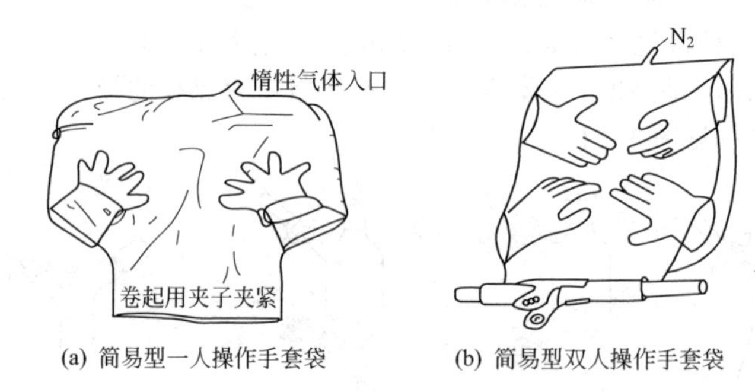

图 1.32　聚乙烯手套袋

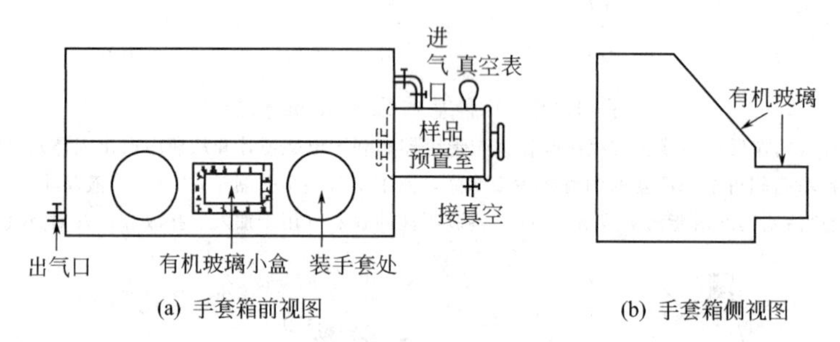

图 1.33　手套箱示意图

开内部闸门，把物品转移到操作室。操作室内有电源、低温装置及抽气口，相当于一小型实验室，可进行精密称量、物料转移、小型反应、旋转蒸发等实验操作，如图 1.33 所示。

手套箱的最大的缺点是不易除尽微量的空气，容易有“死角”产生。若在手套箱中放置用敞口容器盛放的对空气极敏感的物质（如钾钠合金、三异丁基铝等），可进一步除去其中的氧气和水蒸气。要保持手套箱无水无氧的条件有一定的困难，难以避免箱外的空气往箱内渗入。另外，用橡皮手套进行操作不太方便，所以许多化学工作者能够采用 Schlenk 操作进行的实验，就不采用手套箱操作。

1.2.2.7　惰性气体的纯化

常用的惰性气体主要是氮气、氩气和氦气。由于氮气价廉易得，大多数有机金属试剂在其中均能保持稳定，因此最为常用。它还有密度与空气相近的优点，所以在其中称量物质时无需校正。一般说来，含量达 99.998%的氮气能保护大多数对空气敏感的化合物。对于特别敏感的物质，需要更加纯粹的氮气时，可以采用净化系统，但是，氮在室温下即能与金属锂反应，在高温下更能与其他多种金属作用。在某些情况下，分子状态的氮对金属配合物也有影响，此时就不得不使用较为昂贵的氩气或氦气了。由于氩气比空气重，它对空气敏感化合物的保护作用比氮气更好，目前，在研究有机金属化合物特别是有机稀土金属化合物均采用氩气。惰性气体一般需要经脱水和脱氧气后才能使用。

（1）惰性气体的脱水　最常用的脱水方法是把适当的干燥剂装入容器中，让惰性气体通过，即可达到干燥的目的。对于干燥剂的选择应从多方面考虑。如五氧化二磷有很好的吸水能力，但因是粉末，气体通过后，压力下降太多；此外，其吸水后形成了磷酸的黏膜，使吸水速度大大降低，因此，不宜使用。又如氢化钙是很好的颗粒，但与水反应后得到大体积的粉末，同时又产生氢气污染惰性气体。高氯酸镁在多数情况下是一种优良的干燥剂。但它具有强氧化性，所以不适合还原性气体的处理。常用的干燥剂是 4A 分子筛或 5A 分子筛。它们吸水性强、吸水快，而且形成合适形状的颗粒，使用后又可再生，经其干燥的气体含水量一般可小于 10×10^{-6}，因此是一种较为理想的干燥剂。

最常用的分子筛是沸石分子筛，其为含铝硅酸盐的结晶，有 A 型、X 型和 Y 型等多种类型。A 型中常用 3A 分子筛（钾 A 型）、4A 分子筛（钠 A 型）、5A 分子筛（钙 A 型）。纯化氮气用 4A 分子筛或 5A 分子筛吸水时，也吸附了 N_2、O_2。但因 N_2 的量大，吸附的量可忽略，但这也损失了一部分分子筛的活性。

使用前分子筛要在高温炉内烘烤脱水活化。温度为（550±10)℃，常压下烘 2h 或在温度为（350±10)℃，同时抽真空至 $10^{-3}\sim10^{-4}$ kPa 条件下活化。干燥时的温度过高或过低都会影响分子筛对水分的吸附量，如果温度超过 600℃，分子筛的晶体结构就会被破坏，从而会降低或丧失其吸附能力。活化后在高温炉内冷至 200℃，取出后保存在充有惰性气体的干燥器中，密封冷却备用。分子筛在使用后可再生。再生方法是在柱内用绕柱电炉丝加热至(350±10)℃时抽真空至 $10^{-3}\sim10^{-4}$ kPa，恒温 2h，冷却后通入惰性气体，加热至 150～300℃，持续 3～4h，然后通入干燥的冷惰性气体约 2～3h，隔绝空气，备用。

（2）惰性气体的脱氧　惰性气体的脱氧方法一般分为干法脱氧和湿法脱氧两种。干法脱氧一般是让气体通过脱氧剂，脱氧剂一般是金属和金属化合物。湿法脱氧让气体通过具有还原性物质的溶液，例如焦性没食子酸的碱性水溶液，但由于湿法脱氧，气体会将水或其他溶剂分子带入体系，所以很少采用。惰性气体脱氧主要采用干法脱氧。有的脱氧剂需要加热，以保证与氧反应的合适的速度，有的脱氧剂则在常温下即可脱氧。常用的脱氧剂有以下几种。

① 活性铜　铜是最常用的金属。10～20 目的铜粉于 600℃下能有效地脱氧，然而一旦表面被氧化层所覆盖，脱氧速度便急剧下降。最常用的是附载于硅藻土上的 Cu_2O 除氧剂，其具有较好的脱氧效果。

②氧化锰　氧化锰也是一种方便的脱氧剂。它主要的脱氧反应是：

$$6MnO+O_2 \longrightarrow 2Mn_3O_4$$

在某些情况下氧化锰 MnO 也能形成更高价的氧化物。其制备方法为：将研细并过筛的软锰矿（MnO_2）装入柱中，在最高 550℃的温度下以从 N_2-H_2 混合气还原。该柱使用后又可以在 350℃下用氢气还原而予以再生，但反复地使用和再生会造成脱氧剂粒子破碎，而采用载体氧化锰能得到改善，这种载体氧化锰能经受多次再生。

③ 银分子筛　银分子筛是常温下高效脱氧脱氢催化剂，使用方便，是一种很理想的脱氧剂。银分子筛价格较为昂贵，成本较高。

④ 钾钠合金　钾钠合金一般由 70%钾、30%钠组成，实验室可自制。其在 0℃以上是液体，在室温下可以除去氧、水、汞蒸气。用钾钠合金处理惰性气体，含氧量及含水量可低于 1×10^{-6}。其不足之处是不易活化再生，使用较为危险，装钾钠合金的容器瓶外要加塑料保护瓶，前后要加安全瓶。

（3）惰性气体纯化装置　一般实验室使用的惰性气体纯化装置如图 1.34 所示。

惰性气体经液体石蜡鼓泡器观察进气量，先后经过水银安全瓶、活性铜和银分子筛脱

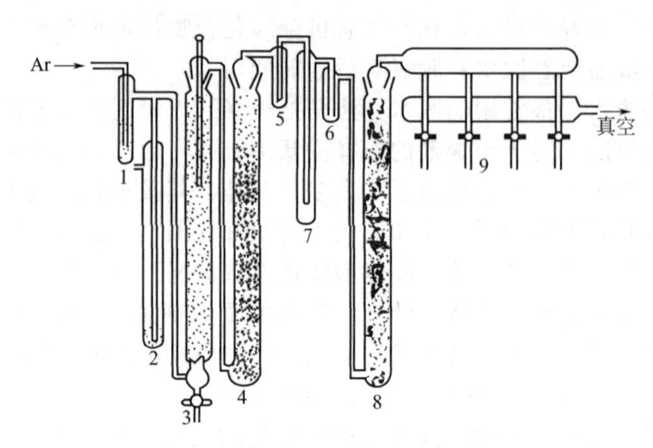

图 1.34 惰性气体纯化装置（一）

1—鼓泡器；2—水银安全瓶；3—活性铜；4—银分子筛；5,6—安全瓶，7—钾钠合金；8—分子筛；9—双排管

氧，再经一个4A分子筛柱和钾钠合金脱水，最后和双排管一路相连，经纯化的惰性气体入双排管。双排管另一路接真空体系。双排管上装有4～8个双斜三通活塞，活塞一端与反应体系相连，反应装置通过双排管可以抽真空或充惰性气体。根据需要可以设计不同类型的装置，对脱水脱氧要求稍微低一些，体系内可以不设置钠钾合金脱水脱氧柱，如图1.35所示。

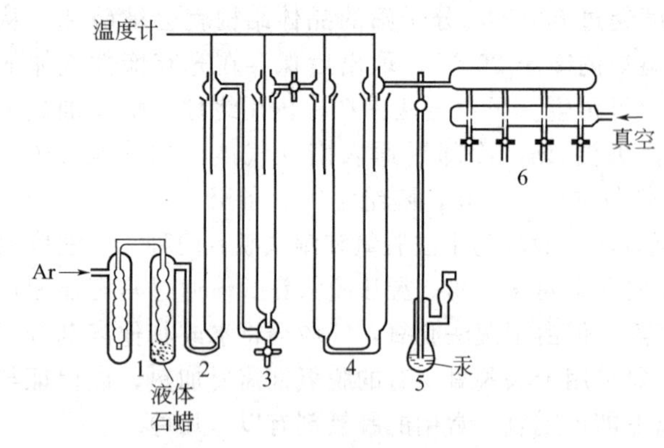

图 1.35 惰性气体纯化装置（二）

1—液体石蜡（液封）；2,4—分子筛干燥管；3—银分子筛；5—汞封；6—双排管

通常的简单无水无氧纯化装置可以采用分子筛和氯化钙脱水，活性铜脱氧，亦可满足一般的惰性气体纯化的实验要求，其装置如图1.36所示。

鼓泡器可以随时观察惰性气体是否正常输入以及气量的大小，同时在抽真空干燥时可以观测仪器内是否已成真空。仪器内部与外界隔绝，防止湿气、空气的侵入，起到保护体系的作用。鼓泡器内部的液体可以是水银也可以是液体石蜡（见图1.37、图1.38）。

1.2.2.8 溶剂的提纯

由于溶剂常大大过量于溶于其中的试剂，因而降低溶剂中杂质的含量就显得十分重要。最常见的提纯方法有蒸馏，用惰性气体驱除、吸附、洗涤，用除氧剂或吸水剂以及冷冻-抽空-熔化法除气等。

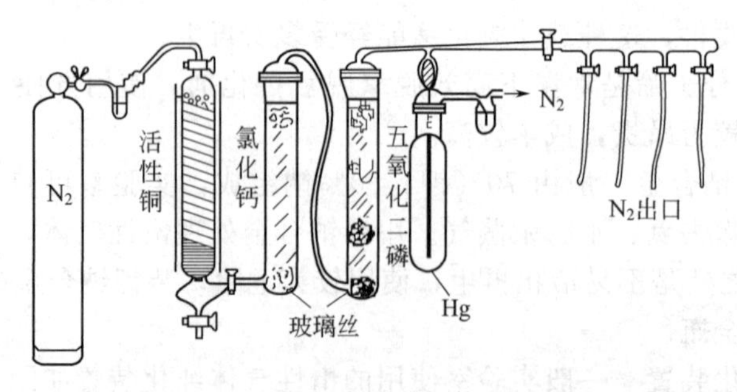

图 1.36 简单无水无氧惰性气体纯化装置

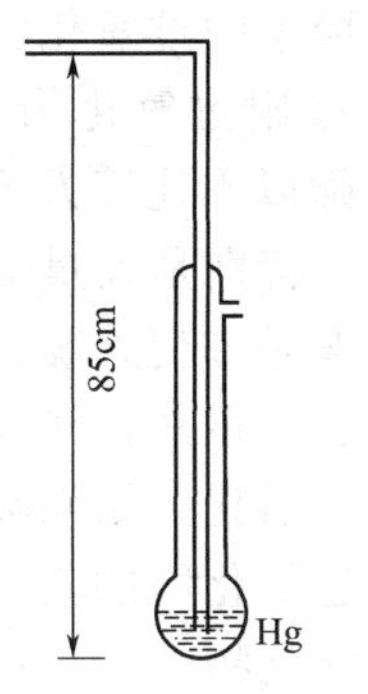

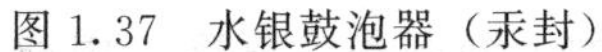

图 1.37　水银鼓泡器（汞封）

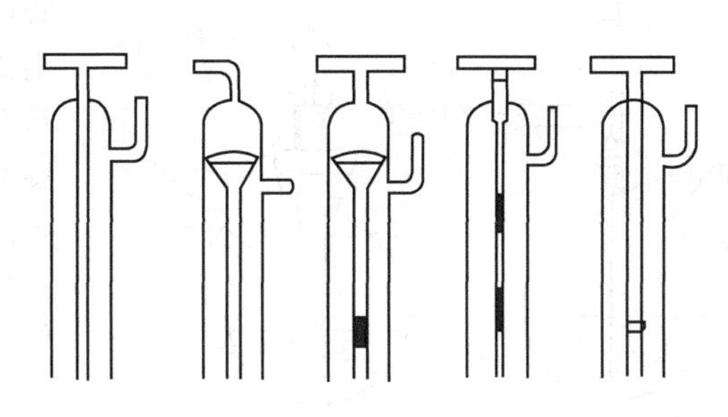

图 1.38　不同类型的鼓泡器（蜡封）

(1) 蒸馏与惰性气体驱气　蒸馏法往往不为人们所重视，但它用于炔类和含氯烃溶剂的除水很有效。水与有机液体的亲和力比较弱。惰性气体气氛下采用图 1.39 和图 1.40 所示的蒸馏装置进行蒸馏可以达到目的，其他溶剂可先用干燥剂预处理后再进行蒸馏。惰性气体驱气装置如图 1.41 所示，它对饱和脂肪烃、芳香烃和氯代烃的驱气很有效，但不适于醚类和烯烃的驱气。因为这两类物质与氧反应生成过氧化物，需先用化学方法或用吸附剂处理后再进行蒸馏。

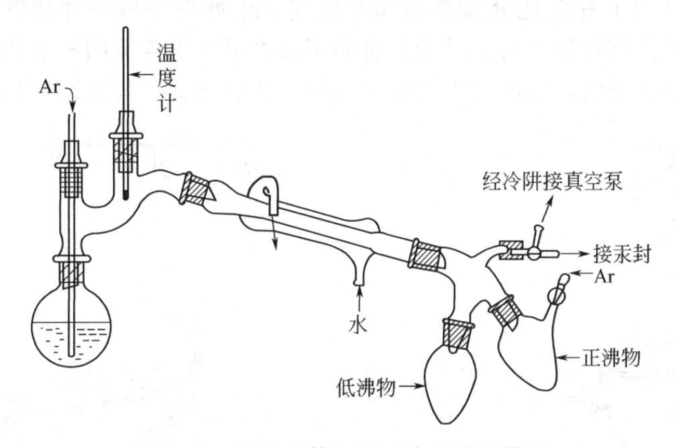

图 1.39　惰性气体气氛下常压蒸馏装置

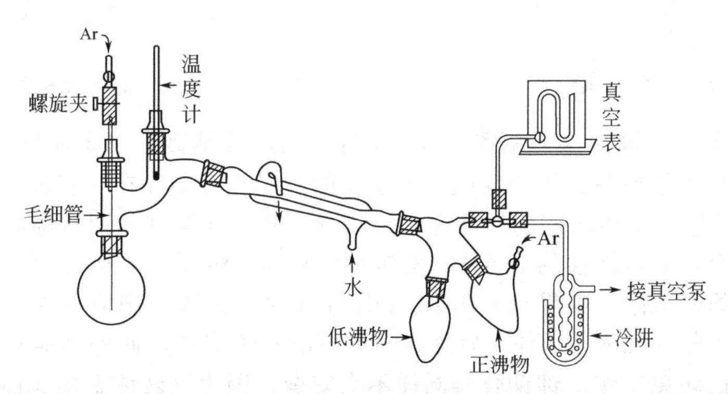

图 1.40　惰性气体气氛下减压蒸馏装置

(2) 吸附剂　吸附剂可用于溶剂除水。最常用的吸附剂是分子筛和氧化铝，它们的除水效果相当好，使用之前应进行活化。提纯方法有两种：不连续操作，将活化的分子筛或氧化铝加入到盛有溶剂的容器中，静置，使吸附剂吸附溶剂中的水分，一定时间后，取出上部的溶剂使用；也可用吸附柱进行连续多级净化，可达到更好的除杂效果。先用活化了的吸附剂装柱，再用惰性气体排除空气，最后将脱过气并预先干燥过的溶剂导入柱中。活性氧化铝可

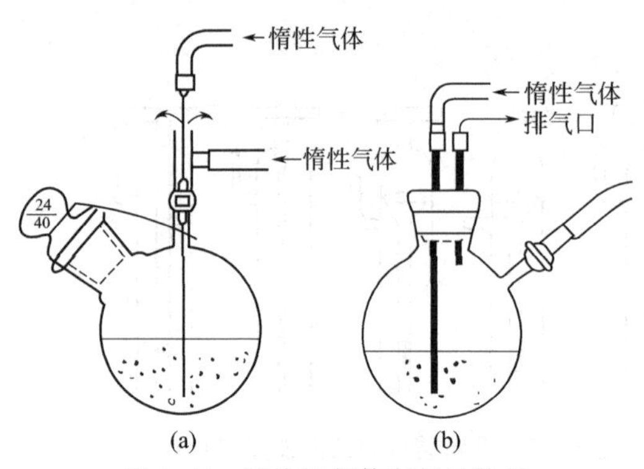

图 1.41　用惰性气体驱气的装置

(a) 接在惰性气源上的长针经由支管插入溶剂，另一束惰性气流慢慢流经支管以防空气向烧瓶内部扩散；(b) 长针经由装在瓶口的隔膜插入溶剂，气体由插在隔膜上的短针排出

有效地除去醚和烯烃中的过氧化物。由于其吸附水分的能力比吸附过氧化物的能力强，因而有必要用分子筛以不连续方式对溶剂进行预干燥。对溶剂，特别是大量溶剂进行干燥时遇到的一个问题是如何处理用过的固体吸附剂。常用的方法是将其在惰性气流中或真空下小心加热重新活化。如果吸附剂原先用于干燥烯烃或含过氧化物的其他溶剂，活化之前必须破坏过氧化物。

(3) 高活性干燥剂和除氧剂　用前述方法对许多用途而言已经足够了，但有些要求更高的反应，对经这样处理仍存留痕量氧化性杂质，仍需进一步用高活性干燥剂和除氧剂处理才能满足要求。为了进一步降低水分、氧和氧化性杂质的含量，通常需要化学方法和蒸馏方法相结合。图 1.42 是一种有代表性的蒸馏装置。这种装置是为了有效地分离溶剂和净化剂。还可采用另一种装置，如图 1.43 所示。装置中的贮液瓶位于蒸馏瓶的上方，其中过量的蒸馏物可经支管流回蒸馏瓶。回流装置可使用有侧管的圆底烧瓶加冷凝管，冷凝管上端装有惰性气体导出管，与鼓泡器相连。

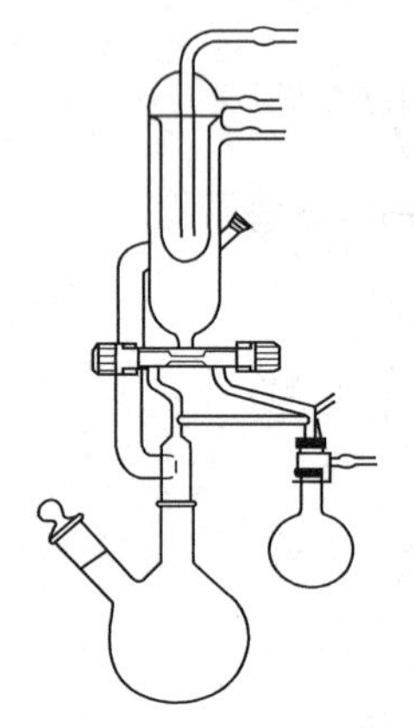

图 1.42　无水无氧溶剂蒸馏器

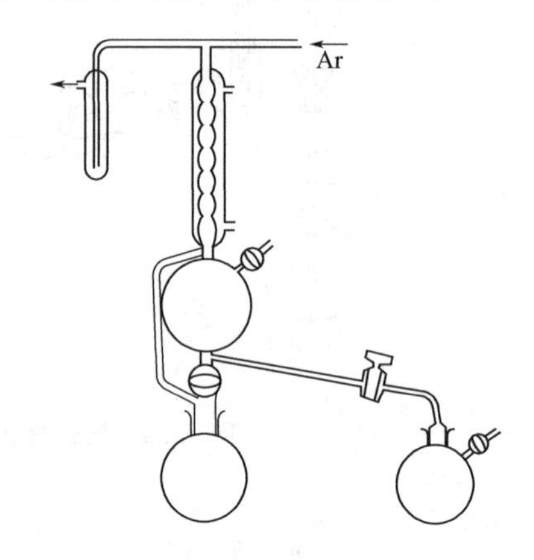

图 1.43　惰性气流下的回流和蒸出接收装置

目前使用的高效干燥剂和除氧剂有 $LiAlH_4$、钠丝或钠砂、二苯酮钠、CaH_2、钾钠合金。应注意这些强还原剂在含氯代烃或可被还原的有机化合物存在时有发生爆炸的危险！

固体钠和 CaH_2 与杂质之间的反应速率比较慢，甚至在溶剂的回流温度下除杂效果也不佳。液体的钾钠合金和可溶性的 $LiAlH_4$ 虽然常用来提纯溶剂，但千万要注意，因为万一不小心就有发生爆炸的危险。如果确需用 $LiAlH_4$ 干燥醚类溶剂，则应先除去过氧化物，并进行预干燥和除氧操作。加入 $LiAlH_4$ 后蒸馏时绝不能蒸干溶剂，此外还应有防护装置，做好防爆、燃烧起火的防患工作。钾钠合金同样不太安全，因为该液体金属表面上积累的超氧化物会导致自燃起火，发生安全事故。

在使用方便和操作安全之间，二苯酮钠是一种较好的折中选择。但也应先对溶剂进行预纯化以除去大部分的水和氧，再用惰性气体排除蒸馏瓶中的空气，最后加入新制备的钠砂或钠丝和少量二苯酮（约 5g/L），用粗搅拌棒搅拌以搅碎钠砂上残留的表面膜。如果溶剂比较纯净，钠砂附近的溶液很快呈现蓝色，但一般情况下溶液的蓝色在加热回流一段时间后才出现。溶液转为深蓝色或绿色时即可开始蒸馏。这种颜色标志着耗尽了水和氧化性杂质而生成了二苯酮钠。如果起始溶剂的规格比较高，经过预纯化可直接加到蒸馏瓶中，可补加少量二苯酮。它的缺点是生成不易被引发，且还会在干燥过的溶剂中引入痕量的杂质苯。

1.2.2.9　试剂的转移

（1）液体的转移　液体转移技术有两种，一种是注射器，另一种是不锈钢导管。无论哪一种都要事先经过干燥和赶尽空气。用注射器进行液体转移时，注射器也要无水无氧，处理方法是将注射器拆开放于烘箱中干燥，趁热取出后放入干燥器中冷却。从干燥器中取出后，用干燥氮气冲洗赶除空气。冲洗的方法是将注射器插入惰性气体导管T形管出口橡皮塞中，控制氮气的流量，使气体慢慢推动注射器芯，然后拔出注射器，排去其中气体，如此反复几次，如图1.44所示。

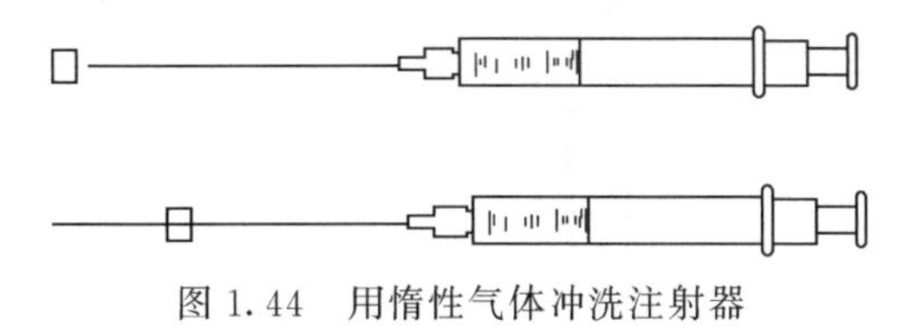

图1.44　用惰性气体冲洗注射器

从用翻口橡皮塞封口的试剂瓶中转移试剂进入反应瓶时，必须将注射长针插到瓶内液面以下，再插入惰性气体导管，利用干燥氮气在瓶内造成的正压将液体压到注射器内，如图1.45所示。

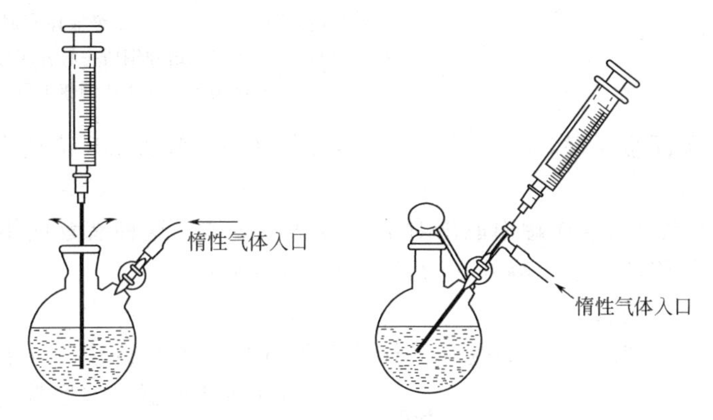

图1.45　惰性气体保护下使用注射器从贮液瓶中转移溶剂

用不锈钢导管转移液体时，可转移较大量的液体，其操作与注射器相同，只是不锈钢导管不能计量，可先将液体转移至有磨口的量筒中，然后再转移到反应瓶中。所有操作都必须在氮气保护下进行，如图1.46所示。操作时旋开右瓶上的活塞，惰性气体的压力使溶液经插管转入接收瓶。接收瓶或者保持在100kPa（支管接鼓泡器），或略低于10^3kPa（短暂地旋开通向真空体系的活塞）。

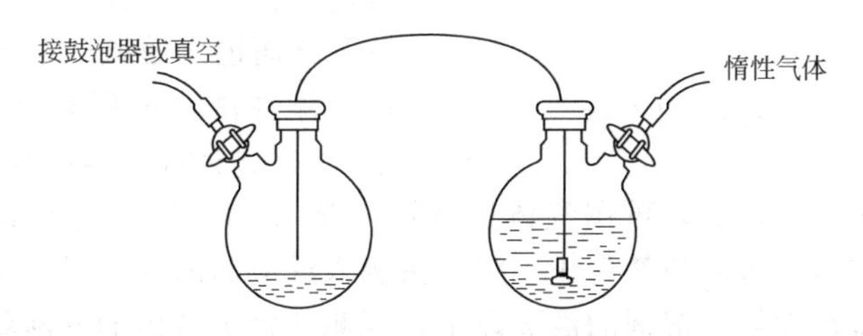

图1.46　用不锈钢导管转移溶液

从金属罐中取高活泼性液体用图1.47装置，可从低压金属罐中取高活泼性液体。要注意的是，取高活泼性液体应在通风橱中进行，通风橱内尽量不放其他化学药品或可燃性物质。取液前先用惰性气体清洗注射器，方法是从液体上方吸入气体，然后排出管外。手指轻轻按住气体出口，溶液即被压入注射器。注射器接上罐后，先用惰性气体清洗针头几分钟。在清洗过程中，将针头穿过橡皮膜片插入反应瓶，通过三通阀将液体转入反应瓶内。从罐中

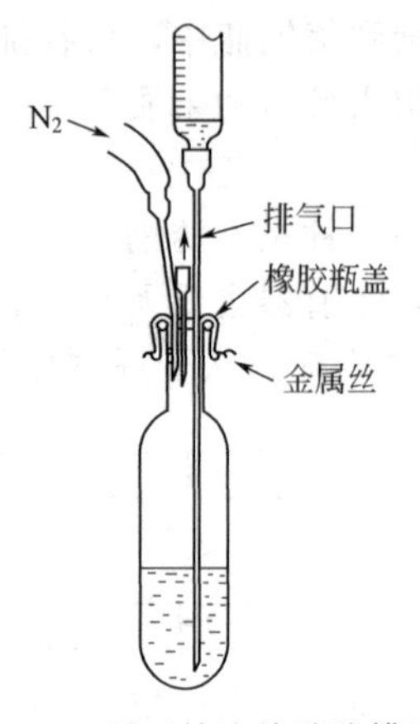

图 1.47　用三针法从贮液罐取液

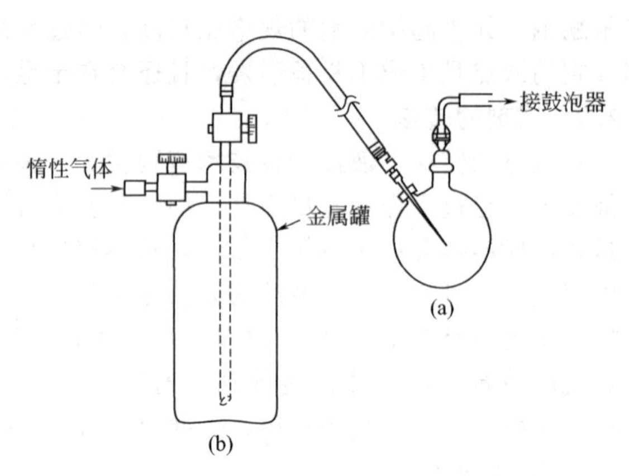

图 1.48　从金属罐内转移对空气敏感液体

(a) 三路活塞接一螺纹接头，以便与金属罐螺口匹配，进气支管用来在开始时清洗装置并在转移操作完成后将留在注射针头中的液体吹出，转移开始之前罐内液体应处于低压惰性气体下；(b) 对空气敏感液体有时装在虹吸型钢瓶中出售，此处示出从这种钢瓶中转移液体的方法，惰性气体用于将液体从钢瓶中压出

取出所需液体后，关闭金属罐，将三通阀扳回惰性气体源。针头从反应瓶中取出前，要用惰性气体冲洗。

用图 1.48 装置也可从金属罐中取出对空气敏感性液体。这种装置使用了虹吸管。主要区别是使用惰性气体将液体压出罐外，通过虹吸进入反应瓶。

(2) 气体和固体的转移

① 气体的转移　一般采用小钢瓶和气体注射器进行气体的转移，对于少量的气体，可采用气体注射器。但通常情况一般采用小钢瓶，它便于实验室使用、储存所需要的气体，其容量可小至 0.5L。使用时将一根一端装有针头的软管通过鼓泡器和针形阀接到钢瓶的减压阀上，如图 1.49 所示。

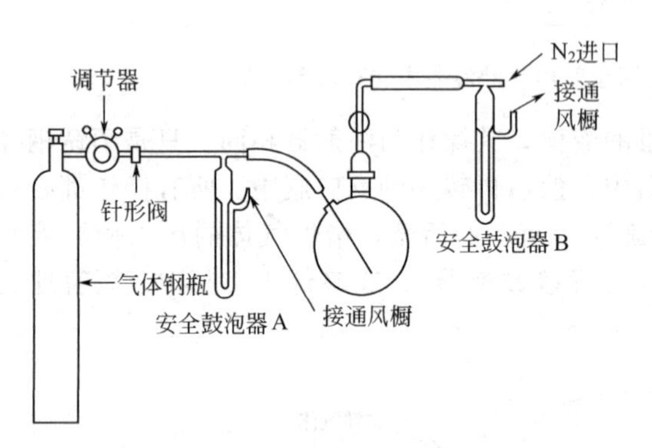

图 1.49　从小钢瓶中取出气体

鼓泡器作为安全装置，其中放有数量足够的汞或石蜡油，以使气体在正常情况下能流过针管，一旦针尖被堵塞，气体即由鼓泡器旁路而进入通风橱，管路和鼓泡器均用惰性气体冲洗，不用时可将针头刺入硬橡皮塞，以免被沾污。若钢瓶较轻，使用前须称重；倘若钢瓶太重而不便称量，可用气体计量管（图 1.50）计量气流的速度，同时计取时间，直至通入的气体达到所需数量为止。将针头刺入反应瓶的橡皮膜，打开钢瓶阀门，缓慢通入气体。通常是将针尖伸入溶剂的液面以下，观测从针尖逸出的气泡状态，以确定气流速度。装有石蜡油或汞的鼓泡器 B 能显示有气体从溶液中逸出。在反应期间，可将小钢瓶置于磅秤上，观测其减重的情况，一般采取多加 10%气体的方法减少误差。

当加入所需数量的气体后，可将鼓泡器 B 的 T 形管向系统中导入惰性气体流，这样既不会排除反应液面上的气体，又维持了系统一定的正压力，避免因系统产生瞬时的负压而将鼓泡器内的液体吸入反应瓶，然后将针头从溶液中抽出，闭紧阀门。从瓶内拔出针管后，再次称量钢瓶。反应完成后，微微加热，同时通入惰性气体，以驱除反应液中过量的气体。

气体计量管由普通的实验室仪器装配而成，它用于转移一定数量的气体。首先用汞、石蜡油或者邻苯二甲酸二乙酯充满计量管。将与惰性气体相连的针头插入图示鼓泡器的隔膜，打开连通气体钢瓶和计量管的旋塞 A，让气体将系统冲洗几次。关闭顶端的旋塞 B，当气体进入计量管时，为使其易于充满，可以降低水平球的位置。欲排空时，应关闭钢瓶旋塞，而将通向通风橱或反应瓶的旋塞 B 打开，再使水平球升高，液体便将计量管内的气体压出。为了测量气体的体积，计量管和水平球中的液面必须相平。在所需体积的气体已进入计量管后，从鼓泡器上拔出气源针管，使气体经过顶部的旋塞，通过另一支刺入反应瓶隔膜的针管而参与反应。为了加入较大数量的气体，这样的操作也可以反复几次。

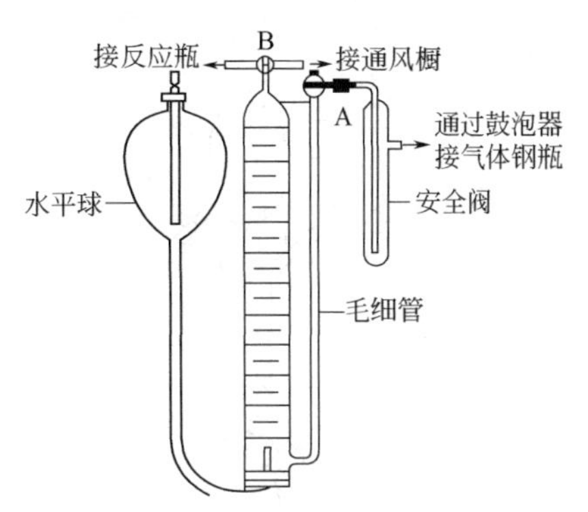

图 1.50　转移气体的计量管

② 固体试剂的转移　在惰性气体环境下处理固体试剂较为困难，最稳妥的解决办法是利用手套箱。比较简单的是用戴手套的塑料袋。将固体物质溶解成溶液，这样就可以凭借液体的转移技术进行操作；也可以将其制成分散很细的浆状物或悬浮液，可用大针管转移。

1.2.2.10　惰性气氛下反应实验装置与技术

(1) Schlenk 装置和 Schlenk 操作技术　Schlenk 玻璃仪器是实施惰性气氛下进行反应的主要装置和操作技术，它实际上是将有机合成中各类玻璃仪器上侧管接活塞而制成的。一般情况下，从侧管导入惰性气体，在惰性气体的存在下，在反应瓶内进行合成反应、转移等操作。Schlenk 玻璃仪器侧管上的侧管活塞常为三通活塞或两通活塞。当使用两口玻璃容器时，在其中一个口上接有这种活塞，就可作为 Schlenk 管使用了。单口玻璃反应瓶上连有三通活塞也同样具有 Schlenk 管的功能。通过 Schlenk 管的侧管可以和无水无氧操作线连接，旋转活塞可以进行抽真空和通入惰性气体；当需要移取仪器时，通过关闭这个侧管活塞以保持仪器内的惰性气体为正压，这样可使外界的空气不能进入。

对于敏感化合物的反应装置，气体、液体和固体的转移以及过滤、蒸馏、重结晶和升华等各种实验方法，应该根据具体情况灵活运用，加以组合或者自己设计装置。Schlenk 仪器和普通的磨口仪器进行合理组合，就可以得到各种不同类型的实验体系，可以进行多种涉及空气敏感化合物的实验操作，当从 Schlenk 管中取出反应物质时，从侧管通入惰性气体，这样可保持体系的正压，从而可以避免物质接触空气。因此，Schlenk 操作是较为理想的实验方法。

对于固体物质，可用长柄药匙移取；对于在空气中可稳定数秒的化合物而言，可直接移出放入另外一个充满惰性气体的容器内；但对于对空气特别敏感的化合物而言，则可采用如图 1.51 所示的装置。图 1.52 所示的是两个 Schlenk 管都通惰性气体，倾斜进行固体物料的转移。

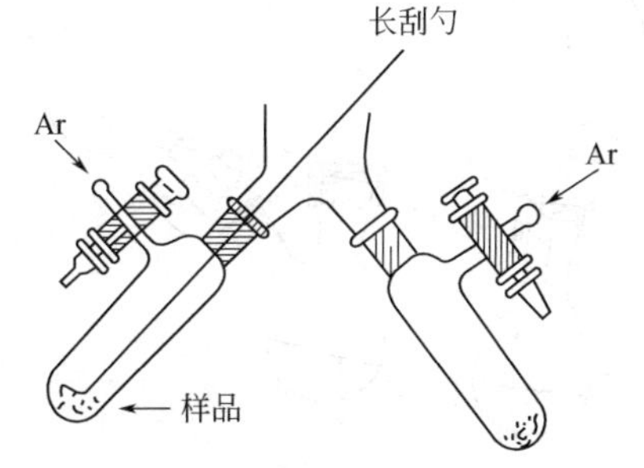

图 1.51　物料转移用的 Schlenk 装置（一）

对于液体物料的转移，除了使用注射器以外，还可以在 Schlenk 法的基础上，使用不锈钢管和聚四氟乙烯管移取溶液，如图 1.53 所示。该方法简单、易于掌握且物料损失极少。具体操作是通过隔膜橡胶塞将这样的管子从瓶子的上口插入，惰性气体从侧管导入而从另一瓶的侧管放出。惰性气体置换后，将管子的一端通过类似的方法插入另一瓶内。反应瓶内的液体被惰性气体压入管子中而流入另一瓶中，惰性气体通过

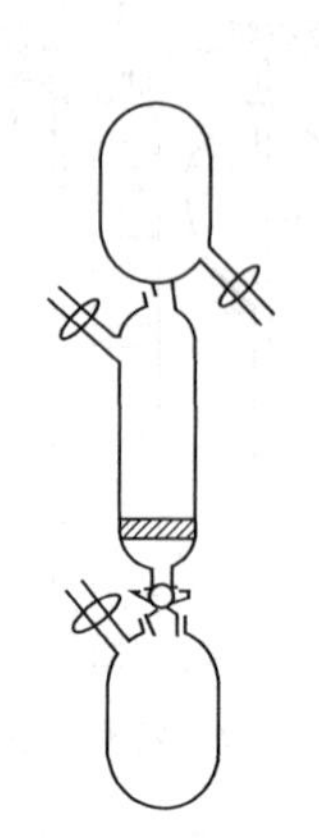

图 1.52　物料转移用的 Schlenk 装置（二）

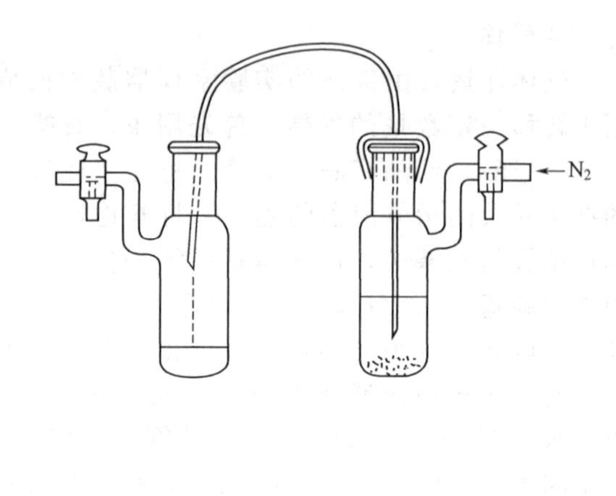

图 1.53　液体物料转移用的 Schlenk 装置

反应瓶的侧管进入液封安全瓶中而放出。当反应液中含有固体物质时，可以根据固体物颗粒的大小。采用玻璃丝堵导管一端或用滤纸包住，然后用细线扎紧管口，就可以使固液分离。

Schlenk 法除了用于物料的转移这种基本操作之外，还可以用于过滤、回流、蒸馏、重结晶、浓缩、混合、柱分离等操作以及红外光谱及核磁共振分析等的样品制作。

(2)“三针法”反应装置　在进行半微量操作时，可用“三针法”反应装置（见图 1.54），即在一反应管口盖有翻口橡皮塞，插两根注射针头作为惰性气体导入口和导出口，第三根针可向反应管内注射试剂。这种装置一般适用于在室温或低温下反应，用电磁搅拌。

(3)“气球法”反应装置　常用橡胶制成气球，首先在气球上扎上注射针，然后充入惰性气体，通过反应瓶的隔膜橡胶塞插入反应瓶内，可以用惰性气体对体系加压。由于气球可以承受一定的压力，所以当容器内产生气体时也较安全。另外，使用具二通活塞的 Schlenk 管时可以不用橡胶塞子。使用这种方法时，体系减压后，可通过气球充入惰性气体，反复数次，即可除湿除氧。具体的反应装置如图 1.55 所示。

(4) 搅拌反应装置　如图 1.56 所示。旋开滴液漏斗活塞、惰性气流由 1 号入口进入装置并从矿物油鼓泡器排出，使装置中的空气被排去。反应期间和反应结束后反应混合物的冷却过程中，让缓慢的惰性气流由 2 号入口进入并从矿物油鼓泡器排出，以防空气返回装置。这种装置与操作能使反应混合物与惰性气体中杂质的接触降到最低程度。

三口反应瓶装有电动搅拌器、回流冷凝管、恒压滴液漏斗。回流冷凝管上端装有气体导出管，与鼓泡器相连。恒压滴液漏斗上端可装惰性气体导入管。惰性气体置换反应体系中的空气后即可开始反应。使用电磁搅拌的反应装置较为简便一些（图 1.57）。

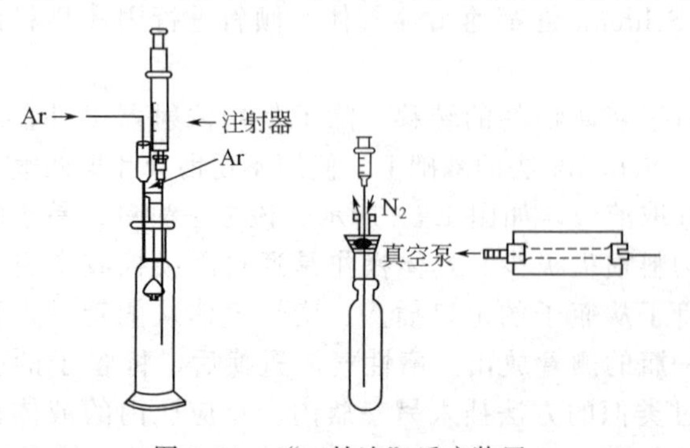

图 1.54　“三针法”反应装置

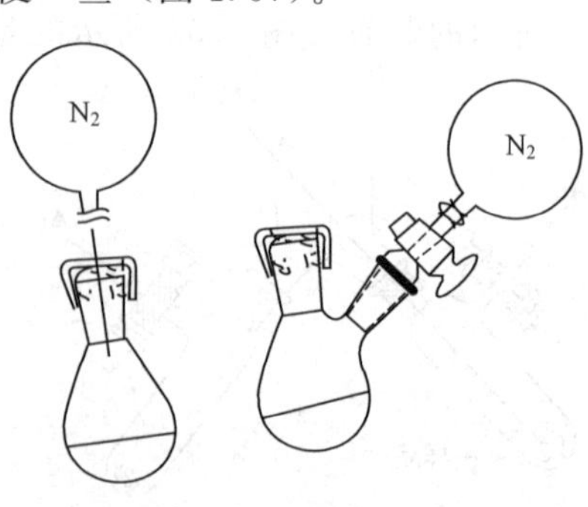

图 1.55　“气球法”反应装置

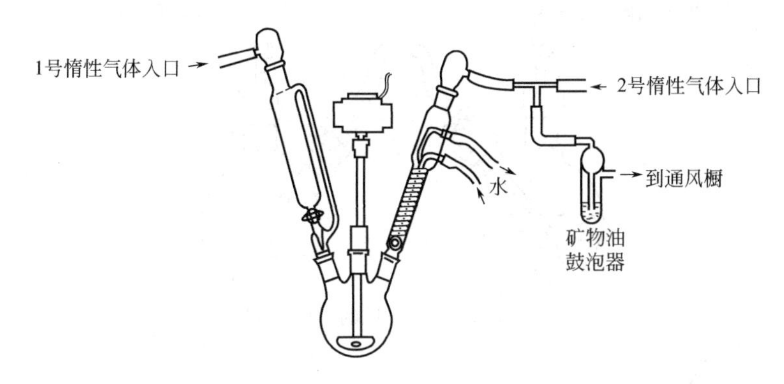

图 1.56　装有滴液漏斗、搅拌器和回流冷凝管的三口反应瓶

(5) 过滤装置　无氧操作一般采用玻璃砂芯漏斗。应注意砂芯型号的选择，若选得太细，有时固体会堵塞孔道，液体不易滤出。若砂芯太粗，则固体与液体一起穿孔，达不到分离的目的。如选择不当，反复几次，延长了时间，对无氧操作不利。还可采用另几种常见的过滤装置，如图 1.58～图 1.60 所示。图 1.58 中塑料接合器（例如 Kontcs K179800）将多孔玻璃滤器的玻璃管与标准锥形接头固定在一起，用对溶剂稳定的塑料软管（最好使用聚四氟乙烯管）将两瓶连通。为了防止污染滤液，操作有机溶剂时应避免使用聚乙烯管。

(6) 提取　如果产物不能用蒸馏、过滤、结晶等方法纯化，则常用提取法分离纯化。在惰性气体保护下进行提取，可使用带支管的可通惰性气体的分液漏斗，若无此类特制漏斗，可以用普通的磨口分液漏斗，上口再接一个带活塞的两口接头（图 1.61）或抽滤头。如果要进行多次提取，可以用两只带支管的分液漏斗接起来的装置，如图 1.62 所示。

(7) 色谱分离法　该法是分离纯化产物的另一重要技术。一般对空气敏感物质此法用得较少。无氧操作的柱色谱如图 1.63 所示。选择一长短合适的玻璃管，底部塞一团玻璃棉和一个活塞，在顶上有磨口接口，可装一带支管的滴液漏斗。洗脱液收集在用惰性气体冲洗过的 Schlenk 瓶中。所用吸附剂和溶剂都要经无水无氧处理。注意操作要保持在惰性气氛中进行。

(8) 样品的保存与转移　对空气敏感化合物，其经过纯化的样品，先经干燥（图 1.64），然后在惰性气氛下贮存在固体贮瓶（图 1.65）或固体样品管（图 1.66）中。如样品对空气特别敏感或需长期保存，则应贮存在充满惰性气体的安瓿瓶中，如图 1.68 所示。装在安瓿瓶中的样品需分装或转移时，采用图 1.67 的分装安瓿接头比较方便。

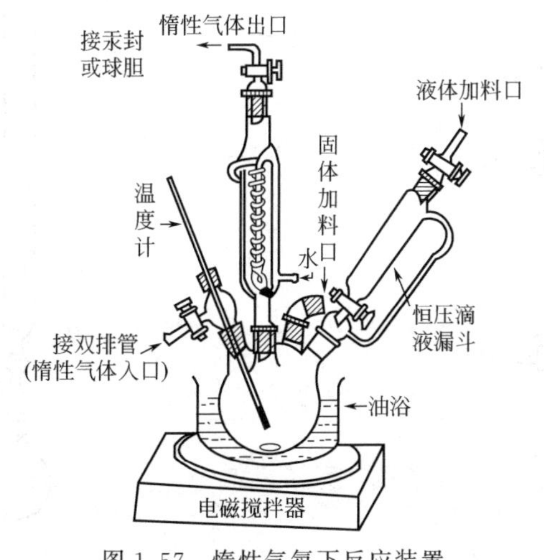

图 1.57　惰性气氛下反应装置

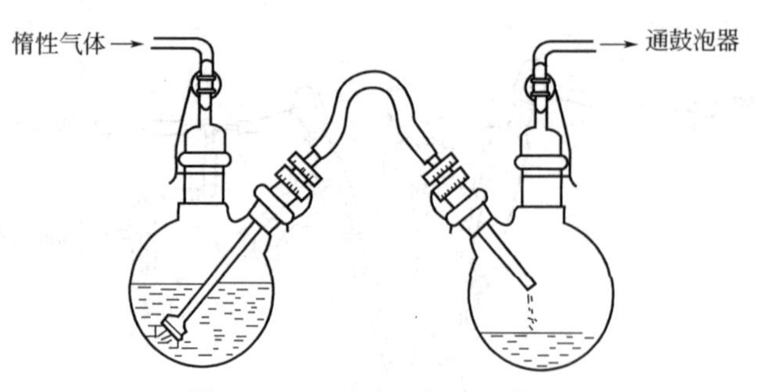

图 1.58　一种常见的过滤装置

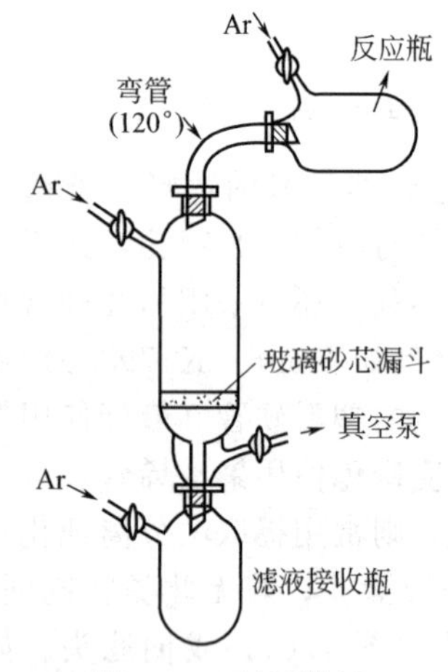

图 1.59　过滤装置

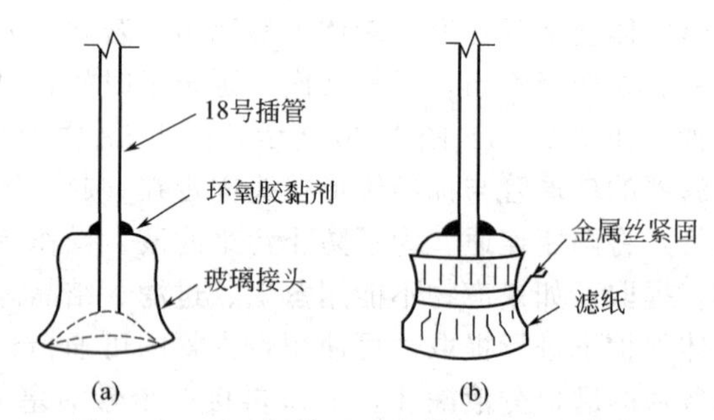

图 1.60　过滤插管（或格林过滤器）的装配

(a) 环氧胶黏剂将插管与一段玻璃毛细管固定在一起，毛细管的一端略微张开并用火焰抛光；(b) 用滤纸包扎毛细管口

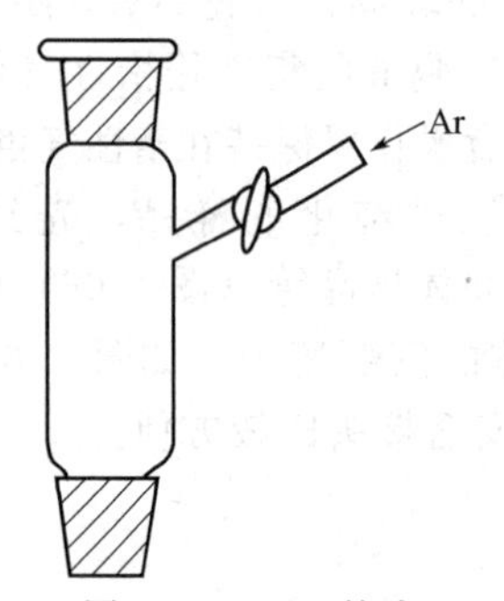

图 1.61　两口接头

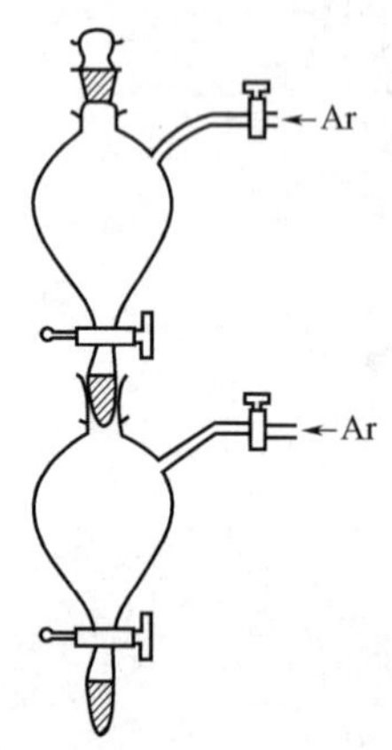

图 1.62　多次提取装置

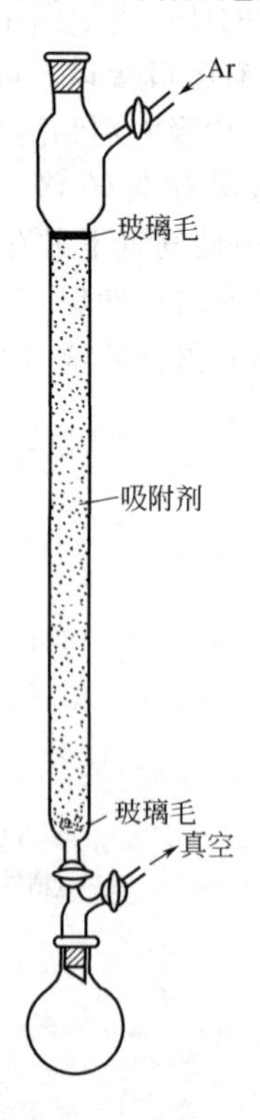

图 1.63　色谱分离装置

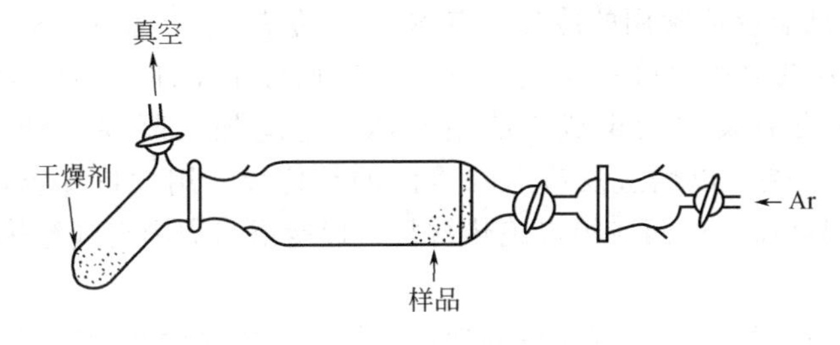

图 1.64　样品干燥装置

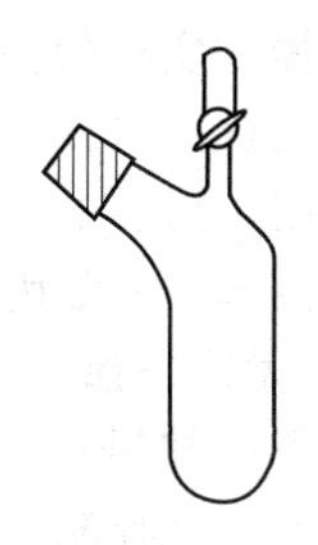

图 1.65　固体贮瓶

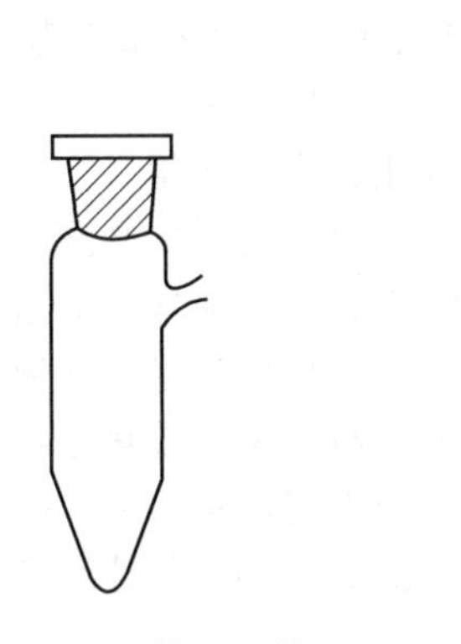

图 1.66　固体样品管

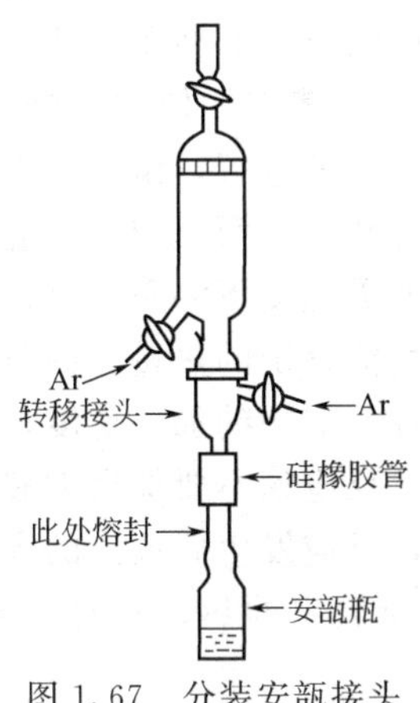

图 1.67　分装安瓿接头

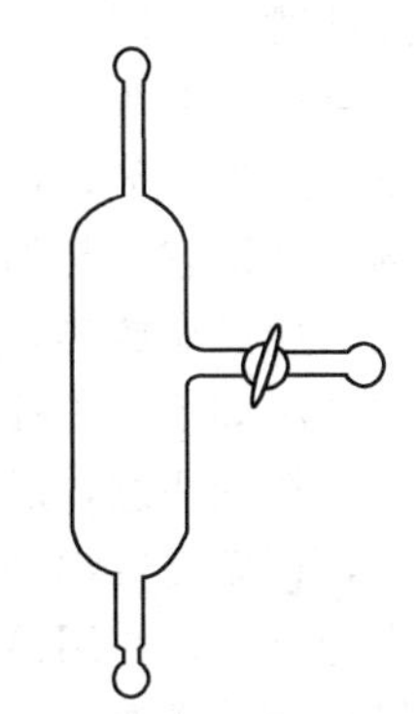

图 1.68　装安瓿瓶的装置

(9) 玻璃设备的干燥及组装

① 将玻璃仪器在烘箱中 125℃保温 6h，然后趁热组装，让其在干燥惰性气流的状态下冷却备用。

② 将组装好的玻璃装置，通过两通阀与真空泵连接，随之用电热丝或电吹风对装置进行加热，并抽空，然后将二通开关转接于充满惰性气体的钢瓶中，让其冷却备用。

③ 玻璃设备和通常的针筒可在烘箱中干燥，然后在盛有 P_2O_5 或指示硅胶的干燥器中冷却，微量针筒只能在干燥器中真空下干燥，注意不要忘记干燥搅拌棒和电磁搅拌珠。

(10) 合成操作　认真操作每一步反应是合成工作的核心，控制反应条件对反应的成败十分关键。反应装置安装好后，将反应瓶的通惰性气体的支管以及装有反应中所需的经无水无氧处理好的试剂、溶剂的瓶子的支管都接在惰性气体 Schlenk 的双排管上。反应装置经换气后，将反应物加入反应瓶或调换仪器时或需开启反应瓶时，都应在连续通惰性气体的情况下进行。

对空气敏感的固体物质，经无水无氧处理后于惰性气体中保存，使用时与固体加料口对接，然后加到反应瓶中。试剂称重可采用减重法。对空气不敏感的固体试剂，如反应需先加的，可先加到反应瓶中，与体系一道进行抽真空、充惰气等换气步骤。如在中途加入，可在连续通惰性气体下，直接从固体加料口加入。

液体试剂用注射器（可先干燥，充惰性气体置换其中空气）转移，也可用有刻度的瓶子，通过不锈钢细管，用惰性气体压入液体加料口。有的液体需在反应过程中缓慢滴加，这时可把液体加入恒压滴液漏斗中进行滴加。

加热可用电热套、油浴或水浴，用可调变压器控制温度。当所需的反应温度和溶剂沸点相同时，用电热套加热回流较方便。如反应温度低于溶剂沸点，应该用油浴或水浴。油浴内插套有玻璃管的电炉丝，升温较快且方便。也可用可调变压器调节电炉加热。油浴要经常搅动油，使加热均匀。油浴中应插有温度计控制温度。

低温操作实现的关键是冷却剂。低温反应常用的冷却剂有冰（0℃左右）、干冰（−80℃左右）、液氮（−196℃）。冰加食盐或氯化钙可降低水的凝固点。它们分别由冰-盐-水、干冰-溶剂和由溶剂倒入液氮中搅和形成的浆状物组成。使用干冰时，应加入凝固点低于−80℃的液体，例如丙酮、乙醇或正己烷，以增进反应瓶和冷浴的热传导。用大口保温瓶（杜瓦瓶）做冷浴锅，或用双层的玻璃器皿，中间应填以绝热材料，使冷浴与周围空气绝热，可有效延长冷却剂的"寿命"。

为了准确地控制、掌握反应速率或进程，防止副反应的加速进行，合成反应必须控制在一个合理、准确的温度下进行。当然，保持一个反应混合物处在一个恒定温度的最简便、准确的方法是选择合适的溶剂，使它的沸点恰好在所需要的反应温度范围，通过加热反应混合物，使之沸腾，并用冷凝管冷凝产生的蒸气，使之回到反应瓶中去。只要混合物的组成不变，其沸点亦不会改变。由于随着反应的进行，组成会发生变化，所以常常让其中一个反应液体过量，并作溶剂，可使反应液沸腾，因而反应过程温度变化较小，或用一个合适的第三者作溶剂，保证它参与的混合物在所需温度下沸腾，进行反应。温度控制中必须注意的是高放热反应。如反应放热，超过系统所能移走的热量，则可能喷出或发生爆炸。对这类反应加以控制的方法如下。①控制其中一种反应物的加入速度，从而减少反应热量，并通过冷却移走反应热。特别注意，反应开始时，反应物不要加得太多，因此即使反应放热也不会引起剧烈的升温，否则反应物加入量过多，反应发生后放出的大量热会引起严重后果。②换成大的反应瓶进行反应，并用冷浴移走反应放出的热，有时可通过加入额外的溶剂，使反应物稀释，减慢反应并降温。

1.3 化学合成实验近代技术与方法

1.3.1 无机化学合成实验中的近代技术与方法

1.3.1.1 化学气相沉积反应

所谓化学气相沉积就是利用气态物质在固体表面进行化学反应，生成固态沉积物的过程。化学气相沉积所利用的反应体系要符合下列基本要求：反应物在室温下是气体，或在不太高的温度下有相当的蒸气压，而且容易获得高纯度；除所需产物为固体，其他物质则是易挥发的。化学气相沉积有热分解、化学合成和化学转移。

最简单的化学气相沉积反应就是热分解。在真空或惰性气氛中，在单温区炉中加热基体材料，通入气体使其发生热分解反应，在基体上沉积出固体沉积层。例如：

$$SiH_4(g) \longrightarrow Si(s) + 2H_2(g)\ (800 \sim 1000℃)$$

$$2Al(OC_3H_7)_3(g) \longrightarrow Al_2O_3(s) + 6C_3H_6(g) + 3H_2O(g)\ (420℃)$$

$$Ga(CH_3)_3(g) + AsH_3(g) \longrightarrow GaAs(s) + 3CH_4(g)\ (630 \sim 675℃)$$

$$Pt(CO)_2Cl_2(g) \longrightarrow Pt(s) + 2CO(g) + Cl_2(g)\ (600℃)$$

若沉积过程涉及两种或两种以上气态物质在同一基体上沉积，即为化学合成法。例如：

$$SiH_4(g) + 2O_2(g) \longrightarrow SiO_2(s) + 2H_2O(g)\ (325 \sim 475℃)$$

$$TiCl_4(g) + NH_3(g) + 1/2H_2(g) \longrightarrow TiN(s) + 4HCl(g)\ (>900℃)$$

$$3SiCl_4(g) + 4NH_3(g) \longrightarrow Si_3N_4(s) + 12HCl(g)\ (850 \sim 900℃)$$

气相转移是指一种固体或液体物质A，在反应体系的某个温区（T_1）与一种气体物质B反应，生成气相物质C。气相物质C通过扩散转移至反应体系的另外一个温区（T_2）发生逆反应，重新得到物质A。

例如：金属Ni粉（粗）在80℃时，与CO反应生成气态的[$Ni(CO)_4$]。在200℃，

[$Ni(CO)_4$] 又分解为单质 Ni 和 CO。经转移反应后得到的精 Ni，其纯度>99.99%。

$$[Ni(CO)_4](g) \rightleftharpoons Ni(s)+4CO(g)$$

气体 CO 称为转移介质或转移剂，在反应的过程中没有消耗，只是对 Ni 起到反复转移的作用。

例如：用化学气相转移制备 $CaNb_2O_6$ 单晶时，首先在 1300℃下以 $CaCO_3$ 和 Nb_2O_5 合成 $CaNb_2O_6$ 多晶，将多晶装入石英管的一端，抽成真空后充入 HCl 气体（101Pa），然后熔封。将石英管水平放置于双温区电炉中，放置多晶的一端保持较高的温度，另一端保持较低的温度。经过如下的化学转移反应：

$$CaNb_2O_6(s)+8HCl(g) \rightleftharpoons 2NbOCl_3(g)+CaCl_2(g)+4H_2O(g)$$

大约经过 2 周，在低温端得到大小为 1mm×0.5mm×0.2mm 的 Nb_2O_6 单晶。

1.3.1.2　等离子体合成技术

等离子合成也称放电合成，它是利用等离子的特殊性质进行化学合成的一种新技术。所谓等离子体就是气体在外力作用下发生电离，产生电荷相反、数目相等的电子和正离子以及游离基团（或活性基团），在宏观上呈现电中性的物质的特殊相态。99%以上的物质都可以呈等离子状态。处于等离子态的各种物质微粒具有很高的化学活性，在一定条件下可获得较完全的化学反应。

等离子体可通过电弧、射频放电、辉光放电、微波诱导等方法获得。等离子体可分为两类，一类为高温等离子体，另一类为低温等离子体。

高温等离子体的温度很高，可到 6000～10000K，复杂分子无法存在，一般离解为原子、离子等，所以在无机合成中用于金属和合金的冶炼，超细、超纯、耐高温材料的合成以及 NO_2、CO 的生产等。

例如，瑞典的 SKF 钢厂建成了年产 7 万吨等离子冶炼钛铁矿的装置，其基本过程是将煤通过等离子电弧，加热产生 7000℃的高温来还原铁矿石，得到优质高产的钢铁。

低温等离子是在低压下产生的，由于气体密度小，气体被撞击的概率很小，气体吸收电子能量的机会减少，导致电子温度和气体温度的分离，体系处于非平衡状态。气体压力越小，电子和气体的温差就越大。在低温等离子中，电子拥有足够的能量，能使反应物分子的化学键断裂，而气体的温度也可以与环境温度相近，对化合物的合成非常有利。

例如，在常温下可利用低温等离子体合成氨气。利用直流辉光放电产生等离子体，将原料 N_2 和 H_2 以 1∶3 通入反应室中，以 MgO 为催化剂，在等离子的作用下生成 NH_3，生产的氨由液氮冷阱收集。

利用微波等离子人工可以合成金刚石。在微波等离子反应装置的支架上放入沉积金刚石所需的基体，向反应室中通入 CH_4 和 H_2，并保持一定的压力，使其在基体周围放电产生等离子体，当基体温度为 850～950℃时，在基体上析出金刚石。这样不仅能以简单的设备生产出以前不靠高压就无法合成的金刚石，而且能够在洁净的环境中析出高质量的金刚石。

1.3.1.3　激光合成

激光与普通光相比，具有亮度高、单色性好、方向性好三个特点。亮度的高低是评价激光的一个重要指标。一个大功率红宝石激光器发出的激光亮度可达太阳的 10^{11} 倍，利用激光的高亮度，可使其成为一种特殊的热源。利用激光直接加热、蒸发、解离化学物质，就可以使许多繁杂、艰难的化学操作变得简单可行。

例如：精细陶瓷粉末 Si_3N_4、SiC 的合成，以 CO_2 激光器（10.6nm）作为光源，将 SiH_4（强吸收 10.6nm 光子）和 NH_3（中强吸收 10.6nm 光子）按一定比例混合后，通过喷嘴喷向反应区，激光束通过锗透镜进入反应室，与反应气体在喷嘴前几毫米处的反应区垂直交叉相遇，足够高的激光功率密度，再加上反应物的高吸收系数，使反应物气流进入激光束后，立刻从室温达到反应温度并开始反应：

$$3SiH_4(g)+4NH_3(g) = Si_3N_4(s)+12H_2(g)$$

在同样条件下，也可以合成SiC粉末：

$$2SiH_4(g)+C_2H_4(g) = 2SiC(g)+6H_2(g)$$

激光合成精细陶瓷粉末是利用了反应物对激光的强吸收性，用吸收的能量引发气相化学反应，生成固态粉末。该反应的生成产物最好对激光不吸收或很少吸收。此类反应其反应区域界限明显，而且范围小，反应气体加热均匀，快速；生成物冷却快速；具有反应阈值，当温度高于这一值时，反应快速进行，均匀成核，而温度低于此值时，几乎不发生化学反应。

利用激光合成还可以用化学沉积法制备薄膜材料、合成超导材料、合成C_{60}，也可用激光来催化化学反应和提纯高纯物质和稀土物质等。

1.3.1.4 溶胶-凝胶法

溶胶-凝胶（sol-gel）法一般是以金属醇盐为原料，在有机介质中进行水解、缩聚等化学反应，使溶液经过溶胶-凝胶过程，凝胶经干燥、煅烧后得到产品。

室温下，醇盐与水不能互溶，所以将金属醇盐溶解于醇或其他有机溶剂中，并向其中加入水和催化剂，进行水解和缩聚反应，其结果是形成溶胶初始粒子，初始粒子逐渐增大，连接成链，最后形成三维网络结构得到凝胶。干燥和煅烧去水和有机物，得到产品。利用sol-gel法可在低温下制备石英玻璃、高纯精细陶瓷粉末。

例如：$BaTiO_3$陶瓷是一种用途广泛的电子陶瓷，具有介电性、压电性和铁电性。传统的合成方法是以$BaCO_3$和TiO_2为原料，在高温（>1300℃）下反应来制备：

$$BaCO_3+TiO_2 = BaTiO_3+CO_2$$

此法生产的物质其产品纯度差，粒度大，而且分布范围宽，根本不能制备出性能优异的电子陶瓷。sol-gel法制备$BaTiO_3$是以异丙醇钡和正丁醇钛为原料，在甲苯溶剂中水浴回流24h，加水水解形成溶胶，蒸发部分溶剂后形成凝胶，进一步干燥煅烧（600℃）得$BaTiO_3$陶瓷粉末。利用电子显微镜观察煅烧后的粉末，粒径在50nm左右，明显优于传统固相法制的$BaTiO_3$。由此可见，sol-gel法所制产品纯度和均匀性好，这是因为整个反应在液相中进行，与固相反应相比，能混合得很均匀，水解和缩聚过程可控，另外合成温度较低，这些都是sol-gel的特点。

1.3.2 有机化学合成实验中的近代技术与方法

1.3.2.1 微波促进有机合成

很久以前，微波的加热性能和技术就已经被人们了解和利用。而应用微波促进有机合成，是近20年来发展的一种有机合成新技术。微波在电磁波谱中位于红外线与无线电波之间，是频率为0.3～300GHz、波长为1mm～1m的电磁波。用于一般化学实验的微波频率处在2.45GHz附近，以免与其他特殊用途的频率相互干涉。

微波促进有机合成反应的基本原理主要集中在其热导性，即微波加热原理，微波对反应物质的加热能通过偶极分子极化机制和离子传导机制等原理解释。偶极分子受微波电磁场极化旋转改变，取向与外电磁场一致，被作用物分子在快速振动的微波电磁场中能以每秒数十亿次的高速旋转而产生热效能。同样溶液离子在微波电磁场作用下发生迁移，将动能转变为热能。微波对物质分子发生的这种热效能被称为内加热。微波对偶极性物质分子间的反应表现强的促进作用，而对无偶极性的分子和分子间距离大的气相分子间的反应通常不表现出微波热效应。反应介质在微波促进的有机合成中具有重要作用。极性溶剂表现好的微波辐射热

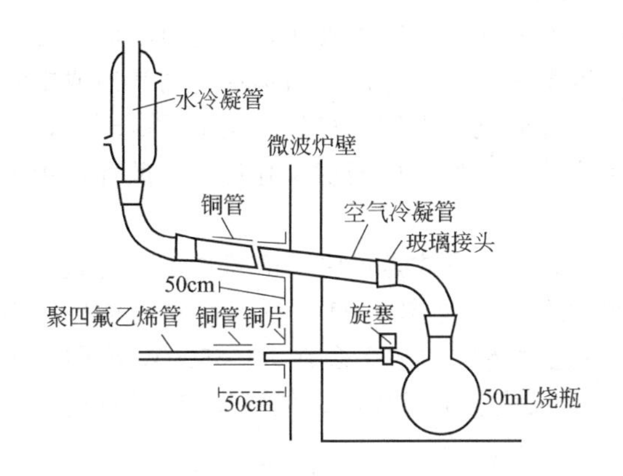

图 1.69　微波常压反应实验装置

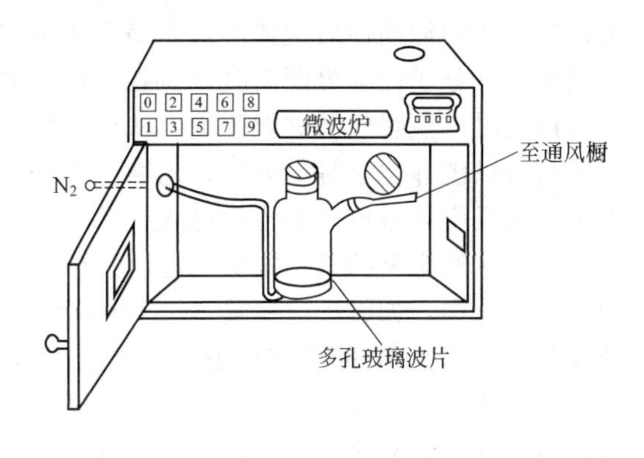

图 1.70　微波干法反应实验装置

性能，在非极性溶剂中加入少量合适的极性溶剂往往能够改变微波热性能。

微波促进有机合成的实验室规模反应通常在家用微波炉或经过改装的已经完全功能化的微波反应器中进行。功能化微波反应器可设计实施带正压或负压体系的有机合成反应操作。图 1.69 和图 1.70 为通常的微波常压合成反应装置。

微波促进的有机合成反应技术有干法和湿法两种，干法多见于无溶剂的、难挥发和不易燃烧的物质间的敞口容器中的反应，具有反应装置简单，操作方便等特点；湿法状态下的反应一般为回流反应装置系统下敞口容器中的反应和密闭加压装置下的反应。反应容器多为聚四氟乙烯瓶，密闭压力下的微波有机合成实验应注意瞬间获得高温高压反应体系的特性。

目前微波促进有机合成反应已经应用于亲核取代反应和亲核加成反应等，在 Friedel-Crafts 反应、Diels-Alder 反应、Krapcho 反应、Williamson 反应以及有机重排反应等具有许多合成实例。

1.3.2.2　有机光化学合成

有机光化学合成是指由光引发的有机反应，20 世纪后期，有机光化学得到迅猛发展，特别是光在有机合成化学领域的广泛应用，有机光化学基本理论在基础有机化学教科书都有重要介绍，如经典的 Diels-Alder 反应中光化学。光化学中物质分子吸收能量与光辐射能量是量子化的，光能随光频率变化满足方程：

$$E=h\nu=hc/\lambda$$

式中，h 为普朗克常数；ν 为光的频率；λ 为光的波长；c 为光的速度。

有机合成化学多应用处于电磁波谱中紫外和可见光区波长和频率的光，有机化合物吸收紫外和可见光能后发生由基态到激发态的跃迁，跃迁形式有 σ-σ、π-π、n-π 及 n-σ。波长为 200～600nm 的紫外可见光，其有效能量范围约为 200～600kJ/mol，而有机化合物的键能一般也位于此范围，因此有机化合物分子吸收光能后即可发生异构化、重排、裂解和氢原子转移等现象，从而实施所需要的有机合成反应。

最常用的光源有汞灯、卤钨灯、钠灯以及 CO_2 等激光光源。

1.3.2.3　有机声化学合成

有机声化学合成是指通过超声波激发所发生的有机反应，随着超声波在化学化工领域的不断运用和发展，目前已形成一种新的声化学交叉型学科，国际化学领域一种新的声化学期刊“Ultrasonics Sonochemistry”也于 1994 年 3 月创刊。频率范围处于 20kHz～500MHz 的超声波是有机合成反应中所运用的一种新的能量形式之一，与传统的外加热、搅拌等有机合成技术相比，方便和安全。超声波的辐射能激发许多传统的高压高温下的液相有机反应在温和的条件下发生，甚至加快反应和实现常规技术不能发生的液相有机反应。

人们对声化学反应的原理在不断研究中，声化学的作用机制与光、电化学的作用机制不同，目前对声化学反应形成的较普遍的观点是“空化效应”。超声波作为一种机械波作用于液体时，波的周期性对液体形成压缩和稀疏作用，使液体形态发生破坏，当超声波的能量达到破坏液态分子的临界距离时，将在液体内部产生微小气泡或空穴，当不稳定的气泡或空穴突然崩裂时产生瞬间的高能环境，从而为实施有机合成反应提供了特殊的化学反应环境，这些能量可以破坏化学键。另外，超声波的许多次级效应，如机械振荡、乳化和扩散等作用也能够加速反应体系传热和传质过程。

实验室通常有两种方式实施超声有机合成反应，一种方式是可将反应器置于能受超声波辐射的体系中，如将反应瓶置入一般的超声波清洗仪中，见图 1.71；另一种方式是将超声波探头浸入图 1.72 的反应液中。实验室使用的声化学装置的功率多在 50～500W 范围。声化学合成技术已经被应用于 Diels-Alder 反应、缩合反应、取代反应、偶联反应、加成反应、金属有机反应、氧化还原反应以及生物催化合成反应等。

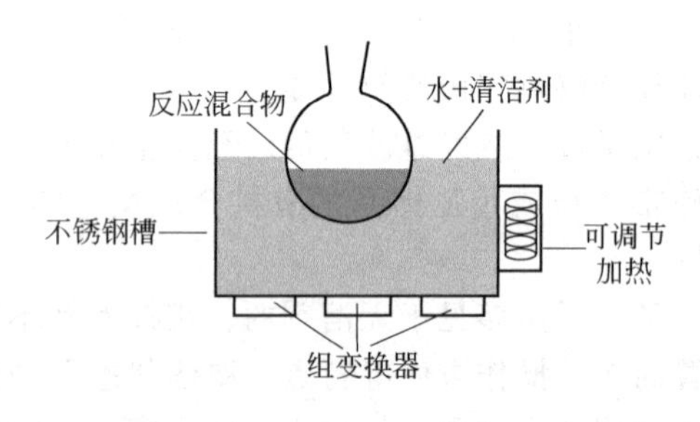

图 1.71　超声波清洗仪

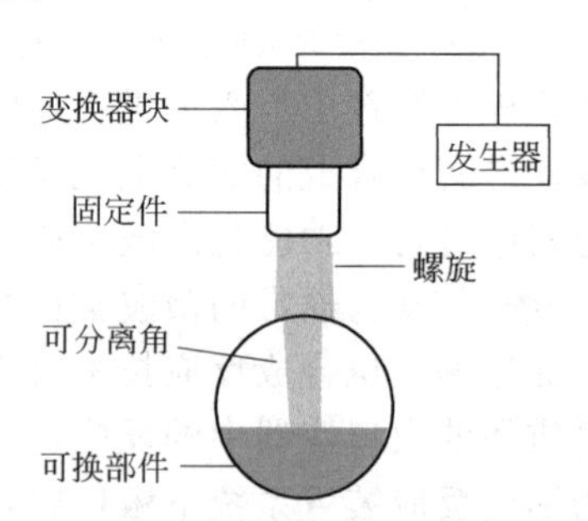

图 1.72　探头式超声系统

1.3.2.4　有机电化学合成

有机电化学合成是应用通常的电化学电解原理实施有机合成反应，有机电化学作为绿色化学的内容之一而得到迅速发展。有机电化学合成技术相比传统的有机合成技术，具有环境清洁特性，反应通过电极上电子得失所产生的氧化还原行为形成产物，产品纯度高而且分离提纯操作简单，反应条件较温和，易于控制反应选择性。

有机电化学合成技术与无机电化学合成技术不同，有机电化学合成需要应用特殊的仪器，如固定床电极反应器已经成功应用在由硝基苯到对氨基苯酚的直接转化。有机电化学电解池一般由直流电源、电极和电解质三部分组成。常用的阴极电极材料有 Hg、Pb、Sn、Fe、Al、Ni、Pt、C 等，阳极电极材料有 Pt、Au、C 等。电极隔膜材料有石棉、陶瓷、玻璃等多孔材料，以及一些具有选择性的高分子材料隔离膜。

1.3.2.5　固相有机合成

固相合成方法已经广泛应用于多肽、聚核苷酸和低聚糖等生物大分子的合成，随着组合化学的发展，这一方法已经成为分子生物学领域用于生物分子合成和活性筛选的不可替代的有效方法，目前这一方法已经发展到一些有机小分子的合成。固相合成方法是将底物或催化剂固载在一些不溶性聚合物或固体上，然后底物与试剂发生反应合成目标化合物。一般有机合成用载体通常采用的是低交联度的聚苯乙烯树脂，如氯甲基树脂和氨基树脂等。由于精细有机化学品种类很多，底物和载体的连接物显示出重要性。一个理想的连接物必须使底物载体在反应过程中稳定，还必须易于从目标化合物中定量分离。通常的连接物具有 $—NH_2$、—OH、—SH、—CHO、—COOH、—X 等双官能团。

在一般有机合成中，固相有机合成法已经应用于金属催化的偶合反应（Suzuki 反应）、醇醛缩合反应、环加成反应、Wittig 反应和 Friedel-Crafts 反应等。固相有机合成操作简单，通过过滤和洗涤即可完成分离纯化，固相有机合成方法的合成效率较高。

1.3.2.6　组合化学合成

组合化学合成始于 20 世纪 80 年代中期 Geysen 等用固相组合合成技术合成肽链，但直到 90 年代初期才有关于组合合成小分子化合物的大量报道。以前化学工作者一次只生产一种化合物，一次只发生一个反应。例如化合物 A 与化合物 B 反应产生化合物 AB，在随后的反应后处理中将通过重结晶、蒸馏或色谱法得到分离纯化。传统合成与组合合成的对比见图 1.73。在传统有机合成中，化合物被单独制备；在组合合成中，起始原料范围内所有产物都有制备的潜在机会。组合合成能够对化合物 $A_1 \sim A_n$ 与化合物 $B_1 \sim B_n$ 的每一种组合提供结合的可能。组合技术的范围非常广泛，可以使用液相或固相技术以平行方式或混合物方式来独立地生成这些产物。不论该技术应用于什么领域，其共同特性是其效率被大大加强。

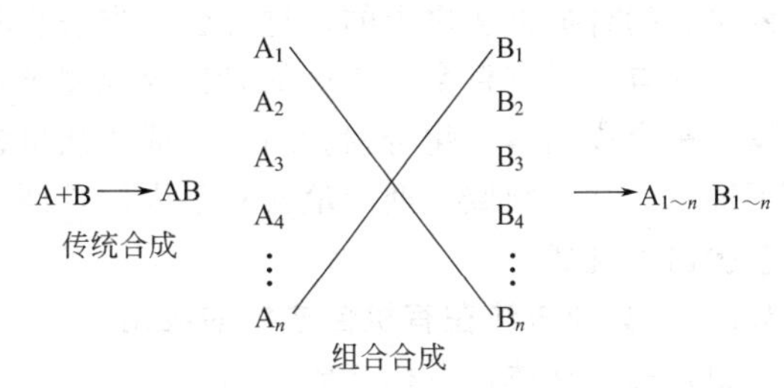

图 1.73　传统合成与组合合成的对比

组合化学的合成方法有混合裂分方法和位置扫描法。

（1）混合裂分方法　Furka 等首次提出的合成方法——组合混分方法，简称为 PM 法。该法可用来构建化合物数目达到亿以上的多肽库。具体来说，其数目与每一位置所使用的氨基酸数目及整个肽链的长度相关。该法是建立在 Merrifield 的固相合成的基础上，其合成的过程是重复以下 3 个简单的操作，即将固相载体分成相等的几份，上一步的每一份固相分别与一个不同的氨基酸连接，均匀地混合所有的组分。例如，传统化学合成 10000 个化合物通常需要 10000 个反应容器。如果产物是经三步反应制备的三联体，将需要至少 30000 个单独的化学反应，这是制备这个数目化合物的先决条件。而混合裂分方法效率要高得多，通过把需要相同化学反应条件的不同底物合并到一个相同的反应容器中进行，同样制备 10000 个三联体化合物的工作可以用少到 $10000^{1/3}$，即大约 22 个反应容器来完成。

（2）位置扫描法　Houghten 等于 1992 年发明了位置扫描法，如合成一个含有 3 个氨基酸的三肽库。首先将一组混合物的 N 端氨基酸残基维持一定，而在剩余的两个位置则为 3 种氨基酸的随机混合。通过该法合成的库中，该混合物中的固定残基是已知的，该组化合物由 3 个子库组成，随后通过对该组混合物进行筛选，由最好活性化合物所在的子库就可知道最有效的 N 端残基。同样，在第 2 组中的第 2 个残基是已知的，第 2 组混合物由 3 个子库组成，通过对 3 个子库中混合物的筛选又可推知第 2 个位置的最有效的残基结构。同样，根据第 3 组混合物中 3 个子库的筛选结果可推定第 3 个位置上的最有效氨基酸，根据前面 3 组 9 个子库的筛选结果，就可以确立 3 个不同位置的最有效的氨基酸。如图 1.74 所示，假设第 1 组含 B 单体的子库活性最高，第 2 组含 A 单体的子库活性最高，第 3 组含 A 单体的子库活性最好，根据结果可知，同时含有 BAA 的活性是该库中最强的。该法是组合合成一种有效的方法，但多用于多肽合成。

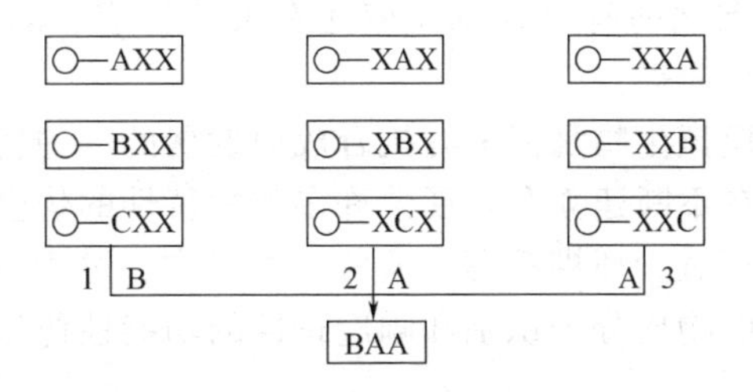

图 1.74　位置扫描法

此外，还有索引组合库法、平行合成法、编码的组合合成等。总之，组合合成是建立在高效平行的合成方法之上的，这种合成方法步骤有限，但生成的化合物库内包含大量的化合物。这一点与已有百余年历史的有机合成完全不同，因为传统有机合成的特征是通常经过几步反应来合成出一个化合物。组合合成对从事科研和生产的化学家们从观念上到实践中都造成了冲击，这一领域早期的论文对于人们长期坚持的合成化合物必须是单一的、纯净的相的观念提出了挑战。

1.3.2.7 其他方法在有机合成中的应用

（1）离子液体在有机合成中的应用 离子液体的研究和应用是20世纪末期随着绿色化学理论的发展而广泛兴起的一种替代传统有机合成溶剂的绿色溶剂介质，离子液体是具有较宽的温度范围、呈液态且具有离子行为的物质。离子液体蒸气压很低，对空气、水和热稳定，不挥发；溶解性能好，能溶解许多无机、有机、高分子材料等；密度大，与一些有机溶剂不互溶，能提供两相易分离的反应体系，常用作有机合成反应溶剂介质。离子液体合成方法较简单，通常采用复分解、酸碱中和以及其他简单配合的方法即可制备。离子液体由正负离子组成，目前合成的离子液体的结构组成中，阳离子液体主要是含氮、磷、硫的有机阳离子，阴离子有 $AlCl_4^-$、BF_4^-、PF_6^-、SbF_6^-、$CuCl_2^-$、$CF_3SO_3^-$、$Al_3Cl_{10}^-$ 等。目前所报道的多为烷基取代咪唑阳离子和含氟或含氯的阴离子组成的离子液体，这些已经为有机合成反应提供了新的反应环境，除了这种绿色反应环境特性以外，离子液体也为有机反应机理特性和选择性合成提供了新的空间。离子液体的运用可以改变反应的机理，导致新的催化活性，提高转化率和选择性。离子液体已经应用于 Diels-Alder 反应、Friedel-Crafts 反应、缩合反应，酯化反应、重排反应、硝化反应、偶联反应、氧化还原反应、不对称氢化、过渡金属催化反应以及生物催化有机反应等。

目前全世界每年的有机溶剂消耗量惊人，对环境及人类健康均构成极大威胁。随着环境保护意识的增强，对传统溶剂提纯技术创新越来越重要。由于离子液体具有独特的物化性能，非常适合作为分离提取的溶剂。尤其在液-液提取分离上，离子液体能溶解某些有机化合物、无机化合物和有机金属化合物，而同大量的有机溶剂不相混溶，其本身非常适合于作为新的液-液提取介质。离子液体还用于生物技术中分离提取，如从酵母中回收丁醇，蒸馏、全蒸发等方法都不经济，而离子液体因其不挥发性以及与水的不混溶性非常适合于从酵母中回收丁醇。

（2）生物和仿生催化剂在有机合成中的应用 随着绿色化学和有机合成选择性的重要性，生物和仿生催化剂在有机合成领域中的应用迅速发展，这些催化剂主要是一类具有催化功能的生物酶分子和具有类酶催化特性的具有分子识别行为的有机或无机物分子。酶作为催化剂在有机合成中具有广阔的前景，生物酶催化剂催化有机合成反应的特点主要是使合成反应速率加快和合成反应的选择性提高，但酶应用的介质环境较为苛刻，如反应温度、pH值和溶剂介质等对酶催化活性产生很大的影响。目前按酶催化有机反应的类型分为水解酶、裂解酶、氧化还原酶、转移酶、异构化酶、连接酶等六种类型，除了这些种类的酶用作相应类型的有机反应外，生物酶催化的有机合成反应还有聚合反应、酯交换反应、Diels-Alder 反应以及其他亲核亲电取代反应等。

仿生催化合成化学是模拟生物酶促进有机合成而发展的一种新的边缘学科分支，新的仿生催化合成技术和方法正在不断建立和发展。许多类酶特性的仿生催化剂被设计运用，如分子筛、分子印迹聚合物、冠醚、环糊精等，通常运用产物、过渡态、底物及其类似物作为模板，设计合成了具有对相应物质分子识别和响应特性的功能性仿生催化剂，以提高有机合成反应的选择性和效率。

（3）超临界流体在有机合成中的应用 超临界流体先期被用于萃取分离、纯化等有机合成技术，目前已经发展到普遍应用于有机合成的溶剂介质。很容易理解，超临界流体是指处于临界温度与临界压力上的流体，如正常状态下的 CO_2 气体转变为 $scCO_2$ 超临界流体，超临界温度 $T_c=304.265K$，超临界压力 $p_c=7.185MPa$；scH_2O 的 $T_c=374.2K$，$p_c=22.1MPa$。

超临界流体在有机合成反应中的介质行为已经明显不同于常态特性，具有独特的物理化学性质。超临界流体具有好的溶解性能，大部分有机化合物在超临界流体中具有好的溶解性，这一特性能使许多有机合成反应实施均相反应实验技术。超临界流体的密度、介电常数、黏度能随温度、压力等状态的微小变化而发生连续性改变，因此可借以控制有机合成反应的速率和合成反应的选择性。超临界流体具有很高的扩散系数，对气体溶解度大，对于气、固、液的多相催化有机合成反应，应用超临界流体能改善催化剂表面受扩散制约的问题，加快反应速度。超临界流体大多数是无毒和不可燃的，能够提高有机合成实验技术的安全性。具有代表性的超临界流体有 CO_2、H_2O、NH_3、CH_4、C_2H_4、CH_3OH、CHF_3、Xe 等，最常用的超临界流体为 CO_2 和 H_2O。在超临界流体 CO_2、H_2O 中实施的有机合成反应有 Diels-Alder 反应、Heck 反应、Cannizzaro 反应、氢化反应、环化反应、重排反应、烷基化反应、水解反应、氧化还原反应等。

（4）氟碳两相在有机合成中的应用　近年来，氟碳两相中进行有机合成反应引起了广泛重视，氟碳两相体系是一种非水液-液两相反应体系，其独特之处在于在较高温度下，氟碳两相体系中的氟溶剂相能与有机溶剂相很好地互溶成单一相，为在其中进行的化学反应提供优良的均相反应条件。反应结束后降低温度，体系又恢复为两相，含反应物和催化剂的氟相与含有机产物的有机相可以方便地进行分离，这样只需单相分离，而无需将催化剂锚定在固定载体上就实现了均相催化剂的多相化或固定化，留在氟相中的催化剂和未反应试剂可高效地再循环利用。另外氟溶剂相与水不混溶，在室温下能大量地溶解很多种气体，还可以作为非水相与水形成两相体系，并能用作有气体参与的反应介质而扩大了应用范围。在提高反应效率、方便地进行相分离、使均相催化剂多相化而提高反应物和催化剂的利用率及减少环境污染等方面，氟碳两相体系都具有不可比拟的优点。氟碳相作为一种新的有机反应及其分离纯化方法已引起化学界的重视，并由此诞生了两相、氟碳相在有机合成中的应用研究。

氟碳两相体系包括三个基本要素：氟溶剂（相）、与氟相不溶或有限混溶的有机或无机溶剂（相）以及在氟溶剂（相）中可溶的反应试剂和催化剂。氟溶剂（相）主要是液体高氟代碳链化合物（全氟代烷烃、全氟代烷基醚、全氟代烷基叔胺）或氟代烃，其中最有效的是全氟代直链烷烃。高氟代碳链化合物，特别是全氟代的烷烃、全氟代的烷基醚和全氟代的烷基叔胺具有化学惰性、热稳定性、阻燃性、无毒性、非极性、较低的分子间作用力、低表面能、较宽的沸点范围以及生物兼容性等性质。虽然其热解可能产生有毒的产物，但其热解温度远高于大多数试剂和催化剂的热分解温度，即使在蒸发温度下也能稳定存在，其具有溶解大量非极性反应物如烯烃的能力，所以是一种优良的反应介质。在较低温度如室温下，高氟代碳链化合物与大多数通常的有机溶剂，如甲苯、四氢呋喃、丙酮、乙醇等混溶性很低，可以与这些有机溶剂组成液-液两相体系，即氟碳两相体系。其中氟相能选择性地溶解于其中的催化剂或试剂（反应物），化学反应过程主要在此相中进行并由其控制。

通常的有机合成中，柱色谱、重结晶等作为有效的分离手段被广泛地使用，而化学工作者们一直希望能够采用一些简单的步骤来达到分离的目的。固相合成的方法可使分离简单化，已在多步合成中体现出优越性。氟碳相类似于固相合成（见图1.75、图1.76），但具有更多的优越性。氟碳相反应完成后，只需要简单的相分离操作就可以高效地分离产物，因氟碳相在常温下与有机相不相溶，但升高温度可以成为均相，降至室温又可以迅速分离为两相，对于反应和分离是非常有利的。在氟碳相的反应过程中，还可以通过常规手段来跟踪反

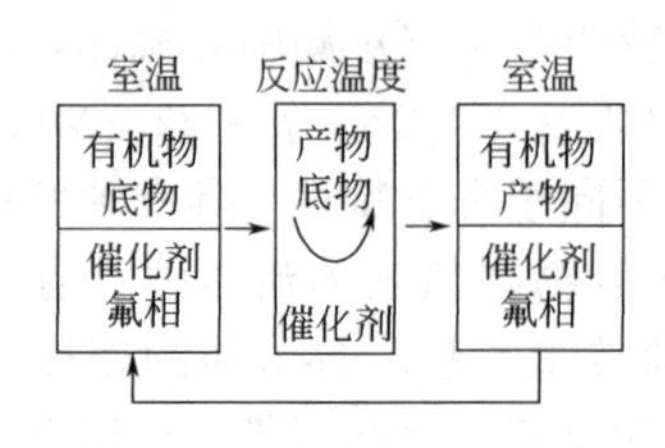

图 1.75　固相合成反应过程

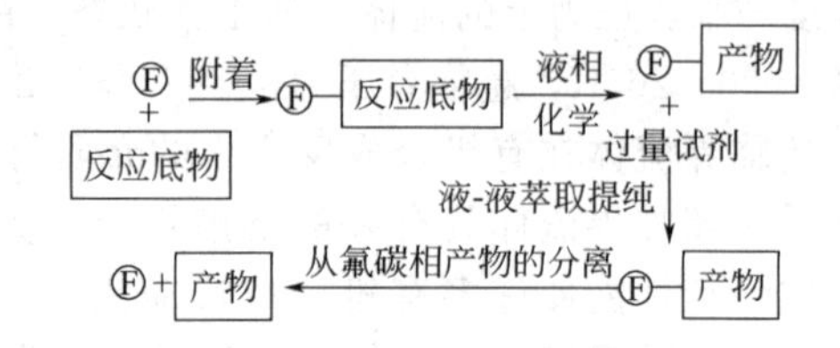

图 1.76　氟碳相反应过程

应，许多气体在氟碳相中有良好的溶解度，因此氟碳相体系特别适用于气体参与的反应。

（5）机械化学在有机合成中的应用　机械化学，也称为机械力化学或力化学，是研究物质在机械能作用下所发生的化学性质和物理性质的变化。机械力既可以是粉磨固体过程施加的作用力，也可以是冲击波产生的力等。用普通的化学反应方法要制备稳定的 NH_4CdCl_3 这类化合物需要几十年的时间，但采用将反应物简单研磨的机械化学方法却相当容易；用羽毛在 IN_3 表面轻轻拨动几下，也会发生爆炸；钻木取火和火石火绒的应用就是人类应用机械化学的早期实践，这些都是机械能作用于物质引起化学反应的实例。W. Ostwald 于 1919 年第一个提出机械化学的概念，即机械力能诱发化学反应。机械化学反应就是通过高能量机械力的不同作用方式，如剪切、摩擦、压缩和冲击等，使受力物体（固体、液体和气体）的物理化学性质发生改变，从而提高或抑制其反应活性。其中对以超细磨为手段的固体和液体的机械化学反应研究得最多。Heinicke 在他的专著中提出了摩擦化学这个新分支，摩擦化学可归属于机械化学之内。18 世纪就已经发现，摩擦金属的表面可以加速金属的溶解，19 世纪末，Carey-Lea 发现遇热升华但不分解的氯化高汞在研磨时可以分解；可熔化但不分解的卤化银，用不大的切应力就可使之发生部分分解。20 世纪初，Parker 实现了在摩擦力作用下简单盐的复分解反应。20 世纪 50 年代初，Tabor 研究了滚动摩擦及滑动摩擦下金属的氧化反应及氧化物的分解反应。发现在滑动摩擦应力的作用下，铁表面在几分钟内生长出氧化膜。Staudinger 和 Hess 开始了机械能对高聚物作用的研究。观察到活性增高和分子量下降的现象，说明机械能使碳碳键活化以致断裂。摩擦化学对合成化学、表面化学、固体化学和材料科学等基础理论的研究有着重要的意义。

目前对机械能的作用和耗散机理还不清楚，对众多的机械化学现象还不能定量和合理地解释，也无法明确界定其发生的临界条件。尽管如此，对超细研磨过程中机械化学作用的较一致的看法是：①形成表面和体相缺陷；②表面结构及化学组成发生变化；③表面电子受力被激发，产生等离子体；④表面键断裂，引起表面能量变化；⑤晶形转变；⑥形成纳米相复合层及非晶态表面。通过机械化学作用有可能诱发在通常热化学条件下难以或不能进行的反应。对于摩擦作用引起的一些现象，如外激电子、摩擦发光和断裂过程等机理的研究仍然是当前的热门课题。目前较为认可的是 Thiessen 提出的机械作用产生的等离子体理论。这种电场或电磁场能使气体粒子电离的同时，部分能量转变成气体粒子的动能（热能）、激发能、解离能和光能。机械作用于物质所产生等离子体的寿命极短（$<10^{-7}$ s），并限于局部的晶格范围和高的激发状态。在极短的时间内导致了高激发状态和晶格松弛与结构裂解。同时伴随晶格组分、光子和电子的分离，诱发了诸如声子与电子的发射、新表面的形成和非晶格化等众多的物理过程。等离子体中产生的电子能量可以超过 10eV，而一般的热化学，当温度高于 1000℃时，其电子的能量也只有 4eV。即使光化学的紫外电子的能量也不会超过 6eV，因而，机械化学有可能进行通常热化学不能进行的反应，具体包括：①机械力作用可以诱发产生一些利用热能难于或无法进行的化学反应；②有些物质的机械化学反应与热化学反应有不同的反应机理；③与热化学相比，机械化学受周围环境的影响小得多；④机械化学反应可沿常规条件下热力学不可能发生的方向进行。

参　考　文　献

1　张招贵．精细有机合成与设计．北京：化学工业出版社，2003
2　王利民，田禾．精细有机合成新方法．北京：化学工业出版社，2004
3　范如霖．有机合成的特殊技术．上海：上海交通大学出版社，1987
4　雪维尔 DF，德莱兹佐 MA 著．空气敏感化合物的操作．计亮年，史启祯等译．兰州：兰州大学出版社，1990
5　张克立．无机合成化学．武汉：武汉大学出版社，2004，180

第 2 章　无机化合物合成实验

实验 2.1　硫酸铜的提纯

实验目的

（1）掌握提纯 $CuSO_4$ 的原理和方法。

（2）学习溶解、沉淀、过滤、蒸发、结晶等基本操作。

实验原理与方法

可溶性晶体物质中的杂质可用重结晶法除去。重结晶的原理是基于晶体物质的溶解度一般随温度的降低而减小，当热的饱和溶液冷却时，待提纯的物质首先以结晶析出，而少量杂质尚未达到饱和，仍留在母液中。

粗硫酸铜中含有不溶性杂质和可溶性杂质离子，如 Fe^{2+}、Fe^{3+} 等，不溶性杂质可用过滤法除去。杂质离子 Fe^{2+} 常用氧化剂 H_2O_2 或 Br_2 氧化成 Fe^{3+}，然后调节溶液的 pH 值为 3.5～4，使 Fe^{3+} 水解成为 $Fe(OH)_3$ 沉淀除去。

$$2Fe^{2+}+H_2O_2+2H^+ = 2Fe^{3+}+2H_2O$$

$$Fe^{3+}+3H_2O = Fe(OH)_3\downarrow+3H^+$$

除去铁离子后的滤液经蒸发、浓缩，即可制得五水硫酸铜结晶。其他微量杂质在硫酸铜结晶时，留在母液中，过滤时可与硫酸铜分离。

仪器、装置与试剂

台秤，漏斗，蒸发皿，减压抽滤装置。

H_2SO_4（1mol/L），HCl（2mol/L），NaOH（2mol/L），$NH_3\cdot H_2O$（6mol/L），KSCN（0.1mol/L），H_2O_2（3%），pH 试纸，精密 pH 试纸（0.5～5.0）。

实验步骤与操作

（1）粗 $CuSO_4$ 的提纯　称取 10g 研细的粗 $CuSO_4$ 放在小烧杯中，加入 40mL 蒸馏水，搅拌，促使溶解。滴加 2mL 3% H_2O_2，将溶液加热，同时在不断搅拌下逐滴加入 2mol/L NaOH 溶液至 pH=3.5～4，再加热片刻，静置，使水解生成的 $Fe(OH)_3$ 沉淀。用普通漏斗过滤，滤液盛接在清洁的蒸发皿中。在滤液中滴加 1mol/L H_2SO_4 溶液至 pH=1～2，然后加热、蒸发、浓缩，至液面出现一层晶膜时，即停止加热，冷却至室温，减压过滤，尽量抽干。取出 $CuSO_4$ 晶体，称重，计算收率。

（2）$CuSO_4$ 纯度的检验　称取 1g 精制过的 $CuSO_4$ 晶体，放在小烧杯中，用 10mL 蒸馏水溶解，加 1mL 1mol/L H_2SO_4 酸化，然后加入 2mL 3% H_2O_2，煮沸片刻，使其中 Fe^{2+} 氧化为 Fe^{3+}。待溶液冷却后，在搅拌下逐滴加入 6mol/L $NH_3\cdot H_2O$，直至最初生成的蓝色沉淀完全溶解为止，此时 Fe^{3+} 成为 $Fe(OH)_3$ 沉淀，而 Cu^{2+} 则成为配离子$[Cu(NH_3)_4]^{2+}$：

$$Fe^{3+}+3NH_3\cdot H_2O = Fe(OH)_3\downarrow+3NH_4^+$$

$$2Cu^{2+} + SO_4^{2-} + 2NH_3 \cdot H_2O = Cu_2(OH)_2SO_4 \downarrow + 2NH_4^+$$

浅蓝色

$$Cu_2(OH)_2SO_4 + 2NH_4^+ + 6NH_3 \cdot H_2O = 2[Cu(NH_3)_4]^{2+} + 8H_2O + SO_4^{2-}$$

深蓝色

过滤，并用滴管将 1mol/L 氨水（自己稀释）洗涤滤纸，直到蓝色洗去为止（弃去滤液），此时 $Fe(OH)_3$ 沉淀留在滤纸上。用滴管将 3mL 2mol/L HCl 滴在滤纸上，以溶解 $Fe(OH)_3$ 沉淀。如一次不能完全溶解，可将滤液再滴到滤纸上。在滤液中滴入 2 滴 0.1mol/L KSCN 溶液，观察溶液的颜色：

$$Fe^{3+} + nSCN^- = Fe(NCS)_n^{3-n} \quad (n=1\sim6)$$

血红色

Fe^{3+} 愈多，血红色愈深，因此根据血红色的深浅可以比较 Fe^{3+} 的多少，评定产品的纯度。

预习内容

（1）粗 $CuSO_4$ 中含有什么杂质，应如何提纯？

（2）本实验的关键步骤有哪些，如何提高 $CuSO_4$ 的产率？

思考题

（1）粗硫酸铜中 Fe^{2+} 为什么要氧化为 Fe^{3+} 后再除去？而除去 Fe^{3+} 时，为什么要调节溶液的 pH 值为 4 左右，pH 值太大或太小有什么影响？

（2）$KMnO_4$、$K_2Cr_2O_7$、Br_2、H_2O_2 都可使 Fe^{2+} 氧化为 Fe^{3+}，你认为选用哪种氧化剂较为合适，为什么？

（3）调节溶液的 pH 值为什么常选用稀酸、稀碱而不用浓酸、浓碱，除酸碱外还可选用哪些物质来调节溶液的 pH 值？

（4）精制后的硫酸铜溶液为什么要加几滴稀 H_2SO_4 调节 pH 值至 1～2，然后再加热蒸发？

实验 2.2　硫酸亚铁铵的合成

实验目的

（1）制备复盐硫酸亚铁铵，了解复盐的特性。

（2）掌握过滤、蒸发、结晶等基本操作。

（3）了解无机物的投料、产量、产率的有关计算以及产品纯度的检验方法。

实验原理与方法

铁和稀硫酸反应可得到硫酸亚铁，等物质的量的硫酸亚铁与硫酸铵作用，能生成溶解度较小的硫酸亚铁铵 $FeSO_4 \cdot (NH_4)_2SO_4 \cdot 6H_2O$，该晶体商品名为莫尔盐。

$$Fe + H_2SO_4 = FeSO_4 + H_2 \uparrow$$

$$FeSO_4 + (NH_4)_2SO_4 + 6H_2O = FeSO_4 \cdot (NH_4)_2SO_4 \cdot 6H_2O$$

在空气中亚铁盐通常都易被氧化，但形成复盐后就比较稳定，不易被氧化，因此在定量分析中常用来配制亚铁离子的标准溶液。

三种盐的溶解度数据如表 2.1 所示。

表 2.1　三种盐的溶解度/($g/100g \cdot H_2O$)

温度/℃	$(NH_4)_2SO_4$	$FeSO_4 \cdot 7H_2O$	$FeSO_4 \cdot (NH_4)_2SO_4 \cdot 6H_2O$
10	73.0	20.0	17.2
20	75.4	26.5	21.6
30	78.0	32.9	28.1

仪器、装置与试剂

台秤，漏斗，蒸发皿，目视比色管，减压抽滤装置。

H_2SO_4(3mol/L)，HCl(2mol/L)，KSCN(1mol/L)，$(NH_4)_2SO_4$(s)，Na_2CO_3(10%)，铁屑，pH 试纸。

实验步骤与操作

(1) 铁屑的净化　称取 2g 铁屑，放入烧杯中，加入 10mL 10%Na_2CO_3 溶液，小火加热约 10min，用倾析法倒掉碱液，并用水洗净铁屑。

(2) 硫酸亚铁的制备　在盛铁屑的烧杯中加入 15mL 3mol/L H_2SO_4溶液，盖上表面皿，小火加热（注意控制反应速率，以防止反应过快，使反应液喷出），使铁屑和 H_2SO_4 反应直至不再有气泡冒出为止。在加热过程中适当补加些水以保持原体积。趁热过滤，将滤液转移至蒸发皿。以少量水洗涤烧杯及漏斗上的残渣，将烧杯及滤纸上的残渣收集起来，用滤纸吸干后称重，算出已反应铁屑的量及生成的 $FeSO_4$ 的理论产量。

(3) 硫酸亚铁铵的合成　根据 $FeSO_4$ 的理论产量，按 1∶1 的比例称取所需的 $(NH_4)_2SO_4$ 固体，配成饱和溶液，加到 $FeSO_4$ 溶液中，混合均匀，加几滴 3mol/L 的 H_2SO_4 溶液至 pH=1～2。小火蒸发浓缩至表面出现结晶薄膜为止。放置冷却至室温，析出硫酸亚铁铵晶体，减压过滤，观察晶体的形状和颜色，称重并计算产率。

(4) 产品质量检验　取硫酸亚铁铵产品，配制浓度为 0.1mol/L 的水溶液 50mL。

① NH_4^+ 的鉴定　向 0.1mol/L 的硫酸亚铁铵的水溶液中，滴加 0.1mol/L 的 NaOH 溶液，用红色石蕊试纸检验 NH_3 的生成。

向 0.1mol/L 的硫酸亚铁铵的水溶液中，滴加 0.1mol/L 的 NaOH 溶液至溶液呈碱性，过滤，向滤液中滴加 Nessler 试剂，观察沉淀的生成。

② SO_4^{2-} 的鉴定　向 0.1mol/L 的硫酸亚铁铵的水溶液中，滴加几滴酸性 $BaCl_2$ 溶液，观察沉淀的生成。

③ Fe^{2+} 含量的测定　用直接称量法准确称取 4.5g 的产品于 150mL 烧杯中，加 5mL 3mol/L 的硫酸，少量水溶解，定容在 100mL 容量瓶中。准确移取 25.00mL 试样溶液于锥形瓶中，加入 30mL 纯净水、15mL 3mol/L 的硫酸，用高锰酸钾溶液滴定至 30s 内溶液的紫红色不褪为终点。

④ Fe^{3+} 的定量分析　用烧杯将去离子水煮沸约 3min，以除去其中溶解的氧气，用表面皿盖好，冷却后备用。称取 1.00g 的产品，置于比色管中，加 10mL 去离子水溶解，再加入 2mL 2.0mol/L 的盐酸和 0.5mL 1.0mol/L 的 KSCN 溶液，最后以备用的去离子水稀释到 25.00mL，摇匀，与标准溶液进行目测比色，以确定产品等级（Ⅰ级试剂的标准为样品中的 Fe^{3+} 含量小于 0.05%）。

标准溶液（实验室配制）

Ⅰ 级试剂：25mL 溶液中含 Fe^{3+} 0.05mg。

Ⅱ 级试剂：25mL 溶液中含 Fe^{3+} 0.1mg。

Ⅲ 级试剂：25mL 溶液中含 Fe^{3+} 0.2mg。

可先用 $NH_4Fe(SO_4)_2 \cdot 12H_2O$ 配制成 0.1000g/L 的 Fe^{3+} 溶液，然后取 0.50mL、1.00mL、2.00mL 此溶液于 25mL 比色管中，分别加 2mL 2mol/L HCl 和 1mL 1mol/L KSCN 溶液，用水稀释至刻度，即为Ⅰ级、Ⅱ级、Ⅲ级试剂的标准溶液。

（5）安全提示

① 浓硫酸有很强的氧化性和腐蚀性，使用时要特别小心。

② 由于铁屑中含有杂质，与稀硫酸反应所产生的气体中含有硫化氢、磷化氢等有毒物质，实验应在通风橱中进行，或安装气体吸收装置。

预习内容

（1）什么叫复盐，复盐与形成它的简单盐相比有什么特点？

（2）在蒸发、浓缩过程中，若发现溶液颜色变为黄色是什么原因引起的，应如何处理？

（3）目视比色法确定物质含量的要点是什么？

思考题

（1）制备过程中为什么要保持溶液有较高的酸性？

（2）计算硫酸亚铁铵的理论产率时，应以 Fe、H_2SO_4、$FeSO_4$、$(NH_4)_2SO_4$ 中的哪一个的量为准，为什么？

实验 2.3　过氧化钙的合成

实验目的

（1）掌握合成过氧化钙的原理和方法。

（2）掌握 CaO_2 的定性和定量分析方法。

实验原理与方法

过氧化钙的用途十分广泛，可作为杀菌剂、防腐剂、漂白剂、农作物的无毒消毒剂、食品和化妆品的添加剂等。

氯化钙在碱性条件下和过氧化氢进行氧化还原反应生成过氧化钙，过氧化钙在水溶液中以结晶析出。反应式如下：

$$CaCl_2 + H_2O_2 + 2NH_3 \cdot H_2O + 6H_2O \longrightarrow CaO_2 \cdot 8H_2O + 2NH_4Cl$$

过氧化钙定性和定量分析均可采用在酸性条件下，过氧化钙与酸反应生成过氧化氢，过氧化氢与高锰酸钾标准溶液进行氧化还原反应，使高锰酸钾由紫色变为微红色，反应式如下：

$$5CaO_2 + 2MnO_4^- + 16H^+ \longrightarrow 5Ca^{2+} + 2Mn^{2+} + 5O_2 + 8H_2O$$

过氧化钙含量测定也可以采用间接碘量法，过氧化钙在弱酸性条件下，与过量的碘化钾作用析出碘，再用硫代硫酸钠溶液滴定，反应式如下：

$$CaO_2 + 2I^- + 4H^+ \longrightarrow Ca^{2+} + I_2 + 2H_2O$$

$$I_2 + 2S_2O_3^{2-} \longrightarrow 2I^- + S_4O_6^{2-}$$

仪器、装置与试剂

台秤，分析天平，100mL 烧杯，微型吸滤瓶，洗耳球，试管，如有 P_2O_5 干燥器，100mL 碘量瓶，滴定管，滤纸。

$CaCl_2 \cdot 6H_2O$，H_2O_2(30%)，$NH_3 \cdot H_2O$，无水乙醇，$KMnO_4$，H_2SO_4，KI，乙酸，$Na_2S_2O_3$，淀粉，冰，HCl。

实验步骤与操作

（1）过氧化钙的制备　称取 $CaCl_2 \cdot 6H_2O$ 5.0g 放入100mL烧杯中，加入5mL去离子水使之溶解；然后加入12mL 30% H_2O_2 溶液，再用冰水将烧杯中的溶液冷却到−3～2℃，摇匀，在搅拌下逐渐加入25mL 2.0mol/L $NH_3 \cdot H_2O$ 溶液，静置，冷却30min。过滤，用冰水洗涤沉淀2～3次，再用无水乙醇洗涤2次，将过氧化钙结晶在150℃下烘干30min左右，再放在干燥器中干燥至恒重，称量，计算产率。

将滤液用2.0mol/L HCl溶液调至pH值为3～4，然后放在小烧杯（或蒸发皿）中，放在石棉网上小火加热浓缩，可得副产品 NH_4Cl 晶体。

（2）过氧化钙的定性和定量分析　在试管中加入1mL 0.02mol/L $KMnO_4$ 溶液，然后加入1mL 2mol/L H_2SO_4 溶液，摇匀，再加入少量 CaO_2 粉末搅匀，观察实验现象。如果有气泡逸出，且 $KMnO_4$ 褪色，证明有 CaO_2 存在。

在干燥的100mL碘量瓶中准确称取0.15g左右的过氧化钙两份，加15mL去离子水、6mL KI溶液，摇匀。在暗处放置30min，加1～2mL 36%乙酸，用0.01mol/L $Na_2S_2O_3$ 标准溶液滴定至近终点时，加10滴左右1%淀粉试液，然后继续滴定至蓝色消失，同时作空白实验。

CaO_2 质量分数的计算如下：

$$w(CaO_2)=\frac{c(V_1-V_2)\times 0.0721}{2m}\times 100\%$$

式中 V_1——滴定样品时所消耗的 $Na_2S_2O_3$ 溶液的体积，mL；

V_2——空白实验时所消耗的 $Na_2S_2O_3$ 溶液的体积，mL；

c——$Na_2S_2O_3$ 标准溶液的浓度，mol/L；

m——样品的质量，g；

0.0721——每毫摩尔 CaO_2 的质量，g/mmol。

（3）CaO_2 的性质　过氧化钙外观为白色或淡黄色结晶粉末，难溶于水，可溶于稀酸，不溶于乙醇、乙醚，其活性氧含量为22.2%。在室温下稳定，在高温（300℃）下分解。

$$2CaO_2 \xrightarrow{300℃} 2CaO + O_2\uparrow$$

在潮湿空气中也能够分解：

$$CaO_2 + 2H_2O \longrightarrow Ca(OH)_2 + H_2O_2$$

与稀酸反应生成盐和 H_2O_2：

$$CaO_2 + 2H^+ \longrightarrow Ca^{2+} + H_2O_2$$

在 CO_2 作用下，会逐渐变为碳酸盐，并放出氧气：

$$2CaO_2 + 2CO_2 \longrightarrow 2CaCO_3 + O_2\uparrow$$

过氧化钙水合物 $CaO_2 \cdot 8H_2O$ 在0℃时是稳定的，但在室温时经过几天就分解了，加热至130℃时，就逐渐变为无水过氧化物 CaO_2。

（4）安全提示　过氧化氢为强氧化剂，用时小心。

思考题

（1）请设计利用高锰酸钾法测定 CaO_2 含量的方法。

（2）在测定 CaO_2 的含量时，为什么要做空白实验？

（3）采用间接碘量法测定 CaO_2 的含量时应注意哪些问题？

（4）在制备 CaO_2 时，如何提高产品的纯度和产率？

实验 2.4　非水溶剂重结晶提纯硫化钠

实验目的

（1）提纯工业级 Na_2S 固体。

（2）掌握用乙醇重结晶 Na_2S 的基本原理。

（3）学习回流装置的安装及基本操作。

实验原理与方法

硫化钠是一种常用化学试剂，它广泛用于涂料、染料、印染、制革、医药和食品工业。Na_2S 是无色晶体，常见的水合晶体是 $Na_2S \cdot 6H_2O$ 和 $Na_2S \cdot 9H_2O$。硫化钠晶体见光和在空气中会变成黄色或砖红色。在空气中易潮解，易溶于水，可溶于热乙醇，不溶于乙醚。硫化钠的工业品叫硫化碱，在工业上通常用无水芒硝（硫酸钠）和煤粉放在反射炉或转炉中，高温熔化后，用水萃取将溶液蒸发浓缩，冷却析晶制得。工业硫化钠含有较多的重金属硫化物及煤粉等。除碱金属硫化物和硫化铵以外，其他硫化物一般均微溶于水或难溶于水及热乙醇，据此性质用乙醇回流使 Na_2S 溶解，趁热过滤，冷却，使 $Na_2S \cdot xH_2O$ 析出与杂质分离。

仪器、装置与试剂

圆底烧瓶，球形冷凝管，水浴锅，铁架台。

Na_2S，乙醇（工业品），乙醇（95%，化学纯）。

实验步骤与操作

安装回流装置操作，所装仪器的重心应在同一条垂直线上，水平固定夹要相互作用。称取 15g 粉碎的工业品硫化钠，放入圆底烧瓶底部，加入 7mL 热水溶解，再加入 150mL 工业乙醇，组装回流装置，随后通入冷凝水。向水浴锅中加入水，液面略高于烧瓶内的液面，加热，使水浴锅内的水保持沸腾（回流过程中可补充适量水，维持水浴液面高出乙醇液面），回流 40min。停止加热，静置，当 Na_2S 乙醇溶液停止沸腾时，取下烧瓶，用双层滤纸趁热减压过滤，滤液转入 250mL 烧杯中，搅拌至浑浊，用保鲜膜密封烧杯口，低温下冷却析出晶体。用倾析法将母液转移至 250mL 圆底烧瓶中，晶体用少量化学纯 95% 乙醇洗涤二次，抽滤、吸干、称重。放置于指定回收瓶中，Na_2S 晶体洗涤并入母液中回收。

（1）产品检验　重金属的检验：称取样品 1g（准确至 0.01g），溶于 50mL 蒸馏水中，然后与同体积的蒸馏水相比较，两溶液的颜色应完全一样（以白纸或白瓷板为背景）。

硫酸根的检验：取少许晶体放入试管中，加少量蒸馏水溶解后，加入几滴 $BaCl_2$ 溶液（0.5mol/L），观察有无白色沉淀生成。

（2）安全提示　乙醇易燃，操作时应远离明火。

预习内容

完成流程图

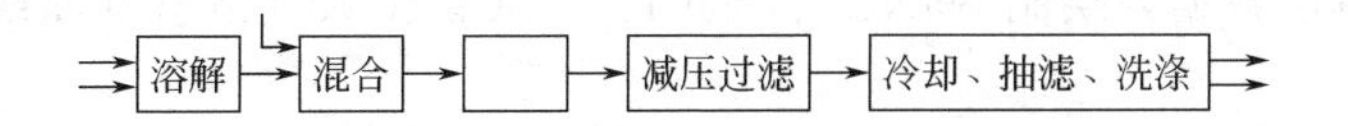

思考题

（1）回流装置应按怎样的顺序组装，回流时为何先加冷却水后加热？

（2）Na_2S 重结晶为何选用乙醇为溶剂，为何要采用加热回流溶解操作？

（3）工业硫化钠常呈红褐色或棕黑色，是何原因。为什么提纯后的 Na_2S 晶体放置后受光照，又逐渐转黄，Na_2S 晶体应如何保存？

实验 2.5　硝酸钾的合成

实验目的

（1）练习固体化学试剂的取用规则。

（2）掌握减压过滤、热过滤的过滤方法。

（3）掌握加热、浓缩、结晶的基本操作。

实验原理与方法

在 $NaNO_3$ 和 KCl 的混合水溶液中同时存在 Na^+、K^+、Cl^- 和 NO_3^- 四种主要离子，可以形成四种盐 $NaNO_3$、NaCl、KNO_3 和 KCl，在水溶液中构成复杂的四元体系。利用四种盐在不同温度下溶解度（见表 2.2）的差异可用 $NaNO_3$ 和 KCl 为原料制备 KNO_3 晶体。即

$$NaNO_3 + KCl \xlongequal{} KNO_3 + NaCl$$

表 2.2　四种盐在水中的溶解度/(g/100g·水)

温度/℃	0	10	20	30	40	50	60	70	80	90	100
KNO_3	13.3	20.9	31.6	45.8	63.9	85.5	110.0	138.0	169.0	202.0	246.0
KCl	27.6	31.0	34.0	37.0	40.0	42.6	45.5	48.1	51.1	54.0	56.7
$NaNO_3$	73.0	80.0	88.0	96.0	104.0	114.0	124.0	—	148.0	—	180.0
NaCl	35.7	35.8	36.0	36.3	36.6	37.0	37.3	37.8	38.4	39.0	39.8

仪器、装置与试剂

烧杯，量筒，玻璃棒，酒精灯，石棉网，酒精灯架，热过滤漏斗，布氏漏斗，循环水真空泵，电子台秤。

$NaNO_3$，KCl。

实验步骤与操作

用电子台秤称取 17g $NaNO_3$(s) 和 15g KCl(s) 放置于烧杯中，加入 30mL 水，将烧杯置于石棉网上，用酒精灯加热，使其全部溶解。同时不断搅拌（必须不断搅拌，否则会引起暴沸），蒸发至总体积为 35mL 左右。此时烧杯中有晶体析出，趁热过滤。再向滤液中加入 2～3mL 水，加热至沸腾，静置，观察晶体的外观，冷却至室温。减压过滤，称重，计算产率。

预习内容

（1）根据溶解度数据，绘制 $NaNO_3$、NaCl、KNO_3 和 KCl 溶解度曲线，比较它们的溶解度特点。

（2）列出主要反应物的投料摩尔比。

（3）完成实验流程图

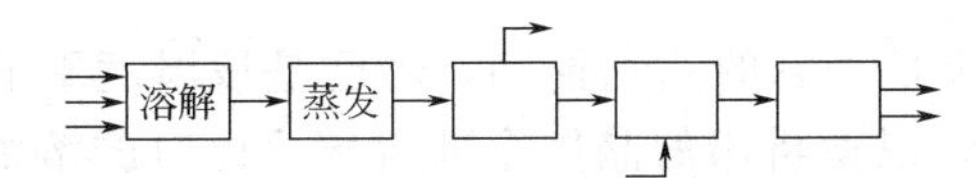

思考题

（1）实验中第一次过滤时为何采用热过滤？

（2）热过滤后为何加入 2～3mL 水，有什么作用？

（3）若本实验中制备的 KNO_3 不纯，杂质是什么，怎样提纯？

实验 2.6　硫酸铝钾的合成

实验目的

（1）掌握从金属制备其金属盐及复盐的方法。

（2）掌握物质结晶的条件，学习制备大颗粒晶体的方法。

（3）练习减压过滤等基本操作。

实验原理与方法

以金属铝片为原料，与 NaOH 反应，合成四羟基铝。

$$2Al+2NaOH+6H_2O \xlongequal{} 2Na[Al(OH)_4]+3H_2\uparrow$$

过滤除去不溶性杂质。调节 pH 值为 8～9，得 $Al(OH)_3$ 沉淀后，抽滤，洗涤后，加入硫酸得硫酸铝溶液。再与硫酸钾形成复盐。

$$[Al(OH)_4]^- + H^+ \xlongequal{} Al(OH)_3\downarrow + H_2O$$

$$2Al(OH)_3+3H_2SO_4 \xlongequal{} Al_2(SO_4)_3+6H_2O$$

$$Al_2(SO_4)_3+K_2SO_4+24H_2O \xlongequal{} 2KAl(SO_4)_2\cdot 12H_2O$$

仪器、装置与试剂

减压过滤装置，锥形瓶，电子台秤。

NaOH，铝片，K_2SO_4，H_2SO_4。

实验步骤与操作

用台秤快速称取 2g NaOH，迅速倒入 250mL 锥形瓶中，加入 40mL 蒸馏水，温热溶解后，加入 1g 铝片，继续加热，使反应加速进行，同时不断补充蒸馏水，保持溶液体积，反应完毕，趁热用漏斗过滤。在滤液中加入一定量的 3mol/L 的 H_2SO_4，充分搅拌，调节溶液的 pH 值为 8～9，静置片刻，减压过滤，并用热水洗涤沉淀，当溶液的 pH 值达到 7～8 时停止洗涤。

将 $Al(OH)_3$ 沉淀转移到蒸发皿中，加入 H_2SO_4（1+1）并稍稍加热，使沉淀刚好溶解。称取化学计量的 K_2SO_4 晶体，一并倒入蒸发皿中，继续加热至溶解，此时蒸发皿中为黏稠状液体。放置冷却后迅速搅拌，并用冰水进一步冷却，蒸发皿中析出粗明矾晶体，用布氏漏斗减压过滤，压干晶体，称重并计算产率。

将制得的明矾晶体重新溶于水。按照所得晶体的量，参照无水 $KAlSO_4$ 在 100g 水中的溶解度，选择适当温度后计算加水量，配制成明矾饱和溶液。

T/℃	0	10	20	30	40	50	60	70	80
S/(g/100g·水)	3.0	4.0	5.9	8.4	11.7	17.0	24.8	40.0	71.0

配制好还需检查此溶液是否真的达到饱和，若已是该温度下的饱和溶液，则需稍稍加热，超过此时温度3～5℃，以使析出的晶体全部溶解，此时的溶液应该澄清、透明、无絮状物，否则应快速过滤，盛饱和溶液的器皿应当盖好，防止灰尘落入。为获取大颗粒晶体，可用头发系牢一个完整的明矾颗粒作为晶种，悬于烧杯的中央，不要靠壁，缓缓自然沉降，可得大颗粒晶体。若在晶种或吊丝上长出微小晶体，应停止结晶过程，重新溶解后，再吊入新晶种进行结晶。

预习内容

（1）列出主要反应物的投料摩尔比。如何判断反应是否完全？

（2）完成流程图

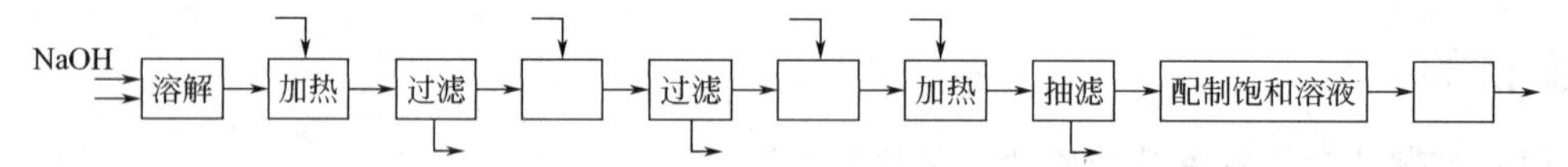

思考题

（1）本实验中可否采用硫酸直接溶解铝片制备 $Al_2(SO_4)_3$？碱熔法有何优点？铝中的杂质在哪一步除去的？

（2）用热水洗涤 $Al(OH)_3$ 沉淀要除去什么杂质？

（3）制取大晶体时为什么要采用缓缓冷却的方法？

（4）请您考虑：最后制取大晶体时，若室温为20℃，是制备70～80℃饱和溶液为好还是30～40℃的为好，哪种条件对获取大晶体有利？

实验2.7 五水硫酸铜的合成和提纯

实验目的

（1）学习无机合成的一些基本知识。

（2）了解铜、硝酸铜、硫酸铜的性质。

实验原理与方法

铜属于不活泼金属，不溶于非氧化性的酸中，以浓硝酸为氧化剂，用铜片和稀硫酸、浓硝酸反应来制备 $CuSO_4$，反应方程式为：

$$Cu + 2HNO_3 + H_2SO_4 = CuSO_4 + 2NO_2\uparrow + 2H_2O$$

产物中不溶性杂质可过滤除去，可溶性杂质利用溶解度差异除去，即用重结晶方法提纯 $CuSO_4$。

硫酸铜和硝酸铜在不同温度下的溶解度见表2.3。

表2.3 硫酸铜和硝酸铜在不同温度下的溶解度 /(g/100g·水)

T/℃	0	20	40	60	80	100
$CuSO_4 \cdot 5H_2O$	14.3	20.7	28.5	40.0	55.0	75.4
$Cu(NO_3)_2 \cdot 3H_2O$	—	—	163.1	181.8	207.8	247.8
$Cu(NO_3)_2 \cdot 6H_2O$	81.8	124.8	—	—	—	—

由表 2.3 中数据可见，硝酸铜的溶解度比硫酸铜大得多。当热溶液冷却时，首先析出来的是 $CuSO_4 \cdot 5H_2O$ 晶体，而硝酸铜仍留在母液中。

仪器、装置与试剂

蒸发皿，水浴锅，量筒，小烧杯，减压过滤装置，热过滤漏斗，加热装置。

铜屑，HNO_3，H_2SO_4。

实验步骤与操作

将盛有 4.5g 废铜屑的蒸发皿置灯焰上灼烧至铜屑表面呈黑色。冷却至室温，加入 16mL 3mol/L H_2SO_4，再缓慢、分批地加入 7mL 浓硝酸（在通风橱中进行）。待反应缓和后，盖上表面皿，用水浴上加热（在此过程中补加 3mol/L H_2SO_4 8mL 和浓 HNO_3 2mL）至铜屑全溶①。用倾析法趁热将溶液转入另一蒸发皿内，并在水浴上浓缩至溶液表面出现晶膜，冷却至室温，抽滤得 $CuSO_4 \cdot 5H_2O$ 粗产品，称重。将粗产品溶于水中（每克加 1.2mL），加热搅拌使晶体全溶，趁热过滤，滤液收集于小烧杯中，冷却至室温后抽滤称重②。

注释

① 由于反应的具体情况不一定相同，补加混酸的量需视情况而定，上述用量仅供参考。不过在保持反应继续进行的情况下，应尽量少加 HNO_3。

② 冷至室温后若无晶体析出，或析出的晶体很少，可适当再加热蒸发浓缩，使其结晶。

思考题

(1) 灼烧铜屑的目的是什么，表面生成的黑色物质又是什么？

(2) HNO_3 在制备过程中起什么作用？为什么要缓慢、分批地加入，且要尽量少加？此操作为什么要在通风橱内进行？

(3) 本实验粗产品中主要含什么杂质？如何除去？

(4) 什么叫重结晶？它适用于提纯何类物质？

(5) 重结晶 $CuSO_4$ 时，每克粗产品加 1.2mL 水溶解是根据什么确定的？

实验 2.8　非水溶剂介质中无水四碘化锡的合成

实验目的

(1) 掌握在非水溶剂中四碘化锡合成的条件和方法。

(2) 掌握限量试剂（I_2）的量和金属锡的消耗量确定碘化锡的最简式。

实验原理与方法

SnI_4 是橙色的立方晶体，熔点 143.5℃，沸点 348℃，约 180℃时开始升华，易水解。SnI_4 易溶于 CCl_4、$CHCl_3$ 和 CS_2 等溶剂中，在石油醚中溶解度较小。在含有 HI 的乙醇溶液中，SnI_4 易与碱金属碘化物作用生成 $M_2[SnI_6]$ 黑色晶状化合物。

由 SnI_4 的特性可知，SnI_4 不宜在水溶液中制备，除采用碘蒸气与金属锡的气-固相直接化合外，一般可在非水溶剂中制备。已被选用的合成溶剂有 CCl_4、冰醋酸等非水溶剂。本实验中采取低沸点的石油醚为溶剂（沸点 60～90℃）。它是不同烷烃的混合物，属于非极性惰性溶剂。碘和锡在石油醚溶剂中直接生成四碘化锡：$Sn + 2I_2 = SnI_4$。

仪器、装置与试剂

圆底烧瓶，微型冷凝管，烧杯。

碘片，锡箔。

实验步骤与操作

（1）SnI_4 的合成　在干燥洁净的 30mL 圆底烧瓶中，称取约 0.50g（准确称量至 0.0001g）碘晶体，再加入约 0.20g（准确称量至 0.0001g）剪成碎片的锡箔和 10mL 石油醚。装好微型冷凝管等反应装置，在水浴上加热使混合物沸腾。控制水浴温度为 85～95℃，保持回流状态。同时调节冷凝水的流速，使易挥发组分的冷凝液不高于回流冷凝管的中间部位，直到反应完全为止（至冷凝下来的石油醚液滴由紫红色变为无色）。取下冷凝管，趁热用倾析法将溶液倒入 20mL 干燥洁净的小烧杯中（注意擦干圆底烧瓶上的水，防止瓶底的水滴入小烧杯中）。使未反应的金属锡留在烧瓶中。烧瓶内壁与锡箔上粘有的 SnI_4 晶体，可用 1～2mL 热的石油醚洗涤，将洗涤液合并到小烧杯中，再置于冰水中冷却、结晶。用倾析法将晶体上部的清液沿玻璃棒小心倒入另一烧杯中，然后将盛有晶体的小烧杯置于水浴上干燥、称重，计算产率。

（2）碘化物最简式的确定　在水浴上蒸发掉烧瓶中残留溶剂，再将剩余的锡片倒出称重。根据 I_2 的用量及金属锡的消耗量，计算各反应物"物质的量"比值，确定 SnI_4 最简式。

（3）安全提示　石油醚易燃，使用时注意安全。

预习内容

（1）完成下表

化合物	M	m. p.	b. p.	d 或 ρ	S（水中溶解度）	n_D^{20}	投料量			理论产量/g
							mL	g	mol	
石油醚										
Sn										
I_2										
SnI_4										

（2）列出主要反应物的投料摩尔比，如何判断反应是否完全？

（3）完成流程图

混合 → □ → 冷却 → 过滤 → 干燥 →

思考题

（1）如果 I_2 蒸发从冷凝器逸出或石油醚溶剂回流液滴带有颜色就终止反应，对实验结果有何影响？

（2）在本实验操作中，应注意哪些问题？

实验 2.9　过碳酰胺的合成与热稳定性

实验目的

（1）合成过碳酰胺。

(2) 测定过碳酰胺中活性氧的含量。

(3) 评价不同稳定剂对产物稳定性的作用。

实验原理与方法

以尿素和过氧化氢为原料，添加一定的稳定剂，冷却析出晶体，

$$CO(NH_2)_2 + H_2O_2 \xlongequal{} CO(NH_2)_2 \cdot H_2O_2$$

合成过程中原料的配比、反应温度、反应时间、冷却温度、稳定剂的种类、干燥时间和温度对产率和产品的质量都有较大的影响。由于过氧化氢比较容易分解，在有金属离子存在时，分解更加迅速，在合成过程中要加入一些配位体作为稳定剂，如 EDTA、焦磷酸钠、乙二胺等。若 $CO(NH_2)_2$ 与 H_2O_2 按 1∶1(物质的量比) 合成，由于过氧化氢易分解，在实际合成过程中，要制备纯度较高的产物，过氧化氢的用量要略为过量；反应温度高，过氧化氢易分解，反应温度低，尿素难以完全溶解，所以温度应控制在 28～30℃；反应时间长也会引起过氧化氢的分解，一般反应约 10～15min；冷却温度越低，过碳酰胺的产率越高，实际中冷却至－5～0℃左右。干燥过程也会引起产物的分解，需要在较低的温度下采用真空烘箱干燥，才能获得比较满意的效果。

干燥后的产品用 $KMnO_4$ 标准溶液测定其过氧化氢含量。

$$2MnO_4^- + 5H_2O_2 + 6H^+ \xlongequal{} 2Mn^{2+} + 5O_2\uparrow + 8H_2O$$

评价不同稳定剂对产物稳定性的影响。在常温下该物分解速率很慢，若在常温下直接评价其稳定性，则测试周期较长。实验中通过将产品置于较高的温度下一段时间，然后测量其过氧化氢含量，从而确定其稳定性效果。

仪器、装置与试剂

烧杯，量筒，冰箱，真空干燥箱，砂芯漏斗，抽滤瓶，循环水真空泵，棕色酸式滴定管，电子分析天平 (0.1mg)。

尿素，30% H_2O_2，EDTA 二钠盐，六偏磷酸钠，水杨酸，$KMnO_4$，H_2SO_4，$Na_2C_2O_4$。

实验步骤与操作

(1) 过碳酰胺的合成　在洁净的 400mL 烧杯中加入 35mL 30% H_2O_2，再加入 1.0g 六偏磷酸钠，用玻璃棒轻轻搅拌至溶解。向烧杯中加入 15g 粉末状固体尿素，在 30℃水浴中保温，并不时用玻璃棒搅拌至溶解。用冰水冷却至 0℃左右，析出大量白色晶体，用砂芯漏斗减压过滤，尽量抽干。将晶体转移至培养皿中，摊开，放置于真空烘箱中于 50℃干燥至晶体松散。称量，计算产率。

用 1.0g EDTA 二钠盐替换 1.0g 六偏磷酸钠重复上述实验。

(2) 过碳酰胺中过氧化氢含量的测定　配制浓度为 0.02mol/L 的高锰酸钾溶液 500mL。用烘干的分析纯 $Na_2C_2O_4$ 标定高锰酸钾溶液的浓度。称取与 25～30mL 0.02mol/L 的高锰酸钾完全反应所需的过碳酰胺的量，加入 30mL 1.0mol/L 的稀硫酸，滴定产物中过氧化氢的含量。做三次平行实验，相对误差应小于 0.4%。

(3) 过碳酰胺产品稳定性的评价　取 1.0g 左右所制得的产物，在 60℃烘箱中烘烤 4h，取出，冷却至室温，观察产物有无明显分解，并测定产物中过氧化氢的含量。

(4) 过碳酰胺的性质　过碳酰胺是过氧化氢和尿素的一种晶体加合物，又称过氧化脲。外观为白色晶体。其中过氧化氢理论含量为 36.17%，干燥产品在低温密封条件下可存贮 18 个月，其活性氧含量损失仅 0.5%。与过氧化钙、过硼酸钠、过碳酸钠等相比，过碳酰胺活

性氧含量高，在水中的稳定性也优于过碳酸钠，并可溶解于甲醇、乙醇、乙醚、丙酮、甘油等有机溶剂。因此，在石化、医药、纺织、印染、冶金、食品、饲料、农业、日化等领域有广泛的用途。

（5）安全提示 H_2O_2 有强氧化性，使用时注意不得与皮肤接触。

预习内容

（1）列出主要反应物的投料摩尔比，如何判断反应是否完全？

（2）完成流程图

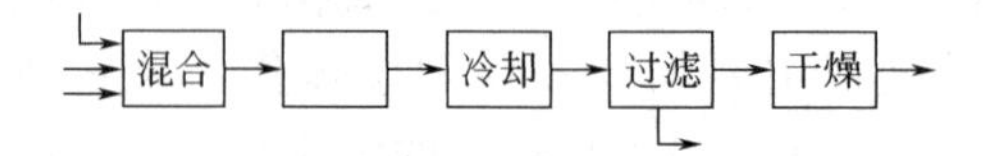

思考题

（1）过氧化氢的分解与哪些因素有关，在实验中采取哪些措施可获得较高的产率和较高的产品质量？

（2）如何配制高锰酸钾溶液？如何标定高锰酸钾溶液的浓度？

（3）用碘量法测定过碳酰胺中的过氧化氢含量和高锰酸钾法相比有什么优缺点？

（4）产品的稳定性评价有什么实际意义？

实验 2.10 氯化六氨合钴（Ⅲ）的合成

实验目的

（1）掌握氯化六氨合钴（Ⅲ）合成的原理。

（2）了解钴配合物的性质。

实验原理与方法

用空气或 H_2O_2 直接氧化 Co(Ⅱ) 的氨配合物，可以制取 Co(Ⅲ) 的氨配合物。Co(Ⅲ) 与氨在不同条件下可形成多种含氯的氨配合物。其中氯化六氨合钴（Ⅲ）可以用活性炭为催化剂，用 H_2O_2 氧化含有 NH_3 及 NH_4Cl 的 $CoCl_2$ 溶液制得。

$$2CoCl_2 + 2NH_4Cl + 10NH_3 + H_2O_2 = 2[Co(NH_3)_6]Cl_3 + 2H_2O$$

$[Co(NH_3)_6]Cl_3$ 为橙黄色晶体，20℃时在水中的饱和溶液的浓度为 0.26mol/L。

仪器、装置与试剂

锥形瓶，水浴锅，量筒，台秤，滴管，烘箱，漏斗，滤纸，减压抽滤装置。

$CoCl_2 \cdot 6H_2O$，NH_4Cl，活性炭，浓氨水，H_2O_2，浓 HCl，乙醇，冰块，去离子水。

实验步骤与操作

在 250mL 的锥形瓶中加入 9.0g $CoCl_2 \cdot 6H_2O$、6g NH_4Cl 和 10mL 水。加热溶解后，加入 0.5g 活性炭，加入 20mL 浓氨水，冷却至 10℃以下，用滴管慢慢加入 25mL 6% H_2O_2 溶液后，水浴加热，在 50～60℃保温 20min，并不断搅拌，然后以冷水、冰水依次冷却至 0℃，抽滤。将沉淀和滤纸一道转移至含 3mL 浓 HCl 的 80mL 沸水中，充分搅拌使沉淀溶解，趁热抽滤，在滤液中慢慢加入 10mL 浓 HCl，然后冰水冷却，即有大量晶体析出。抽滤后，晶体用少量乙醇洗涤，抽干，将晶体在 105℃烘干，称量，并计算产率。

注释

① 氨与 Co(Ⅲ) 的含氯配合物除 $[Co(NH_3)_6]Cl_3$ 外，还有$[Co(NH_3)_5H_2O]Cl_2$(砖红色晶体)、$[Co(NH_3)_5Cl]Cl_2$(紫红色晶体) 等。

② 若无活性炭存在，得到产物主要是 $[Co(NH_3)_5Cl]Cl_2$。

预习内容

(1) 列出主要反应物的投料摩尔比。反应介质及催化剂是什么？反应温度及反应时间是多少？

(2) 完成流程图

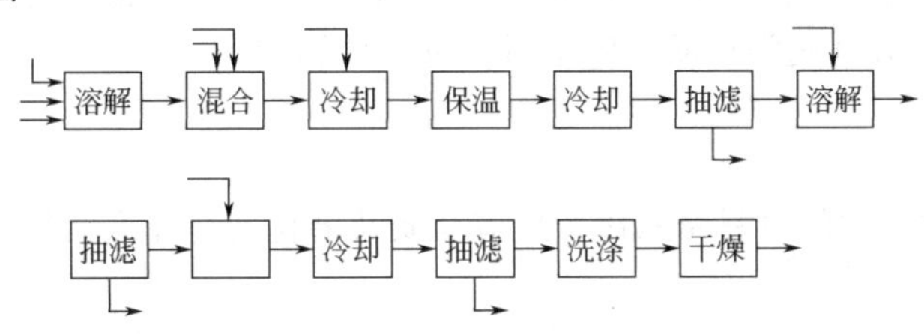

思考题

(1) 为什么在溶液中加入 H_2O_2 后须在 50～60℃的水浴中保温 20min?

(2) 在制备过程中，为什么 H_2O_2 和浓盐酸都要求缓慢加入，它们各有什么作用?

实验 2.11　反式-氯化二氯二（乙二胺）合钴（Ⅲ）的合成

实验目的

(1) 掌握反式-氯化二氯二（乙二胺）合钴（Ⅲ）的合成原理和操作方法。

(2) 了解钴配合物的有关性质。

实验原理与操作

在简单化合物中，Co(Ⅱ) 比 Co(Ⅲ) 稳定，但在许多配合物中则正好相反，往往是 Co(Ⅲ)的配合物比 Co(Ⅱ) 的配合物稳定。因此，一般可用氧化二价钴的配合物来制备。

反式-氯化二氯二（乙二胺）合钴（Ⅲ）是一种绿色的配合物。配离子具有八面体结构，氮原子与钴原子等距离地处于同一平面中，两个氯原子分别在平面的上方和下方。在水溶液中，配离子中的一个氯容易被一个水分子取代，形成粉红色的离子。

反式-氯化二氯二（乙二胺）合钴（Ⅲ）的合成方法是：以 $CoCl_2 \cdot 6H_2O$、乙二胺 (en) 为原料，在水溶液中合成 $[Co(en)_2(H_2O)_2]^{2+}$，然后用 H_2O_2 氧化成 $[Co(en)_2(H_2O)_2]^{3+}$，加入过量的 HCl 并加热蒸发，即发生下列反应：

$$[Co(en)_2(H_2O)_2]^{3+} + 2Cl^- \longrightarrow \text{反式}-[Co(en)_2Cl_2]^+ + 2H_2O$$

通过重结晶，可得纯净的反式-$[Co(en)_2Cl_2]Cl$。

仪器、装置与试剂

烧杯，减压过滤装置，量筒。

$CoCl_2 \cdot 6H_2O$，浓盐酸，乙二胺，30%过氧化氢，95%乙醇。

实验步骤与操作

在一个 250mL 烧杯中，放置 12g $CoCl_2 \cdot 6H_2O$，使之在搅拌下溶于 25mL 水，加入

40mL 10%乙二胺溶液，10min 后用冰水浴冷却 10～15min。缓慢分次加入 10mL 30% H_2O_2 溶液（每次 2～3mL），同时轻轻搅拌反应混合物。加完 H_2O_2 溶液后，从冰水浴中取出烧杯。将溶液静置 10min，向溶液中缓慢加入 40mL 浓盐酸（12mol/L），再静置 20～30min。将溶液转移到蒸发皿中，用小火蒸发溶液至原体积的 1/3 左右，趁热将溶液转移到烧杯中，用冰水浴冷却。待温度低于室温后，抽滤。用 20mL 浓盐酸洗涤沉淀［这时得到的产物应该为绿色，也可能混有少量紫色或蓝色的产物，这是由于生成了其他 Co(Ⅲ）和 Co（Ⅱ）的配合物的缘故］，抽干，称量。

将沉淀转移至烧杯中，加入 3∶1 的 HCl(每克固体需要 3～4mL)，在不断搅拌下加热至沸。静置数分钟，将清液倾入另一烧杯中，并用冰水冷却 30min，抽滤。依次用 10mL 浓盐酸、5mL 95%乙醇分别洗涤产品，晾干后称量，计算产率。

预习内容

（1）列出主要反应物的投料摩尔比。反应介质及催化剂是什么？反应温度及反应时间是多少？

（2）完成流程图

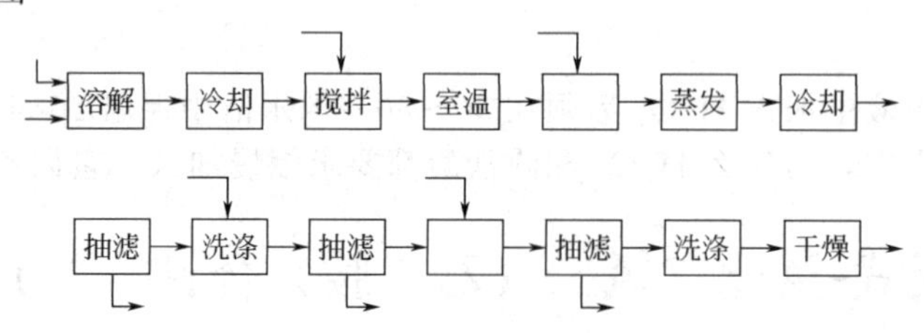

思考题

（1）试从结构上说明为什么 Co(Ⅲ）的配合物比 Co(Ⅱ）的配合物稳定？

（2）本实验中得到的粗产品为什么还要采取重结晶提纯？重结晶时为什么不用水而要用 HCl 作溶剂？

（3）本实验中为什么不先加 H_2O_2 溶液，然后再加乙二胺溶液？

实验 2.12　水热法合成纳米 SnO_2

实验目的

（1）了解水热法合成纳米氧化物的原理及实验方法。

（2）研究 SnO_2 纳米微粉制备的工艺条件。

（3）以水热法合成 SnO_2 微粉。

（4）学习用透射电子显微镜检测超细微粒的粒径。

（5）学习用 X 射线衍射（XRD）法确定产物的物相。

实验原理与方法

以 $SnCl_4$ 为原料，利用水解产生 $SnO_2 \cdot xH_2O$，经过水热晶化为 SnO_2 纳米微晶。

$$SnCl_4 + (x+2)H_2O \longrightarrow SnO_2 \cdot xH_2O + 4HCl$$

$$SnO_2 \cdot xH_2O \longrightarrow SnO_2 + xH_2O$$

仪器、装置与试剂

不锈钢压力釜（100mL，聚四氟乙烯衬里），恒温箱，磁力搅拌器，减压过滤装置，pH

计，离心机，粉末 X 射线衍射仪（XRD），透射电子显微镜（TEM）。

$SnCl_4 \cdot 5H_2O$，KOH，乙酸，乙酸铵，乙醇。

实验步骤与操作

（1）查阅文献　了解纳米 SnO_2 的合成方法。查阅关键词为纳米、SnO_2、水热合成。

（2）实验条件的选择　水热反应的条件，如反应物的浓度、温度、介质的 pH 值、反应时间等对产物的物相、形态、粒子尺寸和粒径分布均有较大影响。

温度：反应温度适度提高能促进 $SnCl_4$ 的水解和脱水过程，有利于重结晶，但反应温度太高将导致 SnO_2 微晶颗粒长大。建议反应温度控制在 120～160℃范围内。

介质的 pH 值：反应介质的酸度高时，$SnCl_4$ 的水解受到抑制，生成的 $SnO_2 \cdot xH_2O$ 较少，反应液中残留 Sn^{4+} 多，将产生 SnO_2 微晶并造成粒子间的聚积，导致硬团聚；反应介质的酸度较低时，$SnCl_4$ 水解完全，形成大量 $SnO_2 \cdot xH_2O$，进一步脱水晶化成 SnO_2 纳米微晶。建议介质的酸度控制在 pH 值为 1～2 的范围内。

水热反应的时间为 2h 左右。反应容器是具有聚四氟乙烯衬里的不锈钢压力釜，密封后置于恒温箱中控温。

（3）产物的后处理　从压力釜中取出产物，减压过滤，用乙酸铵溶液洗涤多次后，再用 95％的乙醇溶液洗涤，干燥，研细。

（4）产物表征

① 物相分析　用粉末 XRD 测定产物的物相。从 JCPDS 卡片集里查出 SnO_2 的多晶衍射卡片，将样品的 d 值和相对强度与标准卡片的数据对照，确定产物是否是 SnO_2。

② 粒子大小分析与观察　根据粉末 X 射线衍射峰的半峰高宽，用 Scherrer 公式：

$$D_{hkl} = \frac{K\lambda}{\beta\cos\theta_{hkl}}$$

计算样品在 hkl 方向上的平均晶粒尺寸。式中，β 为 hkl 的衍射峰的半峰宽；K 为常数，通常取 0.9；θ_{hkl} 为 hkl 的衍射峰的衍射角；λ 为 X 射线的波长。用电子显微镜（TEM）直接观察样品的尺寸与形貌。

（5）纳米材料简介和 SnO_2 用途　纳米粒子通常是指粒径为 1～100nm 的超细颗粒。物质处于纳米尺度状态时，其许多性质不同于微观状态的单个原子、分子，也不同于宏观状态的大块体相物质，构成物质的一种新的状态，称为物质的介观状态，即介于宏观与微观之间的状态。

处于纳米状态的粒子，其电子的运动受到颗粒边界的束缚而被限制在纳米尺度内，当粒子的尺寸可以与其中电子（或空穴）的德布罗意波波长相近时，电子运动呈现波粒二象性，此时，材料的光、电、磁性质出现许多新的特征和效应。纳米材料位于表面、界面上的原子数与粒子内部原子数相差不大，总表面能大大增加。粒子的表面、界面化学性质非常活泼，可能产生宏观量子隧道效应、介电限域效应等。纳米粒子的新特性为物理学、电子学、化学和材料科学等开辟了全新的领域。

纳米材料的合成方法有气相法、液相法和固相法。其中气相法包括化学气相沉积、激光气相沉积、真空蒸发和电子束或射频束溅射等；液相法包括溶胶-凝胶（sol-gel）法、水热法、共沉淀法、胶团法等。制备纳米氧化物颗粒通常用水热法，其优点是产物直接为晶态，无需经过焙烧晶化过程，可以减少粒子团聚，同时粒度比较均匀，形态也比较均匀。

SnO_2 是一种半导体氧化物，它在传感器、催化剂和透明导电薄膜等方面有广泛的用途。纳米 SnO_2 具有很大的比表面积，是一种很好的气敏和湿敏材料。

思考题

(1) 水热法合成无机材料具有哪些特点?

(2) 用水热法制备纳米氧化物时,对物质本身有哪些要求?从化学热力学和动力学角度进行定性分析?

(3) 水热法制备纳米 SnO_2 微粉过程中,哪些因素影响产物的粒子大小及其分布?

(4) 在洗涤纳米粒子的沉淀物中,如何防止沉淀物的溶胶?

(5) 如何减少纳米粒子在干燥过程中的团聚?

实验 2.13 溶胶-凝胶法合成纳米 TiO_2

实验目的

(1) 了解溶胶-凝胶法的基本原理及溶胶-凝胶法制备纳米粒子的特点。

(2) 用溶胶-凝胶法合成 TiO_2 纳米粒子。

(3) 用 X 射线粉末衍射(XRD)测定粒子的晶形,估计粒子的平均粒径。

(4) 用电子透射显微镜(TEM)观察粒子的形态和粒径分布。

实验原理

溶胶-凝胶(sol-gel)法的主要反应步骤是将前驱物溶解于溶剂中(水或有机溶剂)形成均一的溶液,溶质与溶剂产生水解或醇解反应,反应生成物缩聚成 1nm 左右的粒子并组成溶胶,后者经蒸发、干燥、缩聚转变为凝胶。均匀的溶胶经适当处理可得粒度均匀的纳米颗粒。通过溶胶还可以纺丝,制作涂层、薄膜等。

本实验以盐酸调节反应体系的 pH 值为 3~4,使钛酸丁酯在乙醇溶液中逐渐水解,缩聚。

水解过程为:

$$Ti(OC_4H_9)_4 + H_2O \longrightarrow Ti(OH)(OC_4H_9)_3 + C_4H_9OH$$

$$Ti(OH)(OC_4H_9)_3 + H_2O \longrightarrow Ti(OH)_2(OC_4H_9)_2 + C_4H_9OH$$

$$Ti(OH)_2(OC_4H_9)_2 + H_2O \longrightarrow Ti(OH)_3(OC_4H_9) + C_4H_9OH$$

$$Ti(OH)_3(OC_4H_9) + H_2O \longrightarrow Ti(OH)_4 + C_4H_9OH$$

缩聚(用≡表示与 Ti 原子相连的三个基团)过程:

$$\equiv Ti(OH) + \equiv Ti(OH) \longrightarrow \equiv Ti{-}O{-}Ti\equiv + H_2O$$

$$Ti(OH) + \equiv Ti(OC_4H_9) \longrightarrow \equiv Ti{-}O{-}Ti\equiv + C_4H_9OH$$

水解和缩聚的过程往往是同时进行的,随着时间的延长,反应体系的黏度逐渐升高,体系从溶液成为黏度很大的溶胶,缩聚程度越高,溶液的黏度越大,最后形成三维空间网络,将溶剂包裹于网络中,形成不能流动、略有弹性的、透明的凝胶。

仪器、装置与试剂

烧杯,量筒,pH 计,研钵,磁力搅拌器,真空干燥箱,马弗炉,XRD 仪,TEM。

钛酸丁酯,无水乙醇,盐酸,氨水,纯净水。

实验步骤与操作

(1) 溶胶-凝胶法合成 TiO_2 粉末 将 10mL 的钛酸丁酯加入 60mL 的无水乙醇中,加入盐酸调整溶液的 pH 值为 4。用滴管向钛酸丁酯和无水乙醇混合溶液中滴入 15mL 纯净水并用磁力搅拌器搅拌。待纯净水加完后，静置 1～2h。在真空干燥箱中 85℃干燥 36h，研磨，在 400℃下煅烧 1h，得 TiO_2 超细粉末。

（2）透射电镜（TEM）分析纳米粒子形貌　粒子的形貌由 TEM 2010HT 场发射电子显微镜表征，将制得的纳米粒子用乙醇稀释后超声 30min，然后滴于涂碳铜网上挥发至干，测试粒子的大小和形貌。

（3）X 射线衍射（XRD）分析　X 射线衍射用日本 XRD-2000 型 X 射线衍射仪测定，Cu 靶 K_α 射线，石墨滤波 $\lambda=0.1542$nm。根据 X 射线衍射图谱确定该粉末的晶形和平均粒径。

（4）纳米 TiO_2 的性质　纳米 TiO_2 作为一种光催化剂，具有广阔的应用前景。纳米 TiO_2 的光催化性能与其晶相、结晶度、粒径和分散性等密切相关，特别是纳米 TiO_2 粒径的减小，粒子的比表面积增大且能使晶体的光吸收蓝移，这大大有利于光催化反应速率和效率的提高。TiO_2 在自然界中存在三种晶形：金红石型、锐钛矿型和板钛矿型。纳米 TiO_2 的锐钛矿结构不如金红石结构稳定，因而具有更好的光催化活性。有研究报道非机械混合的锐钛矿型和金红石型混晶能提高光催化活性，其原因可能是锐钛矿晶体表面生长了薄的金红石晶层，晶体结构的不同能有效地促进锐钛矿晶体中的光生电子和空穴电荷分离。如何选择制备条件来获得具有理想的光催化性能的纳米晶体是当前研究的重点之一。化学沉淀法和溶胶-凝胶法是当今制备纳米 TiO_2 最常用方法中的两种，它们各具特色：化学沉淀法操作容易，制备条件简单。只要控制好溶液的不饱和度，有效减慢晶面的生长，就能得到较理想的纳米颗粒。溶胶-凝胶法制备温度低，由于有机物的充分燃烧，煅烧后产物中杂质含量少，产物纯度高，纳米粒子分散性能好。

预习内容

完成流程图

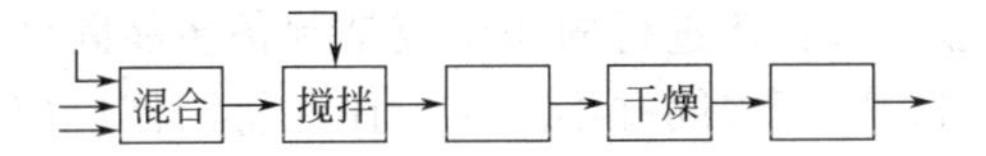

思考题

（1）什么是溶胶-凝胶法，该法在合成无机氧化物粉末时有什么优点？

（2）纳米材料有什么特性，制备纳米粉体的方法有哪些？

实验 2.14　固相合成气敏材料 $CuFe_2O_4$

实验目的

（1）了解固相合成的实验方法及其特点。

（2）合成气敏材料 $CuFe_2O_4$。

（3）用 XRD 作物相分析。

实验原理与方法

在室温下将固体原料 $CuSO_4 \cdot 5H_2O$ 和 $FeSO_4 \cdot 7H_2O$ 混合均匀后，再与 NaOH 固体研磨，得到均匀的 $Cu(OH)_2$ 和 $Fe(OH)_2$ 混合物。由于反应发热以及与空气接触，其中部分原料生成 CuO 和 $Fe(OH)_3$。该混合物在高温下氧化性气氛（空气）中煅烧，得到产物

$CuFe_2O_4$。

仪器、装置与试剂

电子天平（0.01g），玛瑙研钵，减压过滤装置，坩埚，坩埚钳，烘箱，马弗炉，XRD仪。

$CuSO_4 \cdot 5H_2O$，$FeSO_4 \cdot 7H_2O$，NaOH，$BaCl_2$。

实验步骤与操作

在室温下，将化学计量比 $n(Fe^{2+}) : n(Cu^{2+})=2:1$ 进行反应。称取5.56g $FeSO_4 \cdot 7H_2O$ 和2.50g $CuSO_4 \cdot 5H_2O$ 置于玛瑙研钵中，研磨使其混合均匀，然后加入2.4g NaOH，充分研磨，最后得到黑褐色粉体。用去离子水少量多次洗涤粉体，至洗涤流出液用0.1mol/L的 $BaCl_2$ 溶液检验无 SO_4^{2-}，减压过滤，将粉体尽量抽干。将洗涤干净的粉体转移到坩埚中，置于烘箱中于在110℃烘干1h。将烘干后的粉体转入马弗炉中，在800℃煅烧1h，在煅烧过程中，将马弗炉打开1～2次。用坩埚钳取出，冷却至室温，得铁酸铜。用X射线衍射仪进行物相分析，与标准图谱（JCPDS34-0425）对比，确定产品的晶体结构。

固相反应是指那些有固态物质参加的反应，如固态物质的热分解，固态与固态、液态或气态物质的反应、固体物质表面上的反应等，一般来说，反应物之一必须是固态物质的反应，才能叫作固相反应。与气相或液相反应相比，固相反应比较复杂。固相反应的过程中有吸附和解吸、在界面上或均相区域内的原子间的反应、在界面或内部的成核、物质在界面上的扩散和迁移等步骤。在反应过程各个步骤中，往往有一个步骤进行得比较慢，整个反应的速率就受它控制，叫作速率控制步骤。对于固相反应来说，决定的因素是固态反应物质的晶体结构、内部缺陷、形貌以及组分的能量状态等。外部因素，如温度、压力、粉碎、射线辐射均能改变物质的缺陷和结构，改变其能量状态，从而改变固相反应的热力学和动力学性质。

固体原料混合物以固态形式直接进行固相反应是制备多晶固体最为广泛的方法之一。但一般在室温下经历一段时间，固相之间并不反应，往往将固体反应物升至很高的温度，使反应速率显著增加。

预习内容

（1）列出主要反应物的投料摩尔比、反应温度及反应时间。

（2）写出实验流程图。

思考题

（1）什么是固相反应，有什么特点？

（2）如何洗涤粉体，怎样检验洗涤至要求？

（3）煅烧过程中为何要将马弗炉打开1～2次？

实验2.15　设计微波辐射法合成结晶硫代硫酸钠

实验目的

（1）设计和了解用微波辐射法合成 $Na_2S_2O_3 \cdot 5H_2O$ 的方法。

（2）掌握 $S_2O_3^{2-}$ 的定性鉴定和 $Na_2S_2O_3 \cdot 5H_2O$ 的定量测定方法。

实验原理与方法

微波属于电磁波的一种，频率范围为 $3\times10^{10}\sim3\times10^{12}$ Hz，介于 TV 波与红外辐射之间。微波作为能源被广泛应用于工业、农业、医疗和化工等方面。微波对物质的加热不同于常规电炉加热。相对而言，常规加热方法加热速度慢，能量利用效率低；微波加热物质时，物质吸收能量的多寡由物质自己的状态决定，微波作用的物质必须具有较高的电偶极矩或磁偶极矩，微波辐射使极性分子高速旋转，分子之间不断碰撞和摩擦而产生热，这种命名为"内加热方式"微波加热，能量利用率高，加热迅速、均匀，而且可防止物质在加热过程中分解。

1986 年，Gedye 发现微波加热可以明显加快有机化合物合成，微波加热对氧化、水解、开环、烷基化、羟醛缩合、催化氢化等反应有明显效果，此后微波技术在化学中的应用日益受到重视。1988 年，Baghurst 首次采用微波技术合成了 KVO_3、$BaWO_4$、$Yba_2Cu_2O_{7-x}$ 等无机化合物。总之，微波在化学中的应用开辟了微波技术的新领域。微波辐射有三个特点：一是在大量离子存在时能快速加热，二是快速达到反应为度，三是分子水平上的搅拌作用。

$Na_2S_2O_3\cdot5H_2O$ 俗称"海波"，又名"大苏打"，是无色透明单斜晶体。易溶于水，不溶于乙醇，具有比较强的还原能力，可作为照相技术中的定影剂、棉织品漂白后的脱氯剂、定量分析中的还原剂。

$Na_2S_2O_3\cdot5H_2O$ 的制备方法有多种，其中亚硫酸钠法是工业和实验室中的主要制备方法：

$$Na_2SO_3+S+5H_2O \xrightarrow{\text{煮沸或微波辐射}} Na_2S_2O_3\cdot5H_2O$$

反应液经过滤、浓缩结晶、过滤、干燥，即得产品。

仪器、装置与药品

微波反应器，电子台秤，电子天平（0.1mg），烧杯（250mL）、表面皿，漏斗，漏斗架，减压过滤装置，量筒，锥形瓶，滴定管。

Na_2SO_3，硫黄，$AgNO_3$(0.1mol/L)，淀粉试液，HAc-NH_4Ac 缓冲溶液，I_2 标准溶液（约 0.025mol/L）、甲醛（分析纯）。

实验设计要求

（1）以 Na_2SO_3 和硫黄粉，用微波炉制备 10g $Na_2S_2O_3\cdot5H_2O$。

（2）计算原料的用量。

（3）设计出合理的制备方案。

（4）计算产率。

（5）定性检验 $S_2O_3^{2-}$。

（6）定量测定产品中 $Na_2S_2O_3\cdot5H_2O$ 的含量。

（7）提交书面报告。

参 考 文 献

1 袁天佑，吴文伟，王清. 无机化学实验. 上海：华东理工大学出版社，2005
2 李方实，俞斌. 无机及分析化学实验. 南京：东南大学出版社，2002
3 吴泳. 大学化学新体系实验. 北京：科学出版社，1999
4 胡满成，张昕. 化学基础实验. 北京：科学出版社，2001
5 天津化工研究院. 无机盐工业手册（下）. 北京：化学工业出版社，1981

6　日本化学会．无机化合物合成手册．第一卷．曹惠民译．北京：化学工业出版社，1983
7　吕希伦，无机过氧化合物化学，北京：科学出版社，1987
8　大连理工大学无机化学教研室．无机化学实验．第二版．北京：高等教育出版社，2004
9　南京大学．无机及分析化学．北京：高等教育出版社，1998
10　吴江．大学基础化学实验．北京：化学工业出版社，2005
11　史建公．化学工业与工程技术，2002，1(3)：12
12　欧阳贻德．化学世界，2002，(1)：50
13　赵红坤．化学工业与工程，1999，16(3)：135，150
14　程虎民．纳米 SnO_2 的水热合成．高等化学学报，1996，17(6)：833
15　林碧洲．SnO_2 纳米晶粉的溶胶-水热合成，华侨大学学报，2000，21(3)：268
16　王少亭．大学基础化学实验．北京：高等教育出版社，2004
17　郑品棋．华南师范大学学报（自然科学版），2006，(3)：65
18　周利民．无机盐工业，2007，39(3)：31
19　娄向东．硅酸盐学报，2006，34(10)：1199
20　洪伟良．推进技术，2003，24(6)：560
21　武荣成．环境化学，2003，24(5)：60
22　金凤明．微波照射下合成硫代硫酸钠．江苏石油化工学院学报，2000，12(4)：5

第3章　有机化合物合成实验

实验3.1　环己烯的合成

实验目的

(1) 掌握烯烃的实验操作及分馏的应用。

(2) 了解烯烃的合成原理及特点。

实验原理与方法

羟基是很活泼的基团，能够与氢原子结合生成水分子，即脱水反应，因此，含羟基的化合物一般能脱水生成其他类物质，如醇可发生分子内、分子间脱水，分别生成烯和醚。醇还可以与酸反应脱水生成酯类。

化学反应式：

$$\text{环己醇(C}_6\text{H}_{11}\text{—OH)} \xrightarrow{H_3PO_4} \text{环己烯} + H_2O$$

仪器、装置与试剂

圆底烧瓶（100mL、25mL），分馏柱，蒸馏头，直形冷凝管，接收管，锥形瓶，温度计，加热浴，冷水浴。

实验主要装置见图3.1。

环己醇，85%磷酸，饱和食盐水，无水氯化钙。

实验步骤与操作

在干燥的100mL圆底烧瓶中，称量加入25g环己醇①，10mL 85%磷酸②，几粒沸石，充分振荡，使之混合均匀。在圆底烧瓶上装一支短分馏柱，其支管连接一支直形冷凝管，用25mL圆底烧瓶作为接收器，置于冷水浴中，收集馏出液。在分馏柱顶部装温度计，以测量分馏柱的顶部温度。

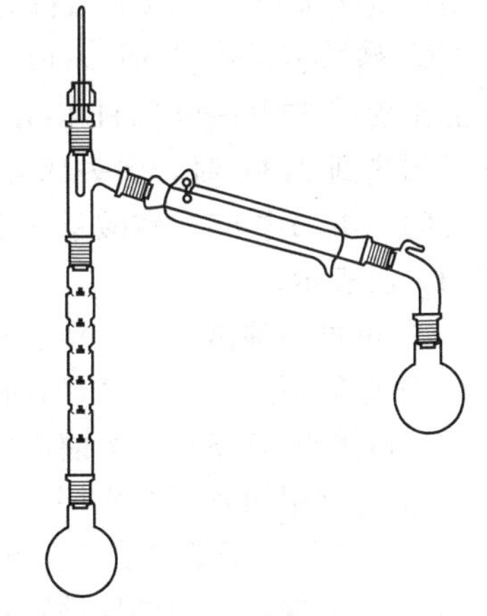

图3.1　环己烯的合成反应实验装置

用小火徐徐升温③，使混合物沸腾，慢慢地蒸出含水的浑浊状液体，注意控制分馏柱顶部的温度不要超过90℃④，直至无馏出液蒸出，烧瓶内有白色烟雾出现，立即停止加热，撤去热源。用量筒测量馏出液中的水层与油层的体积，并作记录。

将馏出液移入分液漏斗中，静置分层，分离出下层水层⑤。再向分得的油层（留在分液漏斗内）加入等体积的饱和食盐水（约5mL），摇匀后，静置分层。分出水层后，将油层倾入干燥的小锥形瓶中，加入1～2g块状无水氯化钙，用磨口塞塞紧，放置0.5h后，即液体澄清透明后，继续进行下一步蒸馏操作⑥。

将经过干燥后的环己烯，加入干燥的25mL蒸馏烧瓶中，投入数粒沸石，在水浴上进行蒸馏操作⑦，接收器应置于冷水浴中，收集 80～85℃馏分⑧。环己烯馏出液倒入已知质量的样品瓶中，用磨口塞塞紧后称量，计算产率。测产物的折射率和进行红外光谱分析。

(1) 环己烯的性质

环己烯结构式（H_2C-CH_2，H_2C，CH_2，$HC=CH$）(cyclohexene) [110-83-8]⑨，无色液体。m. p. －103.5℃，b. p. 82.98℃，d_4^{20} 0.8102，n_D^{20} 1.4465。易溶于乙醇、乙醚、丙酮、苯、四氯化碳，不溶于水，能与水形成二元共沸混合物，共沸点 70.8℃（含水 80%）。易燃，燃点 310℃，闪点－12.2℃，空气中允许浓度为 1015mg·m^{-3}。其红外光谱见图 3.2 所示。

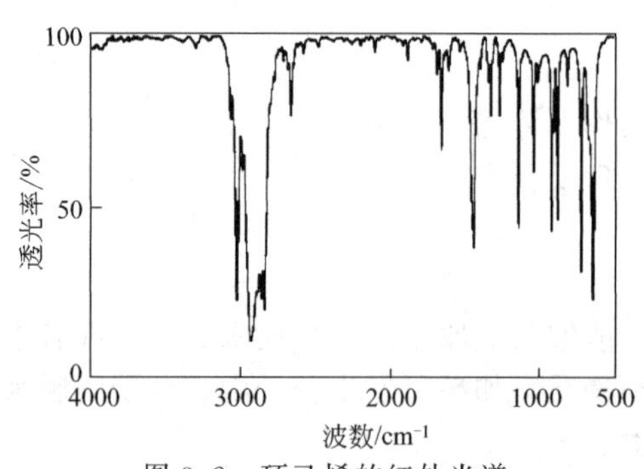

图 3.2 环己烯的红外光谱

(2) 注解

① 环己醇 (cyclohexanol) [108-93-0]，无色透明油状液体，凝固时呈白色结晶。m. p. 25.15℃，b. p. 161.10℃，d_4^{20} 0.9624，n_D^{20} 1.4641。能与乙醇、乙醚、丙酮、氯仿、苯混溶，溶于水，有吸湿性。能与水组成共沸物，共沸点 97.8℃(含水 80%)。易燃，闪点 71.1℃（开杯），67.8℃(闭杯)，燃点 385.7℃，空气中允许浓度 50mg·m^{-3}。由于本品黏性大，采用称量法加料，可减少加料时的误差。

② 磷酸 (phosphoric acid) [7664-38-2]，无色斜方晶体。m. p. 42.35℃，d_4^{20} 1.834。工业品是含有 83%～98% H_3PO_4 的稠厚液体，d_4^{20} 1.70。溶于水和乙醇，能吸收空气中的水分。加热到 213℃时，失去部分水转变为焦磷酸，进一步转变为偏磷酸。酸性介于强酸与弱酸之间。本书中 85%磷酸系质量分数为 85%磷酸的简化表述，其他物质的质量分数也用同样的方法表示。

③ 也可用油浴、空气浴、电热套加热，使加热均匀。

④ 温度不宜过高，蒸馏速度不宜过快（每 2～3s 流出 1 滴），防止环己醇与水组成的共沸物（恒沸点 97.8℃）蒸馏出来。

⑤ 也可用滴管吸去水层，代替分液漏斗操作。如成乳状液，不好分离时，可先加饱和食盐水，摇匀后静置分层，分出水层。

⑥ 要确保除水的彻底性，因为残存水与环己烯可形成恒沸点为 70.8℃的共沸物，先蒸馏出来，造成产品的损失。干燥剂无水氯化钙先在马弗炉中高温加热处理后再使用，其干燥效果很好。

⑦ 进行蒸馏操作，应按照蒸馏实验的要求进行。

⑧ 若在 81℃以下，已经蒸馏出较多的馏出液，可将收集的馏出液重新干燥后，再进行蒸馏。

⑨ 化学物质登录号（又名化学物质登记号）是美国化学文摘社 (CAS) 在 1965 年起，对刊登在美国《化学文摘》(CA) 上的每一个化学物质赋予的由电子计算机编制的编号。登录号由 3 个部分组成，各部分之间用短线连接。第 1 部分最多为 6 位数，第 2 部分为 2 位线，第 3 部分为 1 位数，也叫核对数。每个化学物质只有 1 个登录号。

（3）其他制法　用环己醇与硫酸共热。环己醇与邻苯二甲酸酐共热。环己醇与硫酸氢钾或无水草酸共热。环己醇蒸气通过 160℃活性氧化铝。在有吡啶或二甲苯胺存在下用亚硫酰氯使环己醇失水。环己醇在 Nafion/SiO_2 存在下制得。将氯代环己烷在 260～300℃通过活性炭或在三甘醇中与氢氧化钠作用而制得。苯、氢在 Ru-Zn 作用下制得。苯、氢在非晶 RuCo/ZrO_2存在下制得。

（4）安全提示

① 环己烯：有中等毒性，不要吸入其蒸气或触及皮肤。易燃，应远离火源。

② 环己醇：毒性比环己烯强，不要吸入其蒸气或触及皮肤。

③ 磷酸（85%）：强酸，腐蚀性强，属二级无机酸性腐蚀物品。不要溅入眼睛，不要触及皮肤。

预习内容

（1）填写下列数据

化合物	M	m. p.	b. p.	d 或 ρ	n_D^{20}	S(水中溶解度)	投料量			理论产量/g
							mL	g	mol	
环己烯										
环己醇										
85%磷酸										

（2）列出主要反应物的投料摩尔比、反应介质及催化剂、反应温度及反应时间。

（3）本实验的流程示意图如下，请在括号内填写相应化合物的分子式及标明上（或下）层。

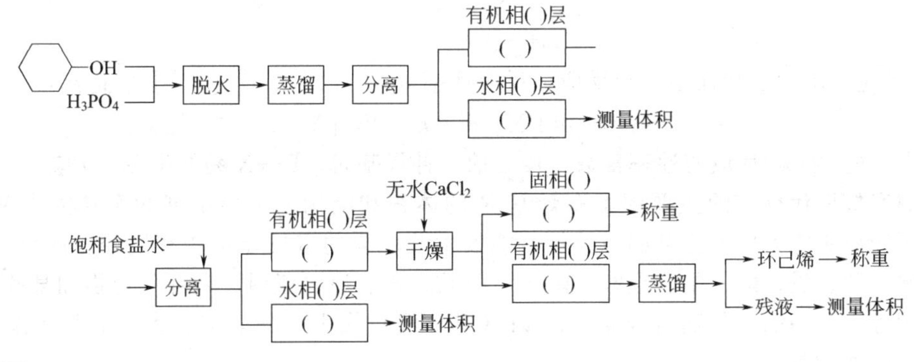

思考题

（1）为什么加热时，分馏柱顶部的温度要控制在小于 90℃？温度过高，有什么缺点？

（2）为什么要加入饱和食盐水？

（3）在加入干燥剂无水氯化钙进行干燥处理时，如干燥不彻底，对于后处理会带来什么问题？氯化钙除了作脱水干燥剂之外，还可除去什么物质？

（4）本次实验中，一共排放了多少废水与废渣，你有什么治理方案？

实验 3.2　1-溴丁烷的合成——亲核取代反应机理的讨论

实验目的

（1）掌握由醇合成卤代烃的方法和反应机理。

（2）掌握基本原理和操作。

实验原理与方法

亲核取代反应（简称 S_N）是非常重要的有机化学反应。在亲核取代反应中，亲核试剂 Y 把连在底物 R—X 的碳原子上的原子或基团 X 置换下来，Y 给出电子并与碳原子成键，X 则连同两个成键电子从碳原子上脱下：

$$Y: + R—X \longrightarrow R—Y + X:$$

式中，Y：为 Cl^-、Br^-、I^-、OH^-、H_2O、NH_3 等；—X 为—Cl、—Br、—I、—SO_3H、—OH_2^+、—NR_3^+ 等。

亲核取代反应一般为两大类，即单分子反应（S_{N_1}）和双分子反应（S_{N_2}）。

S_{N_1} 反应为两步反应。第一步中 X 先离去，生成正碳离子 R^+（慢步骤），后者迅速与 Y 作用，生成取代产物：

$$R—X \rightleftharpoons R^+ + X^-,\qquad R^+ + Y^- \longrightarrow R—Y$$

S_{N_1} 反应的动力学特征为一级反应，反应速率 v_1 只与底物的浓度［RX］成正比，而与亲核试剂的浓度［Y^-］无关：

$$v_1 = -d[RX]/dt = k_1[RX]$$

式中，t 为时间；k_1 为 S_{N_1} 反应的速率常数；R 为叔烃基、苄基、烯丙基时，R—X 易发生 S_{N_1} 反应（为什么?）。

S_{N_2} 反应为一步反应，R—X 键的断裂和 R—Y 键的生成同时进行，经过一个过渡态生成取代产物：

$$Y^- + R—X \longrightarrow [\overset{\delta^-}{Y}\cdots R\cdots \overset{\delta^-}{X}] \longrightarrow Y—R + X^-$$

（过渡态）

S_{N_2} 反应的动力学特征是二级反应，反应速率 v_2 与［RX］及［Y^-］成正比：

$$v_2 = -d[RX]/dt = k_2[RX][Y^-]$$

式中，k_2 为 S_{N_2} 反应的速率常数；R 为伯、仲烃基时，R—X 易发生 S_{N_2} 反应。

影响亲核取代反应的主要因素有烃基 R 的体积和结构、亲核试剂的亲核能力和浓度、离去基团的离去能力以及溶剂的极性等。能发生此反应的有机化合物有烷烃、烯烃、炔烃、芳烃、醇、酚、醚、醛、酮、羧酸、酰氯、酰胺、胺、砜、亚砜、杂环化合物和某些元素有机化合物等。常用的卤化剂有卤素、N-卤（氯和溴）代丁二酰亚胺、次氯酸叔丁酯、亚硝酰氯和次卤酸钠等。

化学反应方程式：

主反应

$$NaBr + H_2SO_4 \longrightarrow HBr + NaHSO_4$$

$$n\text{-}C_4H_9OH + HBr \xrightarrow[\triangle]{H_2SO_4} n\text{-}C_4H_9Br + H_2O$$

副反应

$$2n\text{-}C_4H_9OH \xrightarrow[\triangle]{H_2SO_4} CH_3CH{=}CHCH_3 + CH_3CH_2CH{=}CH_2 + 2H_2O$$

$$2n\text{-}C_4H_9OH \xrightarrow[\triangle]{H_2SO_4} (n\text{-}C_4H_9)_2O + H_2O$$

仪器、装置与试剂

100mL 烧瓶，球形冷凝管，搅拌器套管，60mm 短管标准漏斗，75°蒸馏头，直形冷凝管，接收管，25mL锥形瓶，100mL烧杯，25mL烧瓶，250mL烧杯，100℃（或150℃）温度计。

实验主要装置见图3.3。

1-丁醇，无水溴化钠，浓磷酸，10%碳酸钠溶液，无水氯化钙。

实验步骤与操作

100mL圆底烧瓶上连接球形冷凝管，于冷凝管上端口连接温度计套管，温度计套管连橡皮管，与倒放在烧杯内的玻璃漏斗相连接，尽量使漏斗边缘与水面贴近，但不能埋入水面下，以防止水倒吸入反应瓶中。

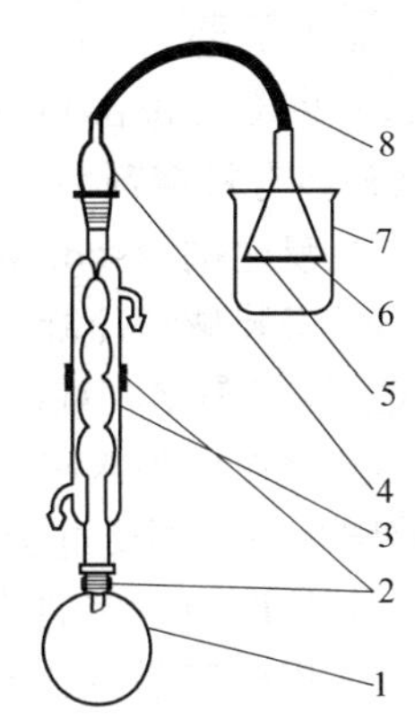

图3.3 溴代烷的合成反应实验装置

1—烧瓶；2—铁夹；3—球形冷凝管；4—搅拌器套管；5—短管标准漏斗；6—水；7—烧杯；8—橡皮管

在100mL烧瓶中盛装5mL水，置于冷水浴中，慢慢小心地加入10mL浓磷酸①，搅拌均匀备用。从反应装置中取下烧瓶，加入6mL 1-丁醇②，8g研细的溴化钠③,④，装好烧瓶，从冷凝管上端口逐滴加入上述配制的磷酸溶液，边加料边振荡，以免溴化钠结块⑤。加入几粒沸石，按图3.3所示安装反应装置。加热，经常摇动，以使溴化钠溶解及瓶内物料混合均匀，调节加热温度，使烧瓶内物料微沸，并保持在此状态下回流1h，并经常摇动烧瓶。反应结束后，撤去热源。自然冷却5min后，拆去球形冷凝管及气体吸收装置。依次安装75°蒸馏头、直形冷凝管、接收管及100mL接收瓶。烧瓶内重新加几粒沸石，进行蒸馏，蒸至无油状物时，停止蒸馏。烧瓶内的残存物应趁热慢慢地倒入指定的废液缸中⑥。将蒸出液倾入分液漏斗的下层（油层）放入锥形瓶中。将等体积浓硫酸分两次加入到锥形瓶中，静置分层，分去下层硫酸溶液。将保留在分液漏斗中的油层，依次用10mL、5mL10%碳酸钠溶液和10mL水洗涤。将分出的下层有机相倒入干燥的25mL锥形瓶中，加入少量块状无水氯化钙，塞紧瓶塞，不时地振荡锥形瓶，直至液体变为澄清⑦。

将干燥后的产物通过加有折叠滤纸的小漏斗滤入50mL干燥的蒸馏瓶中，加入几粒沸石，加热蒸馏，收集99～103℃馏分，放入已知质量的样品瓶中⑧。称重，计算产率。测定折射率和红外光谱。

（1）1-溴丁烷的性质，其红外光谱图见图3.4。

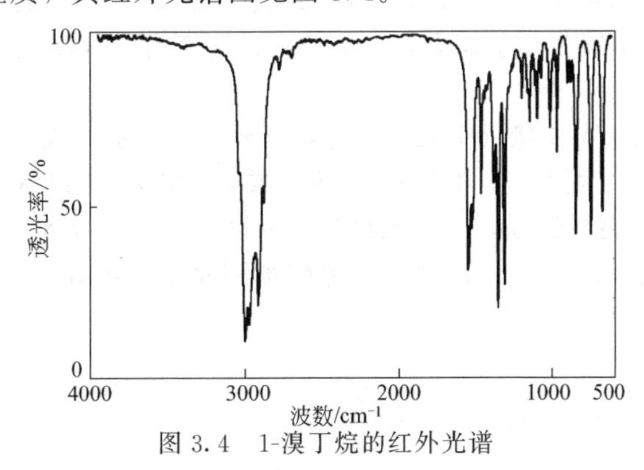

图3.4 1-溴丁烷的红外光谱

$CH_3CH_2CH_2CH_2Br$（1-bromobutane）[109-65-9]，M137.03，无色液体。m.p. −112.4℃，b.p. 101～103℃，d_4^{25} 1.2686，n_D^{20} 1.4398。能溶于醇和醚，不溶于水。

（2）注解

① 磷酸（phosphoric acid），无色糖浆状液体。100%磷酸的相对密度为1.874，m.p. 22℃，b.p. 261℃(100%)，b.p. 158℃（85%）。

② 1-丁醇（1-butanol）[71-36-3]，$CH_3CH_2CH_2CH_2OH$，M74.12，无色透明液体。m. p. −90℃，b. p. 117～118℃，d_4^{20} 0.8097，n_D^{20} 1.3993，闪点 36～38℃(开杯)。能与醇和醚及许多有机溶剂混溶，能溶于水。

③ 溴化钠（sodium bromide）[7647-15-6]。m. p. 747℃，b. p. 1390℃，d_4^{25} 3.203。

④ 安装球形冷凝管时，必须注意将烧瓶磨口处的溴化钠固体用1-丁醇洗净，否则反应完成后磨口黏结，难以拆卸。

⑤ 烧瓶中加入磷酸后应充分摇匀，以防加热时发生局部碳化。回流时反应液保持平缓的沸腾状态，不要过于剧烈，以尽量减少溴化氢的逸出。

⑥ 反应中生成的磷酸氢钠，冷却后会生成硬块状物而留在烧瓶中，不易洗净。

⑦ 用分液漏斗进行洗涤和萃取操作的要点如下。

a. 检查漏斗上面的玻璃塞及下面的活塞与漏斗的配合是否紧密（可用水试验），活塞是否转动灵活。如发现漏水或转动不灵活，可将配合处擦干净，涂少许润滑脂后再检查，直至符合要求为止。

b. 将待洗涤（或萃取的）液体及洗涤液（或萃取液）倒入分液漏斗，塞好玻璃塞。用右手掌心顶住玻璃塞，左手握住活塞，大拇指和食指控制活塞柄，使之可以灵活启闭。将漏斗倾斜，左手稍高。

c. 用力振荡漏斗，使两相液体充分混合。每振荡几次后，抬高左手，开启活塞放气(朝向无人处!)，如此反复数次。当漏斗内的液体蒸气压较高时（如乙醚、二氯甲烷等），或者在洗涤（或萃取）过程中会释放出气体时，应特别注意及时放气。

d. 将漏斗固定在铁架台上静置，待液体分层后，先打开玻璃塞，再转动活塞使下层液体放出。上层液体从漏斗上口倒出，不可经活塞放出，每一次洗涤（或萃取）都应记录下操作内容和现象。操作过程中的废液必须保存至试验结束后方可弃去，以防发生差错。

e. 实验结束时，将分液漏斗洗净。洗涤分液漏斗时注意防止活塞脱落摔坏。活塞与漏斗之间夹薄纸条，以防黏结。

⑧ 粗产品洗涤后，应置于干燥的25mL锥形瓶中干燥。第二次蒸馏必须全部使用干燥仪器，其中的75°蒸馏头、直形冷凝管和接收管为合用仪器，放在试剂架上，用后不洗，放回原处供下一组使用。25mL烧瓶（包括锥形瓶）洗净后需烘干。收集馏分时必须考虑温度计的误差。

（3）其他制法　可由正丁醇、红磷、黄磷与溴反应而制得；从正丁醇与三溴化磷反应制取；从正丁醇与浓氢溴酸或发烟氢溴酸反应制取；从正丁醇与氢溴酸水溶液反应制取。

（4）安全提示

① 1-溴丁烷：易燃，不要接近明火。有毒，不要吸入其蒸气或触及皮肤。

② 正丁醇：其毒性与乙醇相近，不要吸入其蒸气或触及皮肤。二级易燃品，避免与明火接触。

③ 浓硫酸：有毒，腐蚀性强，一级无机酸性腐蚀品。不要吸入其烟雾，不要触及皮肤。配硫酸水溶液时，一定要注意加料次序，将硫酸加到水中。浓硫酸不得与粉状可燃物相接触，以免发生燃烧事故。

预习内容

（1）完成下表

化合物	M	m. p.	b. p.	d 或 ρ	S(水中溶解度)	n_D^{20}	投料量			理论产量/g
							mL	g	mol	
1-溴丁烷 1-丁醇 溴化钠 浓磷酸										

（2）完成操作流程图

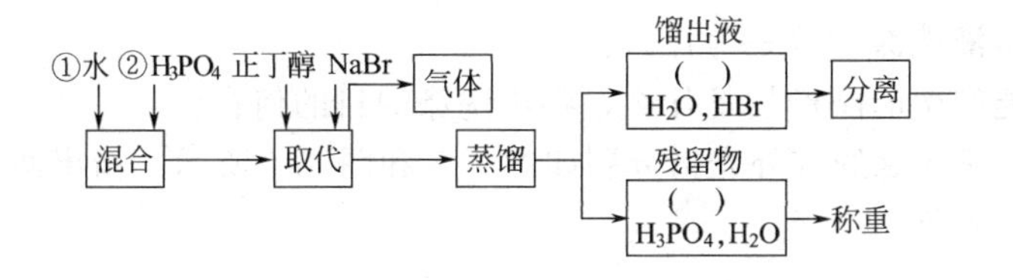

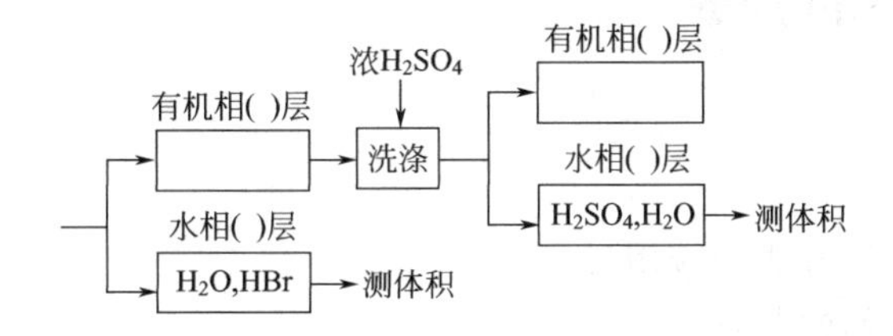

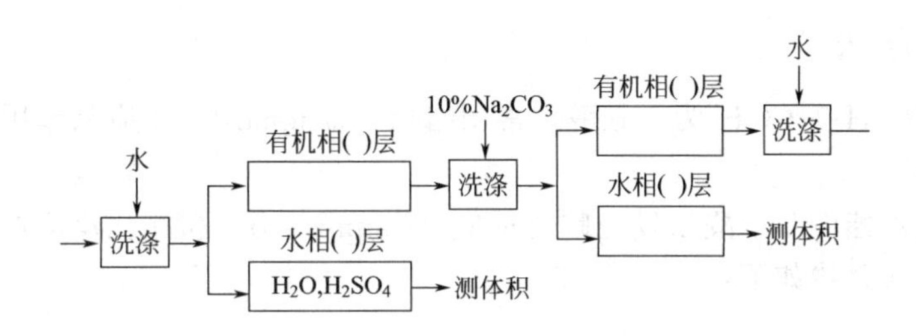

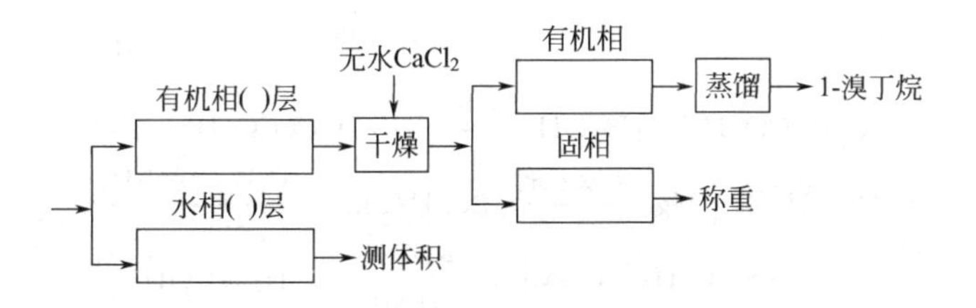

思考题

（1）本反应是 S_{N_1} 反应还是 S_{N_2} 反应，为什么？

（2）在加料时，如先加溴化钠与浓磷酸，后加 1-丁醇与水，会发生什么问题？

（3）为什么要安装气体吸收装置，主要吸收什么气体？

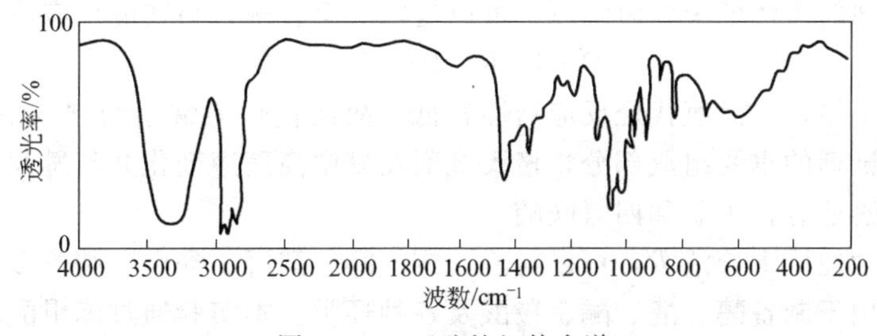

图 3.5　1-丁醇的红外光谱

（4）在计算理论产率时，应取哪一个物质作为计算的基准？

（5）馏出液在用浓硫酸洗涤后，不是先用 10% Na_2CO_3 溶液洗涤，而是先用水洗涤后，再用 10%Na_2CO_3 溶液洗涤，这是为什么？

（6）反应中可能产生的副产物是什么，各步洗涤的目的何在？

（7）1-丁醇和 1-溴丁烷的红外光谱分别如图 3.5 和图 3.4 所示。指出两图的特征吸收峰以及它们之间的主要差别。

实验 3.3　三苯甲醇的合成

实验目的

（1）掌握格氏试剂在有机合成中应用。

（2）绝对无水试剂及溶剂的制备。

实验原理与方法

三苯甲醇 $(C_6H_5)_3COH$ 为一叔醇，常用格氏（Grignard）反应从苯甲酸酯（或二苯甲酮）和溴苯制备。

原料苯甲酸乙酯由苯甲醛出发经歧化反应（Cannizzaro）和酯化反应制备，格氏试剂则由溴苯制备。合成路线如下：

$$2C_6H_5CHO \xrightarrow{\text{浓氢氧化钠}} C_6H_5CO_2Na + C_6H_5CH_2OH$$

$$C_6H_5CO_2Na \xrightarrow{HCl} C_6H_5CO_2H$$

$$C_6H_5CO_2H + C_2H_5OH \xrightleftharpoons{H_2SO_4} C_6H_5CO_2C_2H_5 + H_2O$$

$$2C_6H_5Br + Mg \xrightarrow{\text{无水乙醚}} 2C_6H_5MgBr \xrightarrow{C_6H_5CO_2C_2H_5}$$

$$\longrightarrow (C_6H_5)_3COMgBr \xrightarrow[H_2O]{NH_4Cl} (C_6H_5)_3COH$$

由苯甲醇经歧化反应生成苯甲酸的反应产率不会超过 50%，而在酯化反应和格氏反应中，苯甲酸和苯甲酸乙酯又分别为相对用量最小的原料。因此，每一步反应的产率都将影响最终产品——三苯甲醇的产率。

格氏试剂（Grignard reagent）是有机合成中应用最广泛的金属有机试剂。它由卤代烃和金属镁在无水乙醚中反应生成：

$$RX + Mg \xrightarrow{\text{无水乙醚}} R\text{—}Mg\text{—}X$$

制备格氏试剂的卤代烃中，卤素原子可以是氯、溴、碘，与镁的反应活性次序为：

$$R\text{—}I > R\text{—}Br > R\text{—}Cl$$

但碘代烃价格昂贵，而氯代烃反应活性较低，故溴代烃为常用的制备格氏试剂的原料。溶剂乙醚是格氏试剂的重要组成部分，格氏试剂在醚中高度溶剂化并与醚互相络合而得以稳定。其他常用的醚还有正丁醚和四氢呋喃。

格氏试剂化学性质十分活泼，可以与醛、酮、酯、酸酐、酰卤、腈等多种化合物发生亲核加成反应，常用于制备醇、醛、酮、羧酸及各种烃类。本实验通过苯甲酸乙酯与两分子格氏试剂——苯基溴化镁（由溴苯与镁反应制得）的反应制备三苯甲醇。反应式为：

$$C_6H_5Br + Mg \xrightarrow{\text{无水乙醚}} C_6H_5MgBr$$

$$C_6H_5CO_2R + 2C_6H_5MgBr \xrightarrow{\text{无水乙醚}} (C_6H_5)_2C\begin{matrix}\diagup OC_2H_5 \\ \diagdown O{-}MgBr\end{matrix}$$

$$\longrightarrow (C_6H_5)_2C{=}O + Mg\begin{matrix}\diagup OC_2H_5 \\ \diagdown Br\end{matrix}$$

$$\xrightarrow{C_6H_5MgBr} (C_6H_5)_3COMgBr \xrightarrow[NH_4Cl]{H_2O} (C_6H_5)_3COH + Mg\begin{matrix}\diagup Br \\ \diagdown Cl\end{matrix}$$

格氏试剂极易与水、醇、胺、酸等具有活泼氢的化合物以及氧反应：

$$RMgX \begin{cases} \xrightarrow{H_2O} RH + HOMgX \\ \xrightarrow{R'OH} RH + R'OMgX \\ \xrightarrow{R'NH_2} RH + R'NHMgX \\ \xrightarrow{R'CO_2H} RH + R'CO_2MgX \\ \xrightarrow{O_2} ROMgX \end{cases}$$

所以，格氏试剂的制备和反应都必须在无水和隔绝空气的条件下进行，并且反应物不能含带有活泼氢的基团。本实验的反应过程中，由于乙醚的蒸气压很高，可以把格氏试剂与空气隔绝开来，但反应所用的仪器和所有的原料都必须经过严格的干燥处理。反应装置与大气相通处应连接氯化钙干燥管，以防止空气中的水分进入系统。

仪器、装置与试剂

100mL 烧瓶，二口连接管，60mL 分液漏斗，球形与直形冷凝管，干燥管（2 支），分馏头，接收管，50mL 锥形瓶，空心塞（2 支），250mL 烧杯，25mL 量筒，玻璃棒，布氏漏斗，过滤瓶，表面皿。

实验主要装置见图 3.6。

苯甲酸乙酯，洁净镁条，无水乙醚①，少量碘和氯化铵。

实验步骤与操作

按图 3.6 所示安装好反应装置②,③。在 100mL 烧瓶中放入相当于苯甲酸乙酯 2.5 倍物质的量单位的清洁干燥的镁条④（或 1.5g 镁条）、10mL 无水乙醚和一小粒碘⑤。在分液漏斗中装入相当于苯甲酸乙酯 3.3 倍物质的量单位的溴苯（或 12.8g 溴苯）及 20mL 无水乙醚，转动漏斗使之混合均匀。向烧杯中加入 5mL 左右的溴苯乙醚溶液，轻轻振摇铁架台。注意观察反应混合物的变化。如果溶液呈现微混并且镁条表面有气泡生成，说明反应开始了。如果加入溴苯乙醚溶液几分钟后仍未观察到反应现象，可将烧瓶用水浴或电热套温热。反应开始后停止加热，将溴苯乙醚溶液慢慢滴入烧瓶中⑥。若反应过于剧烈，可将烧瓶用冷水浴冷却；若反应过于平缓，则温热烧瓶使之回流。溴苯溶液全部加完后，继续保持反应液回流直至镁条基本消失。全部反应时间为 60～90min。

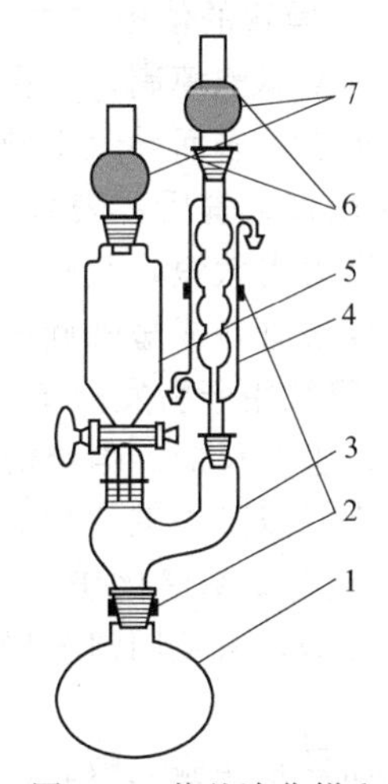

图 3.6　苯基溴化镁和三苯甲醇的合成反应实验装置

1—烧瓶；2—铁夹；3—二口连接管；4—球形冷凝管；5—筒形分液漏斗；6—干燥管；7—无水氯化钙

称取 3.8g 苯甲酸乙酯（或是 3g 二苯甲酮）置入分液漏斗。用 8mL 无水乙醚分两次荡洗盛苯甲酸乙酯的锥形瓶后，倒入分液漏斗。用冷水浴冷却烧瓶，在振荡下滴入苯甲酸乙酯的乙醚溶液⑦。苯基溴化镁与苯甲酸乙酯的反应开始后，放出的热量可使反应液沸腾。如果反应过于剧烈，可用冰水浴冷却烧瓶，并暂停滴加。待滴加完成并且反应逐渐平息后，温热烧瓶，使反应液保持回流 30min。

将反应液冷却至室温，用冰水浴冷却烧瓶，自滴液漏斗中慢慢加入 20mL 氯化铵饱和水溶液[8]。振荡烧瓶使其与反应物充分混合后，拆除二口连接管、分液漏斗及球形冷凝管，烧瓶上装分馏头并连接直形冷凝管、接收管和 50mL 烧瓶。用热水浴或电热套将乙醚蒸出。烧瓶中加入 40mL 水，加热蒸馏至无油状物馏出[9]。烧瓶内溶液冷却至室温后析出三苯甲醇结晶。减压过滤并用 5mL 冷水洗涤。

将三苯甲醇粗品转入盛有 10mL 无水乙醇的 50mL 锥形瓶中，装上球形冷凝管，加热至沸腾时三苯甲醇溶解。在回流状态下自冷凝管口向烧瓶中滴加少量水（注意记录加入量），直至溶液在沸腾时刚刚有固体析出。加数滴无水乙醇使溶液清亮[10]，将锥形瓶自然冷却至室温后用冰水浴冷却，减压过滤并尽量抽干。滤出的三苯甲醇结晶转入已贴好标签并称重的表面皿中，自然干燥后称重。

（1）三苯甲醇的性质

三苯甲醇（triphenyl methanol）[76-84-6]，$(C_6H_5)_3COH$，M260.34，m.p.160～163℃，b.p.360℃，d_4^{20}1.1990，无色三角形结晶，于 360～380℃蒸馏而不分解。易溶于醇、醚和苯，溶于浓硫酸呈深黄色，溶于冰醋酸时无色，不溶于水及石油醚。

苯甲酸乙酯（benzyl acetate）[140-14-4]，M150.18，m.p. －51℃，b.p.260℃，n_D^{20}1.5020，d_4^{20}1.040，无色澄清液体。有芳香气味，有折光性，能与醇、醚、氯仿及石油醚混合，几乎不溶于水，其蒸气能引起咳嗽。

（2）注解

① 无水乙醚的制备方法：在 1000mL 三口烧瓶中加入 600mL 化学纯乙醚，装上球形冷凝管和滴液漏斗，在 15～25min 内滴入 40mL 化学纯浓硫酸，并保持乙醚回流。硫酸加完后，改为蒸馏装置，接收管支管连接无水氯化钙干燥管，并将尾气引入下水道（或引出室外）。蒸馏 500mL 乙醚，加入 3～4g 金属钠细丝或薄片，盛乙醚的容器瓶口用装有无水氯化钙干燥管或尖端向上的毛细管的橡皮塞塞紧。24h 后，再补加少许金属钠，直至不再产生气泡为止。

② 实验开始时，严格检查反应装置中各仪器及量筒是否干燥。若有水分，必须将其烘干方可使用。实验完成后，将上述仪器洗净并烘干。其余仪器洗净即可。

③ 干燥管的使用方法　将一小团棉花或玻璃毛放在干燥管的球泡下部，加入颗粒状无水氯化钙至球泡填满，再在无水氯化钙上放一团棉花。反应过程中应经常观察，防止因无水氯化钙吸水过多而导致干燥管堵塞。

④ 镁带久置后，表面有一层氧化物，使反应很难发生。在使用前要用细砂纸将其擦亮，镁带不宜剪得太短，否则将沉积瓶底，和溴苯接触的机会减少，导致反应缓慢。最好将镁带绕笔杆或玻管转成短螺旋形，使其直立瓶中，可以增加与溴苯的接触。

⑤ 碘粒用于引发溴苯与镁的反应。碘可将溴代物转变为碘代物，后者容易与镁反应，从而引发整个反应。但碘的用量应尽量小，否则最终产物的乙醚溶液必须用亚硫酸氢钠的稀溶液洗涤，以除去碘代物的颜色。

⑥ 制备苯基溴化镁时，大部分溴苯必须在少量溴苯与镁的反应开始后加入，并且滴加速度应缓慢，避免因溴苯局部过量而发生剧烈的副反应：

$$C_6H_5MgBr + C_6H_5Br \longrightarrow C_6H_5\text{-}C_6H_5 + MgBr_2$$

从而导致实验失败。

⑦ 滴加苯甲酸乙酯的乙醚溶液时，必须不断振摇烧瓶，使反应物充分接触。如果计划将本实验分两次完成，亦可在滴加结束并且反应混合物冷却至室温后塞紧瓶塞（不必回流），放置到下次实验课。

⑧ 用饱和氯化铵水溶液代替水分解苯甲酸乙酯和苯基溴化镁的加成产物，是为了将水不溶性的碱性镁盐 Mg(OH)Br 转变为水溶性的镁盐 MgClBr。如果饱和氯化铵水溶液与加成产物充分混合后，仍有絮状物不溶，可加入少量稀盐酸使其全部溶解。

⑨ 蒸完乙醚后的蒸馏操作实际上是简化的水蒸气蒸馏，只适用于需要少量水蒸气即可完成蒸馏的情况。如果馏出液体积超过 50mL 后仍有油状物馏出，则应停止加热，重新向烧瓶中加水，继续蒸馏至馏出液清亮。

⑩ 本实验采用混合溶剂重结晶的方法提纯三苯甲醇（原理见实验“重结晶”）。确定混合溶剂最佳比例的方法是：将待重结晶物质溶于少量易溶的溶剂中，在沸腾状态下加入难溶的溶剂（两种溶剂必须互溶）。随着难溶溶剂的加入，待重结晶物质在混合溶剂中的溶解度下降，在沸腾状态下达到饱和状态。此时加入的两种溶剂的比例即为最佳比例，在冷却时可析出最大量的结晶。本实验所用的乙醇-水混合溶剂的比例未知，故加入乙醇和水时应注意准确记录加入量。

（3）其他制法　由苯基溴化镁与二苯甲酮、苯甲酸甲酯、光气或焦碳酸乙酯或焦碳酸丁酯反应；由苯基钠与二苯甲酮、苯甲酰氯、氯碳酸乙酯或苯甲酸乙酯作用；由三苯基氯甲烷的水解以及三苯甲烷的氧化而制得。

（4）安全提示

① 无水乙醚：为高度易燃性液体，并且极易挥发，一定比例的乙醚蒸气与空气的混合物遇火即发生爆炸。因此，本次实验课期间，实验室内严禁一切明火，反应及蒸馏装置的磨口必须装配严密，蒸馏乙醚时接收管的支管一定要与通入下水道或通出室外的橡皮管相连。蒸出的乙醚记录体积后立即倒入指定的回收瓶，不允许长时间敞口放置，更不允许倾入下水道。

② 镁：易燃，使用时防止接触明火。

③ 溴苯：有毒，刺激皮肤，不要吸入其蒸气，保护眼睛。

预习内容

（1）完成下表

化合物	M	m. p.	b. p.	d 或 ρ	S(水中溶解度)	n_D^{20}	投料量			理论产量/g
							mL	g	mol	
C_6H_5Br $C_6H_5COOC_2H_5$ $(C_2H_5)_2O$ $(C_6H_5)_3COH$										

（2）完成操作流程图（图 3.7）

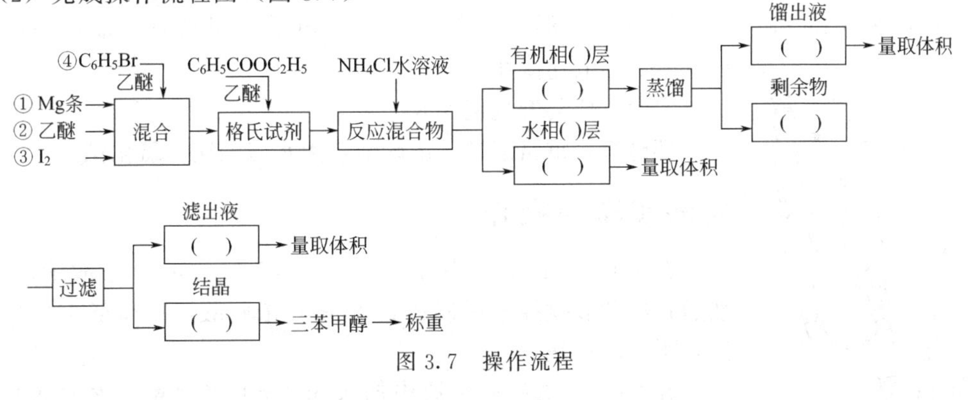

图 3.7　操作流程

思考题

（1）如溴苯滴加太快或一次加入，对反应有何影响？

（2）本反应可能产生有机镁化合物，应如何除去？

（3）本反应属于什么类型的反应？

（4）完成下列反应式

C_6H_5MgBr（苯基溴化镁）与下列试剂反应：

- $O{=}C{=}O \longrightarrow (\ ) \xrightarrow{H^+/H_2O} (\ )+(\ )$
- $CH_3CH_2OH \longrightarrow (\ )+(\ )$
- $H_2O \longrightarrow (\ )+(\ )$
- $-O_2 \longrightarrow (\ )$
- $CH_3-C_6H_4-C{\equiv}N \longrightarrow (\ ) \xrightarrow{H^+/H_2O} (\ )+(\ )$
- $HC(=O)O-CH_2CH_3 \longrightarrow (\ )$
- $C_6H_5CHO \longrightarrow (\ )+(\ )$
- $RC(=O)OH \longrightarrow (\ )+(\ )$

实验3.4　环己酮的合成

实验目的

（1）掌握仲醇氧化制备酮的方法和原理。

（2）掌握简单的低温操作。

实验原理与方法

醛和酮是重要的化工原料。实验室制备脂肪酮和脂环酮最常用的方法是用铬酸氧化伯醇和仲醇①。铬酸是重铬酸盐与40%～50%硫酸的混合物。酮对氧化剂比较稳定，不易进一步遭受氧化。

本实验采用的是环己醇铬酸氧化制备环己酮。

$$\text{环己醇(OH)} \xrightarrow[H_2SO_4]{Na_2Cr_2O_7} \text{环己酮(O)}$$

仪器、装置与试剂

圆底烧瓶（250mL），Y形管，直形冷凝管，空气冷凝管，温度计，锥形瓶，烧杯（100mL），电动搅拌器。

实验主要装置见图3.8。

环己醇，重铬酸钠，浓硫酸，无水硫酸镁，氯化钠。

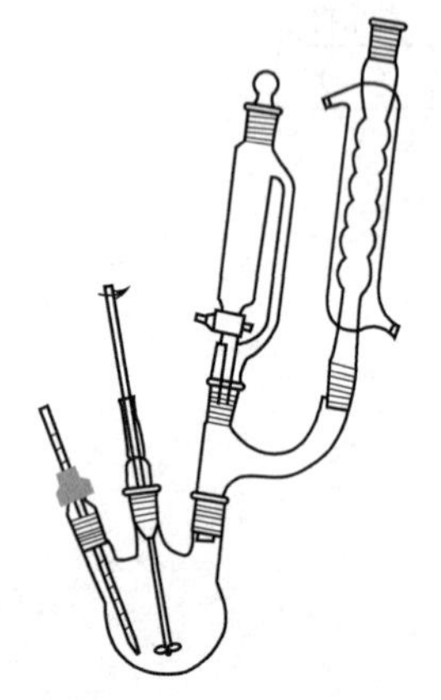

图3.8　环己酮的合成反应实验装置

实验步骤与操作

在100mL的烧杯中加入30mL水和5.25g重铬酸钠，搅拌，然后在冷却和搅拌下慢慢加入4.5mL浓硫酸，冷却至30℃以下备用，得铬酸溶液。

在250mL的圆底烧瓶中加入5.25mL环己醇，然后向其中滴加铬酸溶液，振荡使之混合。当温度上升至55℃时，立即用水浴冷却，维持反应温度在55～60℃之间。大约0.5h后，温度开始下降，移去水浴，放置1h，其间不断振荡，反应液呈墨绿色。向反应瓶加30mL水和几粒沸石，改为蒸馏装置，蒸出环己酮与水，直到馏出液不再浑浊时，再多蒸 7.5～10mL，得约 50mL 馏出液。馏出液用 NaCl 饱和后，分出有机相，用无水硫酸镁干燥。蒸馏，收集 151～155℃馏分，计算产率。

（1）环己酮的性质　环己酮（cyclohexanone）[108-94-1]，$C_6H_{10}O$，无色透明液体。带有泥土气息，含有微量酚时，则带有薄荷味。不纯物为浅黄色，随着存放时间生成杂质而显色，呈水白色到灰黄色，具有刺鼻臭味。m. p. －47℃，b. p. 155.6℃，d_4^{20} 0.947，n_D^{20} 1.450，闪点（开杯）54℃，蒸气压 2kPa(47℃)，黏度 2.2mPa·s(25℃)，自燃点 520～580℃。与空气混合爆炸极限 3.2%～9.0%（体积分数）。在水中溶解度 10.5%(10℃)，水在环己酮中溶解度 5.6%(12℃)，易溶于乙醇和乙醚，在冷水中溶解度大于热水。其红外光谱见图 3.9。

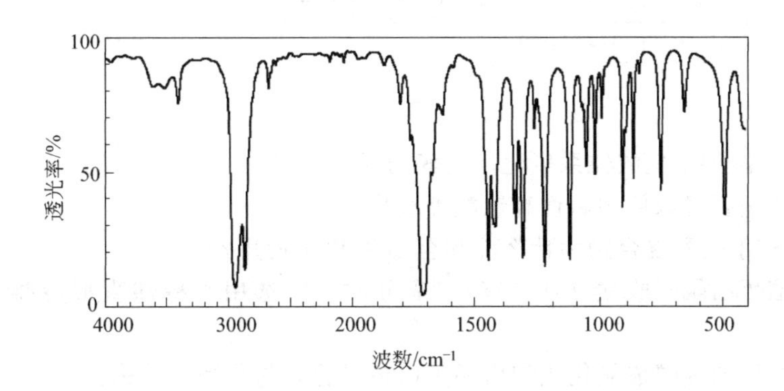

3610	79	2611	86	1460	17	1222	16	696	62	
3515	79	1870	86	1429	30	1119	17	864	46	
3407	72	1808	72	1422	28	1073	72	839	64	
2941	7	1766	60	1347	34	1062	60	760	42	O
2864	13	1716	4	1338	30	1018	47	652	70	
2670	79	1677	47	1311	17	991	60	490	33	
2664	84	1634	68	1266	64	909	36			

图 3.9　环己酮的红外光谱

（2）注解

① 铬酸氧化醇是放热反应，必须严格控制反应温度，以免反应过于剧烈。对不溶于水的化合物，可用铬酸在丙酮或冰醋酸中进行反应。铬酸在丙酮中的氧化反应速率较快，并且选择性地氧化羟基，分子中的双键通常不受影响。

预习内容

（1）填写完成下列数据

化合物	M	m. p.	b. p.	d 或 ρ	S(水中溶解度)	n_D^{20}	投料量			理论产量/g
							mL	g	mol	
环己酮										
环己醇										
重铬酸钠										
浓硫酸										

（2）列出主要反应物的投料摩尔比、反应介质及催化剂、反应温度、反应时间。

（3）完成本实验的流程示意图

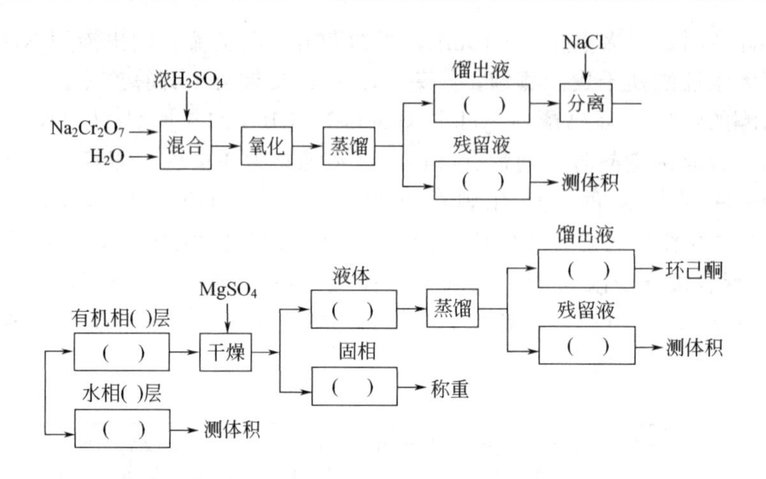

思考题

(1) 简述重铬酸钠-硫酸体系氧化环己醇的反应历程。

(2) 该反应是否可以使用碱性高锰酸钾氧化?

(3) 重铬酸钠-硫酸混合物为什么冷却至30℃以下使用?

(4) 在蒸馏环己酮，收集151～155℃馏分时，应选用水冷却直形冷凝管还是空气冷凝管?

(5) 什么类型的仲醇被氧化成酮后还可以被氧化，氧化得到什么?

实验 3.5 Friedel-Crafts 法合成对甲基苯乙酮

实验目的

(1) 加深对 Friedel-Crafts 反应原理和方法的理解。

(2) 掌握甲苯与乙酸酐反应制备对甲基苯乙酮的实验过程和技巧。

实验原理与方法

Friedel-Crafts 反应是重要的有机化学反应，是指某些芳香族化合物在酸性催化剂催化下与酰卤、酸酐等反应生成酰基苯的反应，或者与卤代烷、烯烃、醇等反应生成烷基苯的反应。前者称为酰基化反应，后者是烷基化反应。前者的反应物酰卤、酸酐等常称为酰基化试剂，而后者的反应物卤代烷、烯烃、醇等常称为烷基化试剂。

Friedel-Crafts 反应是亲电取代反应，芳香族化合物的苯环上存在供电子基团时，使反应活性提高；而存在吸电子基团时，反应活性降低，当存在强吸电子基团如硝基等时，不能发生 Friedel-Crafts 反应。Friedel-Crafts 烷基化反应时，反应引入的烷基可使苯环活性提高，因此烷基化反应常出现多烷基化，要得到单烷基化通常采用芳香族化合物大量过量的办法。而 Friedel- Crafts 酰基化反应引入的酰基可使苯环活性降低，因此酰基化反应常停止在一酰基化阶段。

Friedel-Crafts 反应的酸性催化剂为 Lewis 酸，主要有无水三氯化铝、氢氟酸、发烟硫酸、磷酸等，但无水三氯化铝的催化能力最好、最常用。Friedel-Crafts 反应是放热反应，因此常将酰基化或烷基化试剂配成溶液后慢慢加入芳香族化合物溶液的反应器中。反应常用的溶剂有二硫化碳、硝基苯、硝基甲烷等惰性溶剂，若原料芳香族化合物为液态芳烃，如苯、甲苯等，则常常使液态芳烃过量，既作原料又作溶剂。

Friedel-Crafts 酰基化反应是制备芳香酮最重要和最常见的方法。以酸酐为酰基化试剂，无水三氯化铝为催化剂时的反应历程为：

$$(RCO)_2O + AlCl_3 \longrightarrow R{-}\overset{O}{\overset{\|}{C}}{-}Cl + R{-}\overset{O}{\overset{\|}{C}}{-}OAlCl_2$$

$$R{-}\overset{O}{\overset{\|}{C}}{-}Cl + AlCl_3 \rightleftharpoons R{-}\underset{\oplus}{\overset{O^{\ominus}AlCl_3}{\overset{|}{C}}}{-}Cl$$

$$R{-}\underset{\oplus}{\overset{\overset{\ominus}{O}AlCl_3}{\overset{|}{C}}}{-}Cl + C_6H_6 \rightleftharpoons \left[C_6H_6\right]^{+}(H){-}C(R)(Cl){-}\overset{\ominus}{O}AlCl_3$$

$$\xrightarrow{-HCl} C_6H_5{-}\underset{\oplus}{\overset{R}{\overset{|}{C}}}{-}\overset{\ominus}{O}AlCl_3 \longleftrightarrow C_6H_5{-}\overset{R}{\overset{|}{C}}{=}\overset{\oplus\ominus}{O}AlCl_3$$

可见，酸酐首先要和三氯化铝反应生成酰卤，酰卤再与三氯化铝络合生成活性中间体，进而生成芳香酮，反应过程会放出氯化氢气体，因此需连接气体吸收装置。酸酐与三氯化铝反应要消耗等摩尔的三氯化铝，酰卤和产物芳香酮会与三氯化铝络合生成络合物，因此三氯化铝与乙酸酐的投料摩尔比大于 2，一般为 2.2 ～2.4 倍。当使用酰卤为酰基化试剂时，三氯化铝与酰卤的投料摩尔比大于 1，一般为 1.1 ～1.2 倍。

选择甲苯与酰基化试剂乙酸酐进行 Friedel-Crafts 反应实验，有如下特点：①甲苯与苯相比，挥发性和毒性较小；②甲苯的苯环上有甲基供电子基团，苯环活性比苯大，反应速率和产物得率较高；③原料试剂稳定，沸点适中，安全性好，同时容易购得；④该反应体系具有代表性，且反应条件容易保证，实验容易实施。

本实验制备对甲基苯乙酮的总反应式为：

$$C_6H_5CH_3 + (CH_3CO)_2O \xrightarrow{AlCl_3} p\text{-}CH_3C_6H_4COCH_3 + CH_3COOH$$

副反应有

$$C_6H_5CH_3 + (CH_3CO)_2O \xrightarrow{AlCl_3} o\text{-}CH_3C_6H_4COCH_3 + CH_3COOH$$

仪器、装置与试剂

三口烧瓶，球形冷凝管，恒压滴液漏斗，干燥管，温度计，分液漏斗、蒸馏头，接收管，锥形瓶，热浴。

实验主要装置见图 3.8。

无水甲苯，乙酸酐，浓盐酸，无水氯化铝。

实验步骤与操作

装好实验装置[①]。迅速称取 30g 粉末状无水氯化铝立即投入三口烧瓶中，再加入 40mL 无水甲苯[②]。在恒压滴液漏斗中加入 8mL 新蒸乙酸酐[③]和 8mL 无水甲苯的混合液。在搅拌状态下，将混合液慢慢滴加三口烧瓶中，调节滴加速度[④]，使反应温度在 60℃

左右，滴加约需20min。滴加完后，加热控制温度为90～95℃反应30min，使反应完全。

待反应液冷却后，在用玻璃棒不断搅拌下，将反应液慢慢加入装有60mL浓盐酸与70mL冰水混合液的烧杯中，刚滴加完时，瓶内有固体出现，然后渐渐溶解。待瓶内固体全部溶解后，用分液漏斗分出有机层，并依次用水、10%氢氧化钠溶液、水各30mL洗涤一次。

将洗涤后的有机层溶液滤入蒸馏瓶进行蒸馏操作，蒸馏除去甲苯和微量水。当蒸馏液温度升高至155℃以上时，即停止蒸馏。留于蒸馏瓶中的浅黄色黏稠液体即为对甲基苯乙酮，产率约85%。

测定产物的沸点与折射率及产物的红外光谱。

（1）对甲基苯乙酮的性质　对甲基苯乙酮（*p*-methylacetophenone）[122-00-9]，$CH_3C_6H_4COCH_3$，无色针状晶体或五色到近似无色液体。m.p.28℃。b.p.112.5℃(98.12kPa)，112.5℃(1.47kPa)。d_4^{20} 1.0051，n_D^{20} 1.5335，闪点92℃。易溶于乙醇、乙醚、苯、氯仿和丙三醇，几乎不溶于水。本品有似山楂花的芳香，可用以配制香精。其红外光谱如图3.10所示。

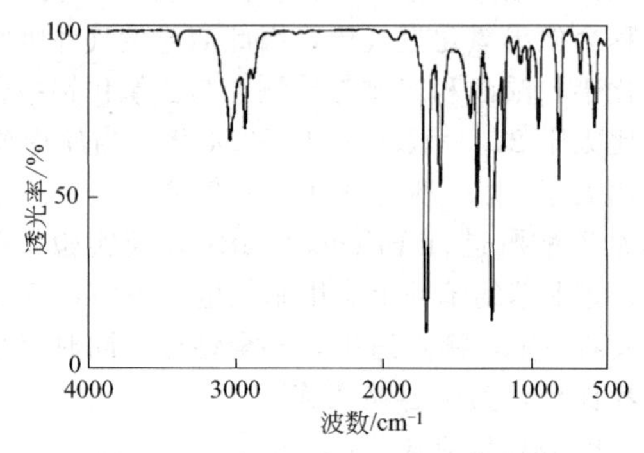

图3.10　对甲基苯乙酮的红外光谱

（2）注解

① 水分的存在会使氯化铝催化剂失效，因此实验应在无水条件下进行。器皿必须充分干燥，反应体系须装配严密，与大气相通的气体吸收装置管路中应装干燥管，防止潮气侵入。由于反应过程会放出大量氯化氢气体，须采用气体吸收装置，将氯化氢气体用碱液吸收。类似装置可见1-溴丁烷的反应装置，宜在通风橱内操作。

② 甲苯（toluene）[108-83-3]，$C_6H_5CH_3$，无色易挥发液体。m.p. －95℃，b.p.110.8℃，d_4^{20} 0.866。不溶于水，溶于乙醇、乙醚与丙酮。能与空气形成爆炸性混合物，爆炸极限为1.2%～7.0%，空气中容许浓度为100mg・m^{-3}。本实验中的无水甲苯，可采用在甲苯中加入块状无水氯化钙干燥过夜后制成。

③ 醋酸酐又名乙酸酐（acetic anhydride）[108-24-7]，$(CH_3CO)_2O$，无色液体，有极强的醋酸味。m.p. －73℃，b.p.139℃，d_4^{20} 1.082，n_D^{20} 1.3904。溶于乙醇，并在溶液中分解成乙酸乙酯。溶于乙醚、苯、氯仿。易燃，空气中容许浓度为20mg・m^{-3}，遇水分解成醋酸。本实验要使用新蒸馏过的醋酸酐，收集137～140℃之间的馏分。

④ 滴加速度不宜过快，以免反应剧烈，导致温度过高，使邻位取代物增多。适当延长反应时间，可以提高产率。

（3）其他制法　氯化铝与乙酰氯在加热下静置后，再滴入溶于二硫化碳的甲苯。

（4）安全提示

① 甲苯：有中等毒性，吸入、摄入和皮肤吸收会引起中毒。应防止吸入，避免接触。

② 乙酸酐：有强烈的刺激性与腐蚀性。防止吸入，避免接触。

预习内容

（1）填写下列数据

化合物	M	m. p.	b. p.	d 或 ρ	S(水中溶解度)	n_D^{20}	投料量			理论产量/g
							mL	g	mol	
对甲基苯乙酮										
甲苯										
乙酸酐										
氯化铝										

（2）列出主要反应物的投料摩尔比、反应介质及催化剂、反应温度及反应时间。

（3）本实验的流程示意图如下，请在括号内填写相应化合物的分子式，并标明上（或下）层。

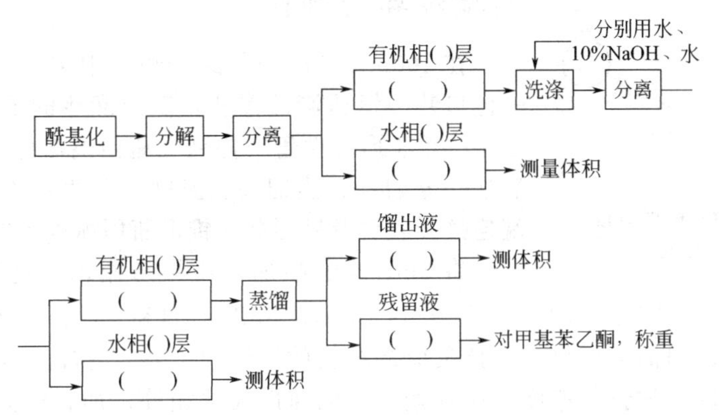

思考题

（1）本实验的副产物有哪些？

（2）反应液冷却后加入浓盐酸与冰水混合液的作用是什么？为什么用冰水？

（3）在分液漏斗中分出的粗产物中夹杂有水，为什么不需干燥可直接蒸馏？

（4）在本次实验中，一共排放了多少废液与废渣？你有什么治理方案？

实验 3.6　乙酸乙酯的合成

实验目的

（1）了解酯化反应的基本原理和方法。

（2）熟练掌握蒸馏、洗涤等基本操作。

实验原理

酯的制备主要有以下几种方法：羧酸与醇的酯化反应，羧酸盐与卤代烷的亲核取代反应及酸酐和酰卤的醇解反应等。常用羧酸与醇直接进行酯化反应制备酯。

主反应：

$$CH_3COOH + C_2H_5OH \xrightleftharpoons[H_2SO_4]{120\sim125℃} CH_3COOC_2H_5 + H_2O$$

副反应：

$$2C_2H_5OH \xrightarrow{H_2SO_4} C_2H_5OC_2H_5 + H_2O$$

酯化反应是一个可逆反应，为了提高酯的产量，必须使反应尽量向右方进行，常采用的方法是不断移去反应中生成的酯和水，以及加入过量的醇和酸。本实验使用过量的乙酸与乙醇作用，以浓硫酸作催化剂合成乙酸乙酯。

仪器、装置与试剂

油浴，恒温水浴锅，三口烧瓶，恒压滴液漏斗，分馏柱，蒸馏头，温度计，直形冷凝管，接收管，锥形瓶，分液漏斗，烧杯，玻璃棒。

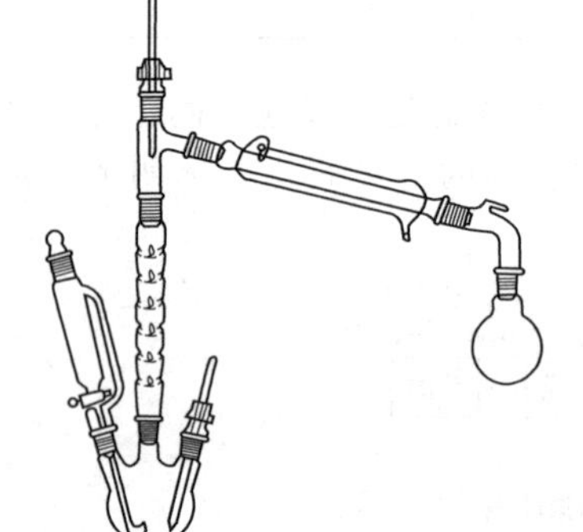

图 3.11　乙酸乙酯的合成反应实验装置

实验主要装置见图 3.11。

冰醋酸，乙醇，浓硫酸，饱和碳酸钠溶液，无水碳酸钾，饱和食盐水。

实验步骤与操作

在 100mL 三口烧瓶的一侧口中装 200℃的温度计。另一侧口装一恒压滴液漏斗，滴液漏斗的下端通过一橡皮管连接一个 J 形玻璃管，伸到烧瓶内离瓶底约 3mm 处。中口装配一分馏柱、蒸馏头、温度计及直形冷凝管。冷凝管末端连接接收管及锥形瓶，锥形瓶用冰水浴冷却。

将 3mL 冰醋酸加入小锥形瓶内，边摇动边慢慢地加入 3mL 浓硫酸，把混合液倒入三口烧瓶中。将 15.5mL 乙醇和 14.3mL 冰醋酸的混合液，加入滴液漏斗中。用油浴加热，保持反应混合物的温度为 120℃左右。然后滴加乙醇和冰醋酸的混合液。调节加料的速度，使和酯蒸出的速度大致相等，加料时间约需 90min，保持反应混合物的温度为 120～125℃。滴加完毕后，继续加热 10min，直到不再有液体馏出。

向馏出液中慢慢加入饱和碳酸钠溶液，摇动接收器，直到无 CO_2 逸出。转移到分液漏斗中，静置，放出下面的水层。再用饱和碳酸钠溶液洗涤至酯层不显酸性。再用等体积的饱和食盐水洗涤。分出乙酸乙酯倒入干燥的小锥形瓶内，加入无水碳酸钾干燥①。放置约 30min，其间间歇振荡锥形瓶。蒸馏干燥的粗乙酸乙酯，收集 74～80℃的馏分②。

（1）乙酸乙酯的性质　乙酸乙酯（ethyl acetate）[141-78-6]，$CH_3COOCH_2CH_3$，果香味的无色液体。b. p. 77.2℃，d_4^{20} 0.901，n_D^{20} 1.3723。微溶于水，溶于乙醇、氯仿、乙醚、苯等。

（2）注解

① 也可用无水硫酸镁作干燥剂。

② 乙酸乙酯与水形成沸点为 70.4℃的二元共沸混合物（含水 8.1%）；乙酸乙酯、乙醇与水形成沸点为 70.2℃的三元共沸混合物（含乙醇 8.4%，水 9%）。若蒸馏前不把乙酸乙酯中的乙醇和水除尽，就会有较多的前馏分。

（3）安全提示乙酸乙酯易着火，蒸气与空气形成爆炸性混合物，爆炸极限为 2.2%～11.2%(体积分数)。对眼、鼻、咽喉有刺激作用。高浓度吸入可引起进行性麻醉作用，急性肺水肿，肝、肾损害。持续大量吸入，可致呼吸麻痹。误服者可产生恶心、呕吐、腹痛、腹泻等。有致敏作用，因血管神经障碍而致牙龈出血，可致湿疹样皮炎。乙酸乙酯的红外光谱图见图 3.12。

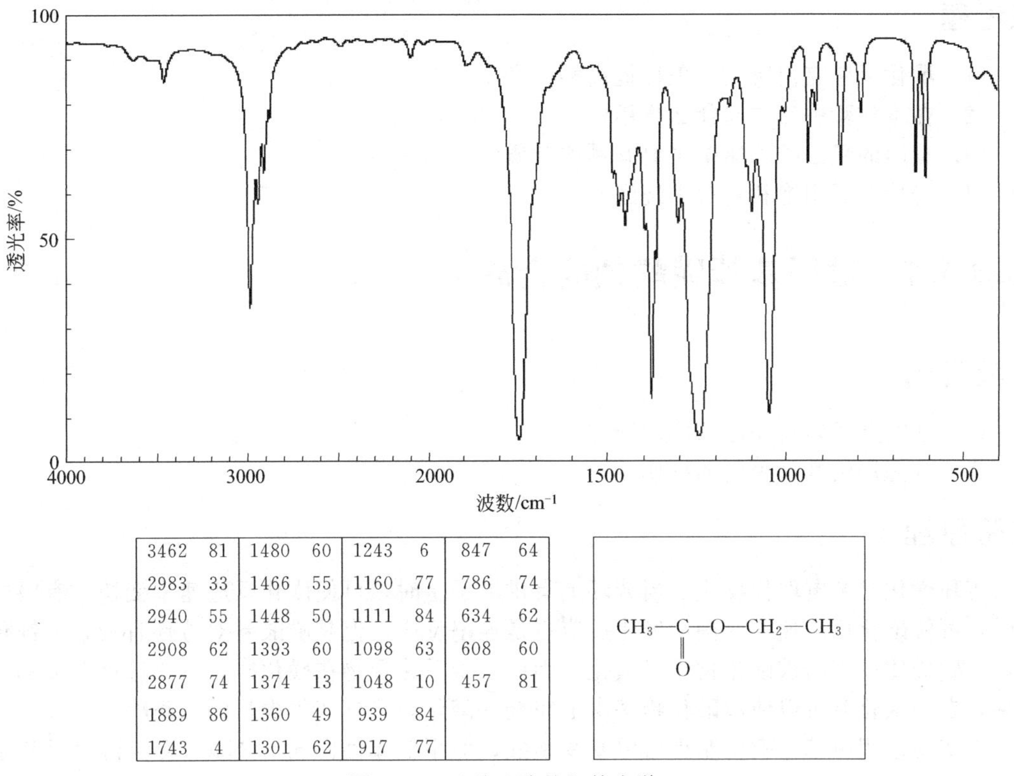

3462	81	1480	60	1243	6	847	64
2983	33	1466	55	1160	77	786	74
2940	55	1448	50	1111	84	634	62
2908	62	1393	60	1098	63	608	60
2877	74	1374	13	1048	10	457	81
1889	86	1360	49	939	84		
1743	4	1301	62	917	77		

图 3.12　乙酸乙酯的红外光谱

预习内容

（1）填写完成下列数据

化合物	M	m. p.	b. p.	d 或 ρ	S(水中溶解度)	n_D^{20}	投料量			理论产量/g
							mL	g	mol	
乙酸乙酯										
乙酸										
乙醇										
浓硫酸										

（2）列出主要反应物的投料摩尔比、反应介质及催化剂、反应温度及反应时间。

（3）完成本实验的流程示意图

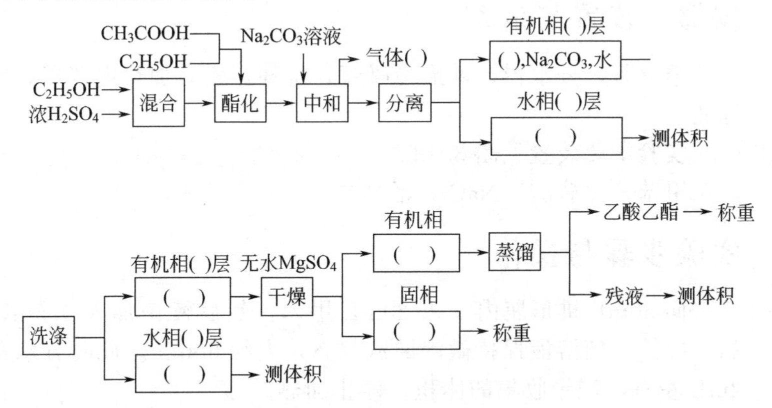

思考题

（1）酯化反应有何特点，怎样提高酯的产率？
（2）在本实验中硫酸起什么作用？
（3）蒸出的粗乙酸乙酯中主要有哪些杂质？
（4）为什么要用饱和食盐水洗涤？

实验 3.7　对甲基苯磺酸钠的合成

实验目的

（1）掌握芳烃磺化反应的原理和方法。
（2）掌握用活性炭脱色的操作。

实验原理

芳环磺化是亲电取代反应，当芳环上有供电子基时，可使磺化反应速率变快；有吸电子基时，可使磺化反应速率变慢。磺化反应也是连串反应，但是磺酸基对芳环有较强的钝化作用，一磺酸比相应的被磺化物难以磺化。因此，苯系化合物在磺化时，只要选择合适的反应条件，在一磺化时可以使被磺化物基本上完全一磺化，只副产很少量的二磺酸。

本实验采用甲苯一磺化制得对甲基苯磺酸，对甲基苯磺酸再和 NaCl 反应得对甲基苯磺酸钠。

主反应：

$$H_3C-C_6H_5 + H_2SO_4 \rightleftharpoons H_3C-C_6H_4-SO_3H + H_2O$$

$$H_3C-C_6H_4-SO_3H + NaCl \rightleftharpoons H_3C-C_6H_4-SO_3Na + HCl$$

副反应：

$$H_3C-C_6H_5 + H_2SO_4 \rightleftharpoons (o\text{-}HO_3S)H_3C-C_6H_4 + H_2O$$

$$H_3C-C_6H_4-SO_3H + H_2SO_4 \rightleftharpoons H_3C-C_6H_3(HO_3S)-SO_3H + H_2O$$

$$(o\text{-}HO_3S)H_3C-C_6H_4 + H_2SO_4 \rightleftharpoons H_3C-C_6H_3(HO_3S)-SO_3H + H_2O$$

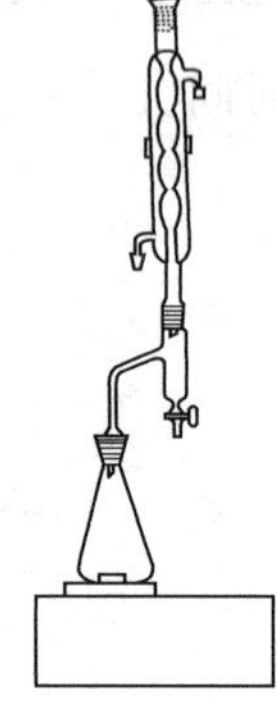

图 3.13　对甲基苯磺酸钠的合成反应实验装置

仪器、装置与试剂

锥形瓶，分水器，球形冷凝管，烧杯，磁力加热搅拌器，布氏漏斗，抽滤瓶。

实验主要装置见图 3.13。

甲苯，浓硫酸，NaCl，活性炭。

实验步骤与操作

向 50mL 锥形瓶内加入 20mL 甲苯，然后慢慢加入 4.5mL 浓硫酸，升温，搅拌，使溶液保持微沸回流状态，大约 60min。此时分水器中水量约增 2mL 左右，记录收集的体积，停止加热。

趁热将反应液倒入盛有 30mL 饱和氯化钠水溶液的烧杯中，烧杯外面用冰水冷却。减压过滤，将滤出的固体粗产物加入到盛有 30mL 25%氯化钠溶液的烧杯中，加热至全部溶解。待沸腾的溶液冷却 5min 后，加入活性炭 0.2g，再加热煮沸 2～3min 后趁热减压过滤，自然冷却滤液析出晶体。减压过滤，用饱和氯化钠溶液洗涤 1～2 次，烘干，计算产率。

对甲基苯磺酸钠的性质：对甲基苯磺酸钠（sodium *p*-toluene sulfonate）[657-84-1]，$CH_3C_6H_4SO_3Na$，白色粉末，溶于乙醇、水、乙醚。其红外光谱图见图 3.14。

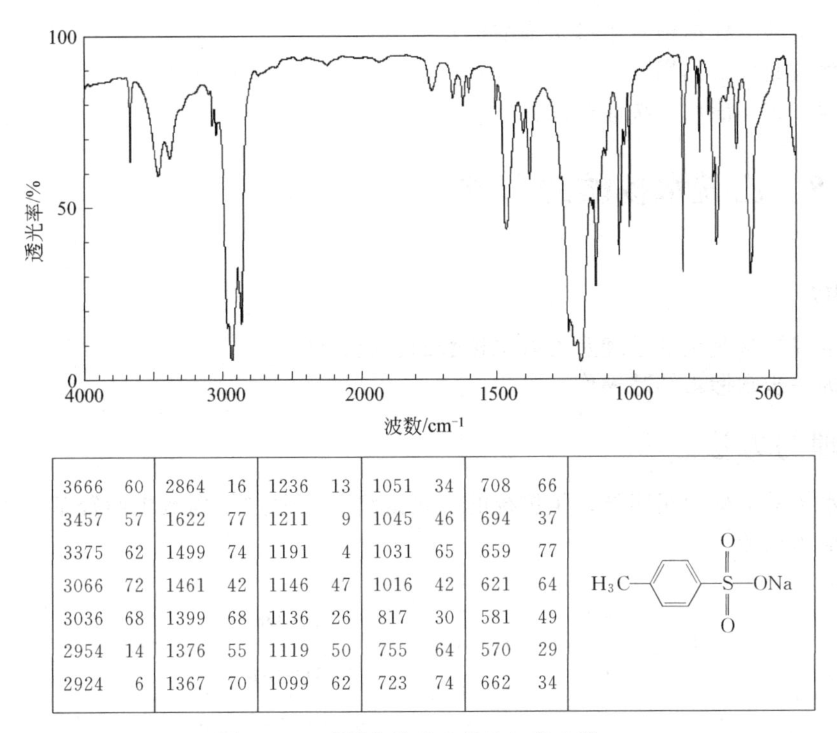

3666	60	2864	16	1236	13	1051	34	708	66
3457	57	1622	77	1211	9	1045	46	694	37
3375	62	1499	74	1191	4	1031	65	659	77
3066	72	1461	42	1146	47	1016	42	621	64
3036	68	1399	68	1136	26	817	30	581	49
2954	14	1376	55	1119	50	755	64	570	29
2924	6	1367	70	1099	62	723	74	662	34

图 3.14　对甲基苯磺酸钠的红外光谱

预习内容

（1）填写完成下列数据

化合物	M	m.p.	b.p.	d 或 ρ	S(水中溶解度)	n_D^{20}	投料量			理论产量/g
							mL	g	mol	
对甲基苯磺酸钠										
甲苯										
浓 H_2SO_4										
NaCl										

（2）列出主要反应物的投料摩尔比、反应介质、反应温度及反应时间。

（3）完成本实验的流程示意图

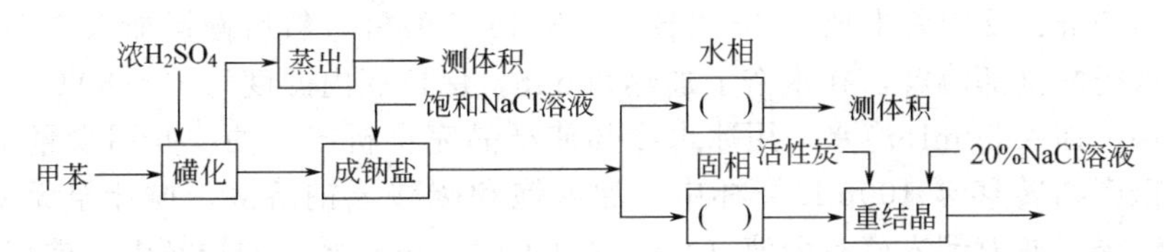

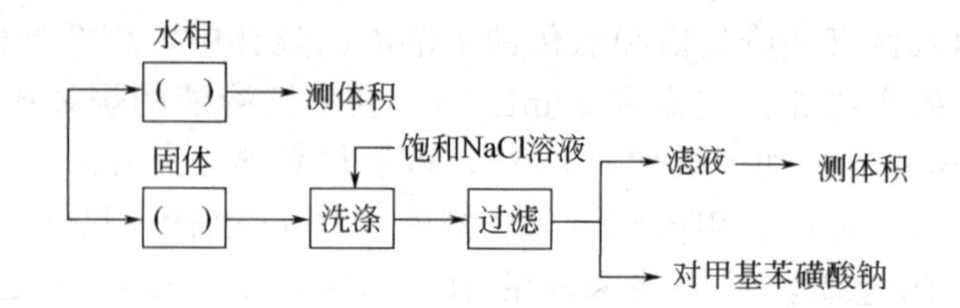

思考题

（1）本实验怎样提纯对甲基苯磺酸钠？

（2）食盐起什么作用？

（3）为什么不能用水洗涤产品？

实验 3.8　乙酰水杨酸的合成

实验目的

（1）掌握羟基酰化的原理及乙酰水杨酸的合成方法。

（2）进一步掌握重结晶操作。

实验原理与方法

乙酰水杨酸又称阿司匹林，是传统的解热镇痛药。通过水杨酸中酚羟基的乙酰化反应，可制得乙酰水杨酸。

主反应

$$\text{(COOH, OH)} + (CH_3CO)_2O \xrightarrow{H^+} \text{(COOH, OCCH}_3\text{, O)} + CH_3COOH$$

副反应

$$\text{(COOH, OH)} \xrightarrow{H^+} \text{—O—(C=O)—O—(C=O)—O—(C=O)—O—} + H_2O$$

仪器、装置与试剂

锥形瓶，分液漏斗，温度计，布氏漏斗，抽滤瓶，热浴，水浴。

实验主要装置见图 3.8。

水杨酸，乙酸酐，碳酸氢钠，乙酸乙酯，浓硫酸，浓盐酸，氯化铁。

实验步骤与操作

向干燥的 50mL 反应瓶中加入 2g 水杨酸、5.4g 乙酸酐，然后慢慢加入 6 滴浓硫酸，摇动锥形瓶使水杨酸全部溶解，在水浴上加热 20min，保持瓶内温度为 70～80℃。然后冷却至室温。边搅拌边加入 50mL 冷水，用冰水冷却使结晶完全析出。抽滤并用少量水洗涤结晶，滤干后所得粗产物转移至 100mL 烧杯中，加入饱和碳酸氢钠溶液，搅拌至无 CO_2 气泡产生。抽滤，洗涤。滤液倒入盛有酸液（4mL 浓 HCl＋10mL 水）的烧杯中，搅拌用冰水冷却结晶。抽滤，洗涤，经干燥称重。测定熔点。

取少量结晶物加水溶解后，加入1～2滴1%氯化铁溶液，观察有无颜色变化。

（1）乙酰水杨酸的性质　乙酰水杨酸（acetylsalicylic acid）[50-78-2]，$HOOCC_6H_4OOCCH_3$，白色针状或板状结晶或粉末，无气味，微带酸味。m. p. 135℃。在干燥空气中稳定，在潮湿空气中缓缓水解成水杨酸和乙酸。能溶于乙醇、乙醚和氯仿，微溶于水，在氢氧化钠溶液或碳酸氢钠等碱溶液中能溶解，但同时分解。该品1g能溶于300mL水、5mL醇、10～15mL醚、17mL氯仿中。乙酰水杨酸的红外光谱见图3.15。

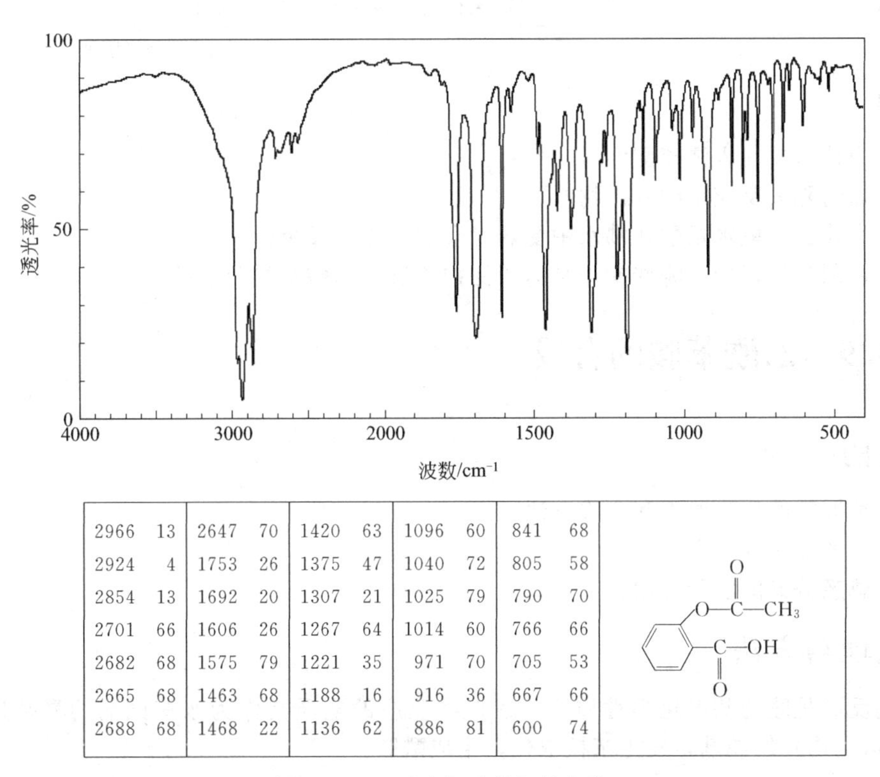

2966	13	2647	70	1420	63	1096	60	841	68
2924	4	1753	26	1375	47	1040	72	805	58
2854	13	1692	20	1307	21	1025	79	790	70
2701	66	1606	26	1267	64	1014	60	766	66
2682	68	1575	79	1221	35	971	70	705	53
2665	68	1463	68	1188	16	916	36	667	66
2688	68	1468	22	1136	62	886	81	600	74

图3.15　乙酰水杨酸的红外光谱

（2）注解

本实验采用乙酸酐为酰化试剂，同时加入少量浓硫酸作为催化剂，其作用是破坏水杨酸分子内氢键，从而使酰化反应较易完成。

预习内容

（1）填写完成下列数据

化合物	M	m. p.	b. p.	d 或 ρ	S(水中溶解度)	n_D^{20}	投料量			理论产量/g
							mL	g	mol	
乙酰水杨酸										
水杨酸										
乙酸酐										
硫酸										

（2）列出主要反应物的投料摩尔比、反应介质及催化剂、反应温度及反应时间。

（3）完成本实验的流程示意图

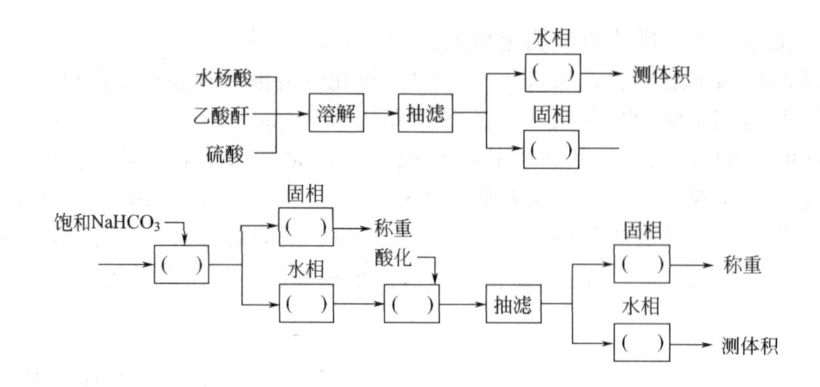

思考题

（1）为什么要加入浓硫酸？

（2）如何除去反应中的副产物？

（3）为什么乙酰水杨酸在沸水中受热时会对氯化铁显色？

（4）在制备过程中，哪些操作是为了保护乙酰水杨酸免受分解的？

实验 3.9　乙酰苯胺的合成

实验目的

（1）掌握胺的酰化原理和合成方法。

（2）了解酰化的意义。

（3）熟悉分馏的实际应用。

实验原理与方法

酰化反应是胺的基本化学性质之一。这类反应的实质是作为亲核试剂的氨基进攻羧酸（或羧酸衍生物）的羰基，发生亲核取代，生成酰胺：

$$R-\overset{\overset{O}{\|}}{C}-L + H_2N-R' \rightleftharpoons R-\overset{\overset{O}{\|}}{C}-NH-R' + HL$$

式中，L＝OH、Cl、R′COO、R″O 等。

由于酰胺不易被氧化而易于水解，因而酰基（其中最常用的是乙酰基）在以芳胺为原料的多步有机合成中常作为氨基的保护基，并可在反应完成后除去。苯胺的乙酰化剂有乙酰氯（CH_3COCl）、乙酸酐（$(CH_3CO)_2O$）以及冰醋酸（即不含水的乙酸 CH_3COOH）。乙酰氯和乙酸酐价格较高，而且乙酰氯与芳胺的反应过于剧烈，同时在反应中放出氯化氢，使半数的胺变成胺的盐酸盐，使它们无法参与反应。冰醋酸的价格便宜，是工业生产中较常用的乙酰化剂，其缺点是反应速率不快，需要较长时间的加热。本实验以冰醋酸为乙酰化剂，与苯胺 $C_6H_5NH_2$ 反应制备乙酰苯胺。其反应式为：

$$CH_3\overset{\overset{O}{\|}}{C}OH + H_2NC_6H_5 \rightleftharpoons CH_3\overset{\overset{O}{\|}}{C}NHC_6H_5 + H_2O$$

该反应的特点之一是反应的可逆性。为促使平衡向生成产物的方向移动，可将反应物之一大大过量[①]，使其他反应物尽量反应完全。选择过量反应物的一般原则是价格较低，易于回收，毒性、易燃性、腐蚀性低。本实验中的过量反应物为冰醋酸。由于反应产率以用量最少的反应物计算（本实验中为苯胺），所以反应物之一过量越多，反应产率就越高，但同时成本也就越高（如果不考虑回收问题）。本实验将通过比较不同投料比的反应结果，探讨在可逆反应中反应物之一的过量程度与反应产率以及产品成本的关系。

促使可逆反应中的平衡向生成产物方向移动的另一重要措施是将产物（或产物之一）及时移出反应体系，以抑制逆反应。本实验中通过分馏管蒸出反应生成的水，以减少乙酰苯胺水解为乙酸和苯胺的可能性。

仪器、装置与试剂

25mL、50mL 锥形瓶，韦氏分馏柱，接收管，150℃温度计及套管，250mL 烧杯，50mL 量筒，布氏漏斗，抽滤瓶，玻璃棒，表面皿。

实验主要装置见图 3.16。

冰醋酸，苯胺，锌粉，活性炭。

实验步骤与操作

在 50mL 反应烧瓶上，装一支分馏柱，柱顶装一个蒸馏头，插一支 150℃温度计，再连接接收管和接收器，如图 3.16 所示。

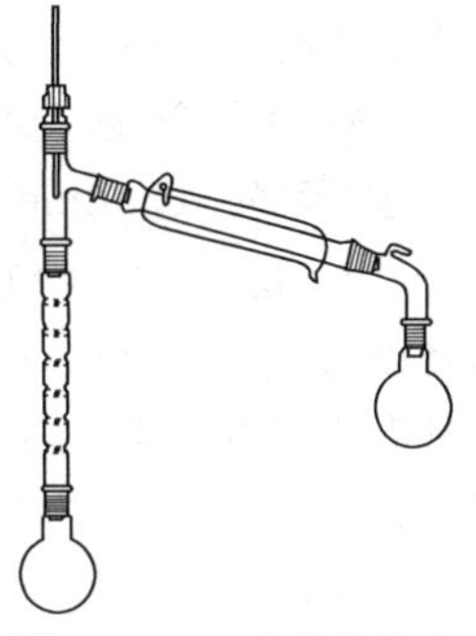

图 3.16　乙酰苯胺的合成反应实验装置

在反应瓶中加入 5mL 刚蒸馏过的苯胺②、7.4mL 冰醋酸、0.1g 锌粉③。加热升温，当反应混合物沸腾 3～5min 后，蒸气可升至分馏柱顶部。调节加热速度，使温度计读数为 98～103℃④。实验中注意分馏柱支管有馏出液流出，记录馏出液的体积（大约为 4mL 左右）。反应混合物沸腾 45min 后，停止加热，撤去热源，取下接收器。

将反应瓶内的反应混合物趁热边搅拌，边缓缓地倒入盛有 80mL 水的烧杯中，即可析出白色的粗品乙酰苯胺固体⑤。将其冷却至室温后，在布氏漏斗上进行减压过滤。用 20mL 冷水分 2 次洗涤滤饼。然后将其加入 250mL 烧杯中，加入 120mL 蒸馏水，加热至沸腾，若仍有未溶解的油珠，可再补加一些热水，记下加入的水量，直至油珠完全溶解⑥。待溶液稍冷却后，加入 0.5g 活性炭⑦，用玻璃棒搅匀，并煮沸 1～2min 后趁热在温热的布氏漏斗上减压过滤。滤液自然冷却至室温后析出无色片状结晶，减压过滤。乙酰苯胺经烘干后称量，计算产率。测定产物的熔点值及红外光谱。

(1) 乙酰苯胺的性质　乙酰苯胺 (acetanilide) [103-84-4]，$CH_3CONHC_6H_5$，无色闪光鳞片状晶体或白色粉末。m. p. 115～116℃，b. p. 303.8℃，$d_4^4$1.2100，在 95℃有相当大的挥发性。在有机溶剂中的溶解度为：乙醇 14%(25℃)，乙醚 7.7%(25℃)，氯仿 16.6%(25℃)，丙酮 31.35%(30～31℃)。在水中溶解度为 0.52%(20℃)，5.2%(83.2℃)，5.8%(90℃)，6.5%(100℃)。在乙酸溶液中的溶解度见表 3.1。

乙酰苯胺的碱性很弱，遇酸或碱性水溶液易分解成苯胺及乙酸。乙酰苯胺的红外光谱见图 3.17。

表 3.1　乙酰苯胺在乙酸溶液中的溶解度

乙酸/%	20℃	25℃	30℃	35℃
21.2	2.23	2.70	3.28	4.05
34.4	9.82	12.20	15.30	19.20
43.4	31.50	38.20	46.60	56.90
49.7	46.20	52.90	60.90	70.70

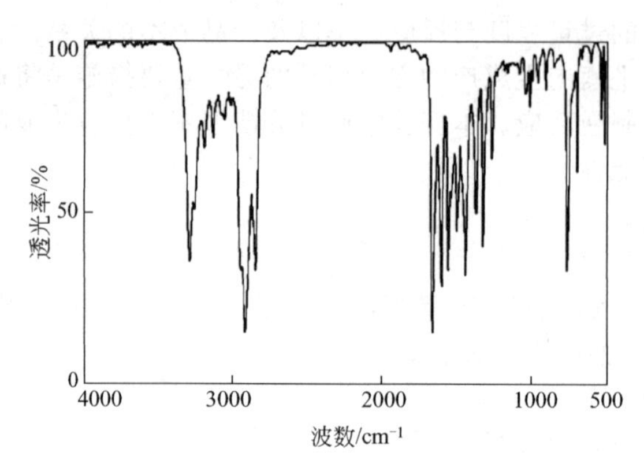

图 3.17　乙酰苯胺的红外光谱

（2）注解

① 乙酸与苯胺反应制备乙酰苯胺的反应是一个可逆反应。为使化学平衡向生成物乙酰苯胺方向移动，一种方法是加大冰醋酸的投料量。在本实验中，冰醋酸∶苯胺＝2.36∶1(摩尔比)。另一个措施是将反应中的生成物水不断地分离出来，从而提高了产物乙酰苯胺的产量。

② 苯胺（aniline）[62-53-3]，$C_6H_5NH_2$，无色或淡黄色透明油状液体。m. p. －6.3℃，b. p. 184.13℃，d_4^{20} 1.0217，n_D^{20} 1.5863，pK_a 9.3(25℃)，能随水蒸气挥发。水中溶解度为 3.7%(30℃)、4.2%(50℃)、8.0%(110℃)，能与乙醇、乙醚、苯、四氯化碳等多种有机溶剂混溶。易燃，闪点 70℃(闭杯)，75.56℃(开杯)，燃点 770℃。空气中爆炸极限为1.3%～11%，空气中最大允许浓度为 $5mg \cdot m^{-3}$。苯胺久置后会生成深褐色氧化物质，应当使用经过蒸馏提纯的苯胺。

③ 锌粉的作用是防止苯胺在反应过程中氧化，但不能加得过多，否则在后处理中会出现不溶于水的氢氧化锌。

④ 反应接近终点时，温度计读数往往出现波动。但在反应过程中，温度计读数也会由于加热强度不够，分馏柱保温不好，甚至室内空气流动等因素而波动。因此反应中必须注意分馏柱的保温（可用干布或其他保温材料包裹），调节加热的程度，以便使反应温度控制在预定的范围内。

⑤ 当反应结束后，冷却反应混合物就会有固体产物结块析出，故应在不断搅拌下趁热倒入冷水内，使过量的乙酸溶于水中而除去，若有尚未乙酰化的苯胺，此时也有一部分变成乙酸盐而溶于水。

⑥ 油珠是熔融状态的含水乙酰苯胺，因其密度大于水，故沉降于器底。

⑦ 在加入活性炭时，一定要等溶液稍冷后才能加入。不要在溶液沸腾时加入活性炭，否则会引起暴沸，致使溶液冲出容器。活性炭在使用前先经过烘干，其脱色效果会更好。

（3）其他制法

① 乙酰苯胺可由乙酰氯或乙酸酐与苯胺作用而得；

② 苯胺与乙酸乙酯在封管内共热而得；

③ 盐酸苯胺与乙酸钠共热而得；

④ 乙烯酮与苯胺作用而得。

（4）安全提示

① 苯胺：本品有毒，不要吸入其蒸气或接触皮肤。

② 冰醋酸；吸入或摄入均有中等程度毒性，有腐蚀性，在操作时不要触及皮肤或吸入其蒸气。

③ 乙酰苯胺：本品有毒，毒性比苯胺稍弱，对人体生成高铁血红蛋白，刺激中枢神经，引起皮炎。

预习内容

（1）完成下表

化合物	M	m. p.	b. p.	d 或 ρ	S(水中溶解度)	n_D^{20}	投料量			理论产量/g
							mL	g	mol	
乙酰苯胺										
乙酸										
苯胺										

（2）完成操作流程图

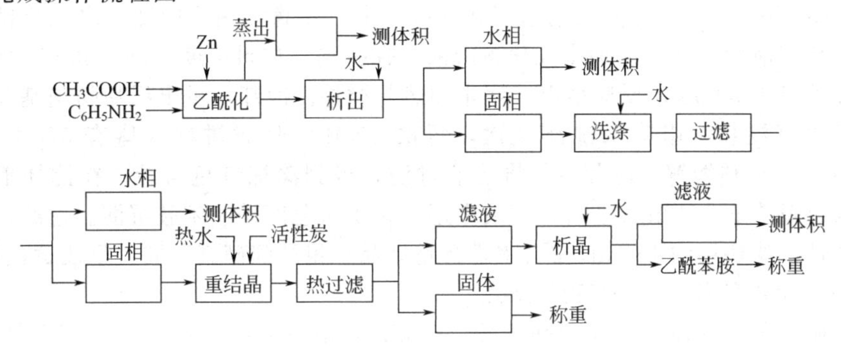

思考题

（1）为什么要把柱顶温度控制在 98～103℃？

（2）在本实验中，采取什么措施可以提高乙酰苯胺的产量？

（3）在重结晶中为什么要加入活性炭，为什么要稍冷时加入？

实验 3.10　间硝基苯胺的合成

实验目的

（1）了解间二硝基苯还原的原理。

（2）进一步掌握抽滤、重结晶等操作。

实验原理与方法

还原反应指的是化合物获得电子的反应，或是参加反应的原子上电子云密度增加的反应。当芳环上有吸电子基时使还原反应加速，有供电子基时使还原反应变慢，由 Hammett 方程计算，间二硝基苯的还原速率比间硝基苯胺的还原速率快 1000 倍以上，因此当芳环上有多个硝基时，在适当条件下，可以选择性地只还原其中的一个硝基。

化学反应式：

NO_2 / NO_2 (间二硝基苯) $\longrightarrow$ NH_2 / NO_2 (间硝基苯胺)

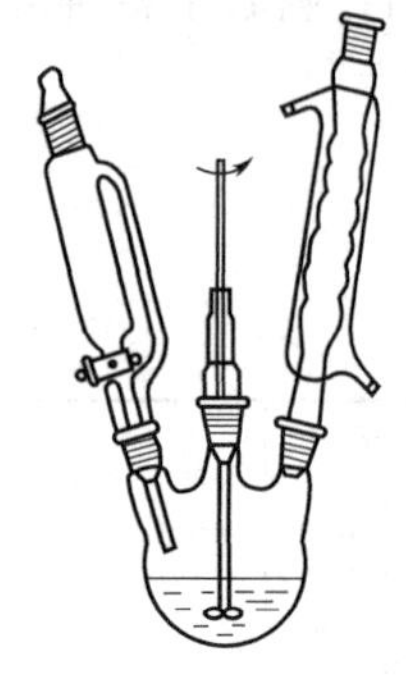

图 3.18　间硝基苯胺的合成反应实验装置

仪器、装置与试剂

锥形瓶，烧杯，圆底烧瓶，三口烧瓶，球形冷凝管，恒压滴液漏斗，磁力加热搅拌器，布氏漏斗，抽滤瓶。

实验主要装置见图 3.18。

间二硝基苯，结晶硫化钠（$Na_2S \cdot 9H_2O$），硫黄粉，浓盐酸，浓氨水。

实验步骤与操作

取硫化钠固体 8g，加入到锥形瓶中，加入 100mL 水，振摇至溶解。再加入 2g 粉状硫黄，振荡，加热使之全溶。滤去不溶物，得到亮红色透明液体备用，即为多硫化钠溶液。

在三口烧瓶中，加入 5g 间二硝基苯和 40mL 水，在滴液漏斗中加入多硫化钠溶液。搅拌，加热，待溶液微沸后，滴加多硫化钠溶液，保持均匀加料速度，25～30min 加完。继续搅拌，温和地煮沸 30min，反应结束，停止加热与搅拌。冷却，析出粗品间硝基苯胺。经减压过滤，滤出沉淀物。用冷水洗涤 3 次，每次 10mL。将滤饼移入盛有 37mL 稀盐酸的 150mL 烧杯中，加热溶解。冷却后，将溶液过滤，得到深棕红色溶液。在搅拌下，向滤液中逐渐加入过量浓氨水 12mL 左右，溶液中逐渐析出黄色间硝基苯胺沉淀。过滤，洗涤，使滤出液呈中性。滤饼用约 150mL 左右水进行重结晶，得纯间硝基苯胺，呈浅黄色针状晶体。烘干后称重，计算产率。测定产物的熔点。

(1) 间硝基苯胺的性质　间硝基苯胺（*m*-nitroaniline）[99-09-2]，$O_2NC_6H_4NH_2$，亮黄色针状结晶。蒸气压 0.13kPa(119.3℃)。m.p.114℃，b.p.305.7℃，d_4^{20}1.42。微溶于冷水、苯，溶于热水、热苯、乙醇、乙醚。其红外光谱见图 3.19。

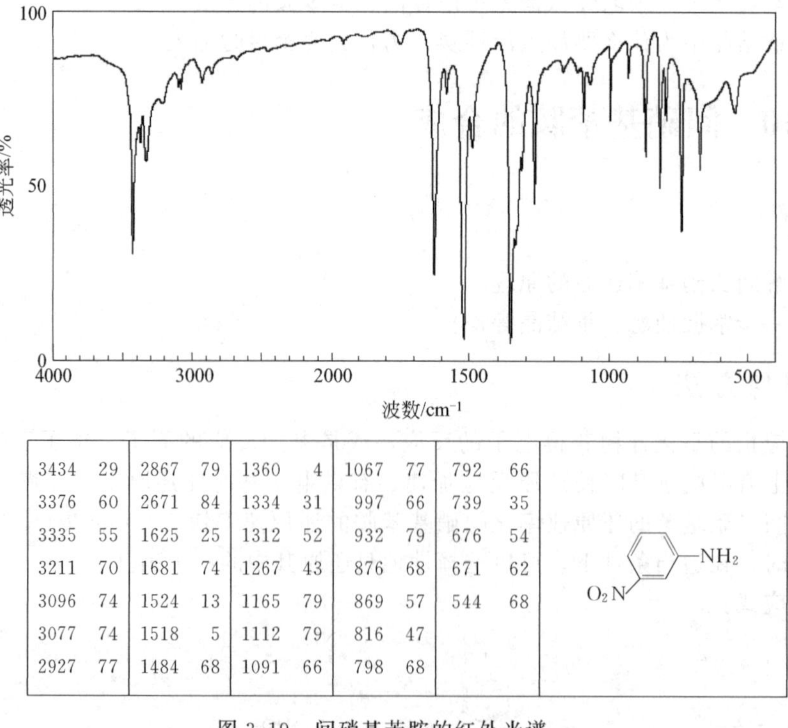

3434	29	2867	79	1360	4	1067	77	792	66
3376	60	2671	84	1334	31	997	66	739	35
3335	55	1625	25	1312	52	932	79	676	54
3211	70	1681	74	1267	43	876	68	671	62
3096	74	1524	13	1165	79	869	57	544	68
3077	74	1518	5	1112	79	816	47		
2927	77	1484	68	1091	66	798	68		

图 3.19　间硝基苯胺的红外光谱

（2）安全提示

① 间硝基苯胺　毒性比苯胺大。可通过皮肤和呼吸道吸收，是一种强烈的高铁血红蛋白形成剂，形成的高铁血红蛋白可造成组织缺氧，出现发绀，引起中枢神经系统、心血管系统及其他脏器的损害。并有溶血作用，可发生溶血性贫血。长期大量接触可引起肝损害。

② 间二硝基苯　本品为强烈的高铁血红蛋白形成剂。易经皮肤吸收。急性中毒有头痛、头晕、乏力、皮肤黏膜发绀、手指麻木等症状；严重时可出现胸闷、呼吸困难、心悸，甚至心律紊乱、昏迷、抽搐、呼吸麻痹。有时中毒后出现溶血性贫血、黄疸、中毒性肝炎。慢性中毒可有神经衰弱综合征；慢性溶血时，可出现贫血、黄疸；还可引起中毒性肝炎。

预习内容

（1）完成下表

化合物	M	m. p.	b. p.	d 或 ρ	S(水中溶解度)	n_D^{20}	投料量			理论产量/g
							mL	g	mol	
间硝基苯胺										
间二硝基苯										
硫化钠										
硫黄										

（2）列出主要反应物的投料摩尔比、反应介质及催化剂、反应温度及反应时间。

（3）完成本实验的流程示意图

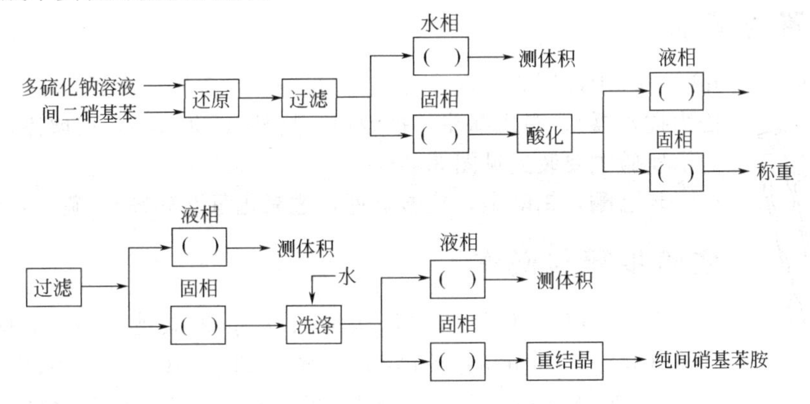

思考题

（1）本实验能否用铁与盐酸作为还原剂？

（2）为什么用稀盐酸溶解粗产品？

（3）为什么加入过量浓氨水可以析出产品？

（4）如果产物不纯，主要含有什么杂质，怎样除掉？

实验 3.11　己二酸的绿色合成

实验目的

（1）了解有机酸的合成原理和方法。

（2）熟悉氧化剂的类型和氧化能力。

实验原理与方法

己二酸可通过环己酮氧化制备。原因是环己酮与 1-羟基-环己烯互为异构体，利用烯的氧化比酮的氧化更容易进行来实现的。

① 1-羟基-环己烯首先被氧化为 1-羟基-氧化环己烯。

② 由于 1-羟基-氧化环己烯具有环氧乙烷的结构，很不稳定，在水的作用下形成 1-羟基-6-羰基-环庚醚。该化合物的羟基比羰基容易氧化，经氧化得到环己二酸酐。

③ 环己二酸酐经水解而得己二酸。

化学反应方程式：

$$\text{环己酮} + H_2O_2 \xrightarrow[KHSO_4]{Na_2WO_4 \cdot 2H_2O} HOOC(CH_2)_4COOH$$

$$\text{环己酮} \rightleftharpoons \text{1-羟基-环己烯} \xrightarrow{[O]} \text{1-羟基-氧化环己烯} \xrightarrow{[O]}$$

$$\text{1-羟基-6-羰基-环庚醚} \longrightarrow \text{环己二酸酐} \xrightarrow{H_2O} \text{己二酸 (COOH, COOH)}$$

本实验采用过氧化氢为氧化剂，与采用高锰酸钾、重铬酸钠、硝酸为氧化剂的方法相比，对环境的污染较小，体现了绿色化学。

仪器、装置与试剂

三口烧瓶（100mL），球形冷凝管，温度计（0～150℃），温度计套管，电动搅拌器（或磁力搅拌器），布氏漏斗，抽滤瓶，烧杯（250mL），玻璃棒。

实验主要装置见图 3.20。

环己酮，钨酸钠，硫酸氢钾，过氧化氢（30%），硫酸，pH 试纸。

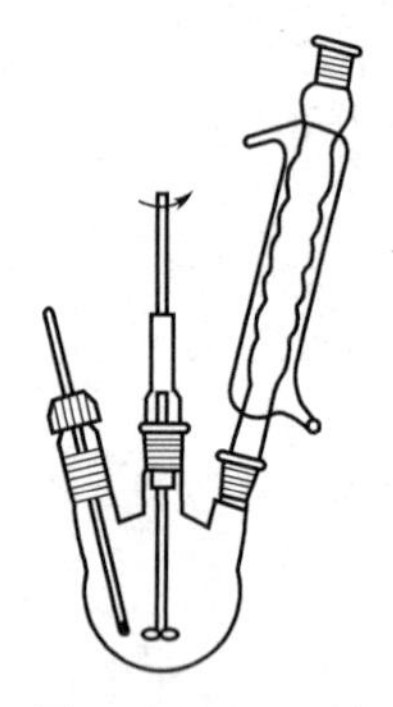

图 3.20　己二酸的合成反应实验装置

实验步骤与操作

在 100mL 三口烧瓶中依次加入 0.5g 钨酸钠①、0.4g 硫酸氢钾②，10mL(9.8g，0.1mol) 环己酮③，最后加 40mL 30%过氧化氢溶液。按图 3.20 装好仪器。室温下搅拌 20min 后，边搅拌边慢慢加热至 90～95℃④，在此温度下搅拌反应 4h。反应完毕，趁热将反应物倒入 250mL 烧杯中。加酸，酸化至 pH 值为 1～2，冷却。若固体析出不多，可将溶液加热浓缩至 30mL 左右⑤。待固体析出完全后，抽滤，用少量冰水洗涤，再抽干。烘干后称重，计算产率⑥。测定产物的熔点。测定产物的红外光谱。

（1）己二酸的性质　己二酸（adipic acid）[124-04-9]，$HOOC(CH_2)_4COOH$，无色结晶。m. p. 153℃，b. p. 265℃(13.33kPa)。d_4^{25} 1.360。水中溶解度为 1.44g/100mL(15℃)、160g/100mL(100℃)。微溶于乙醚，易溶于乙醇等。己二酸的红外光谱见图 3.21。

（2）注解

① 钨酸钠（sodium tungstate）[10213-10-2]，$Na_2WO_4 \cdot 2H_2O$，无色结晶或白色结晶性粉末。在干燥空气中风化，100℃时失去结晶水。m. p. 692℃(无水品)，ρ3.245。能溶于水，不溶于醇，其水溶液呈弱碱性，pH 值为 8～9。

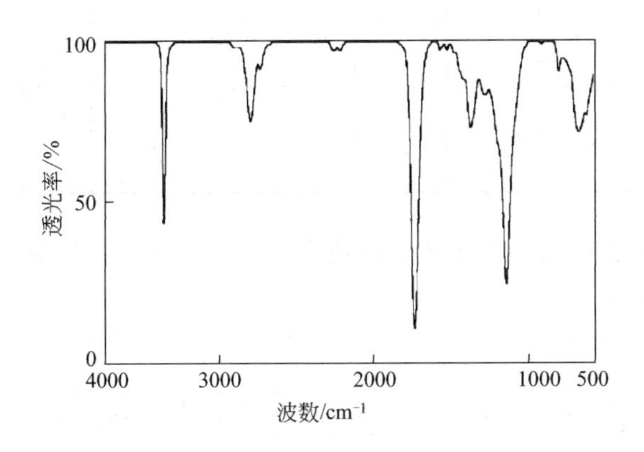

图 3.21 己二酸的红外光谱

② 硫酸氢钾（potassium hydrogen sulfate），$KHSO_4$，无色单斜晶体。m.p.214℃，ρ2.322。溶于水。本实验中，加入硫酸氢钾用于调节pH值，使反应液呈酸性，pH值在2～3时，过氧化氢稳定。

③ 环己酮（cyclohexanone）[108-94-1]，$C_6H_{10}O$，M98.1，m.p.－45℃，b.p.155℃，n_D^{20}1.4500，ρ0.947，无色油状液体，有丙酮及薄荷气味。能溶于水、醇、醚及一般有机溶剂，在冷水中溶解度大于热水。

④ 双氧水（hydrogen peroxide）[7722-84-1]，H_2O_2，无色透明液体，味苦，有气味。凝固点－0.41℃，b.p.150.2℃，ρ1.463。能溶于水、醇与醚，不溶于石油醚。有氧化性和腐蚀性。水溶液呈弱酸性，遇多种有机溶剂则分解。有27%、35%、50%、70%与90%等数种规格的商品出售，也有浓度为100%(罕见）的产品，试剂级为30%规格。温度每升高5℃，分解速率增加1.5倍。空气中允许浓度为1.5mg·m^{-3}。由于过氧化氢在较高温度时易分解，故先在室温下搅拌20min，然后在90～95℃反应4h。

⑤ 常温下己二酸在水中溶解度不大，故应将溶液浓缩后再用冰浴冷却结晶。

⑥ 本实验产物的质量为10～13g，产率约为70%～90%。

(3) 其他制法

① 用高锰酸钾氧化环己醇制取；

② 用重铬酸钾和硫酸氧化环己烯制取；

③ 用环己烷一步空气氧化法制取；

④ 氯代环己烷的碱性水解制取；

⑤ 用30%H_2O_2、十聚钨酸季铵盐氧化环己烯；

⑥ 用30%H_2O_2、磷钨酸氧化环己烯；

⑦ 丁二烯羰化工艺制取。目前其工业生产方法为KA(环己醇与环己酮的混合物）或环己醇通过硝酸氧化生成。

(4) 安全提示

① 过氧化氢：强氧化剂，用时小心。

② 环己酮：见实验3.4。

③ 己二酸：低毒，对皮肤有刺激性，与空气混合有爆炸危险。

预习内容

(1) 完成下表

化合物	M	m. p.	b. p.	d 或 ρ	n_D^{20}	S(水中溶解度)	投料量			理论产量/g
							mL	g	mol	
己二酸					—		—	—	—	
环己酮										—
过氧化氢					—					—

(2) 列出主要反应物的投料摩尔比、反应介质、催化剂、反应温度及反应时间。

(3) 完成操作流程图

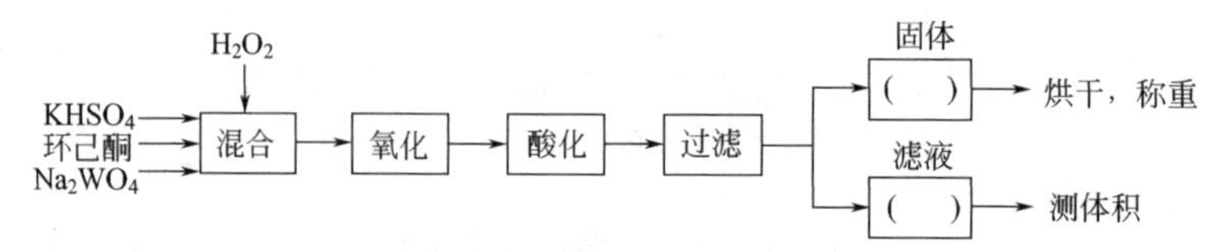

思考题

(1) 本反应为什么要在 pH 值为 2～3 范围进行？

(2) 本反应为什么先在室温搅拌反应 30min 后再慢慢升温至 95℃左右？

(3) 试写出以苯酚为原料，在酸性条件下制备己二酸的反应方程式（包括中间过程）。

(4) 本反应中，一共排放了多少废水与废渣，你有什么治理方案？

实验 3.12　己二酸二乙酯的合成

实验目的

(1) 掌握酸与醇直接酯化合成酯的方法及共沸分水。

(2) 了解基本原理和酯化反应的特点。

实验原理与方法

凡生成酯的反应统称为酯化反应。它可以由醇与酸（有机酸或无机酸）、酸酐、酰氯、酰胺、腈反应或卤代烃与羧酸盐、异氰酸盐反应或酚或酰氯、酸酐反应来完成。酯化反应一般是在催化剂作用下同时加热才能进行。由于酯化反应为可逆反应，为促使平衡向生成产物的方向移动。通常采用加大反应物之一的用量或从反应体系中除去水或酯的方法来实现。影响酯化反应的主要因素有投料比、羧酸和醇的结构、反应温度、催化剂等。

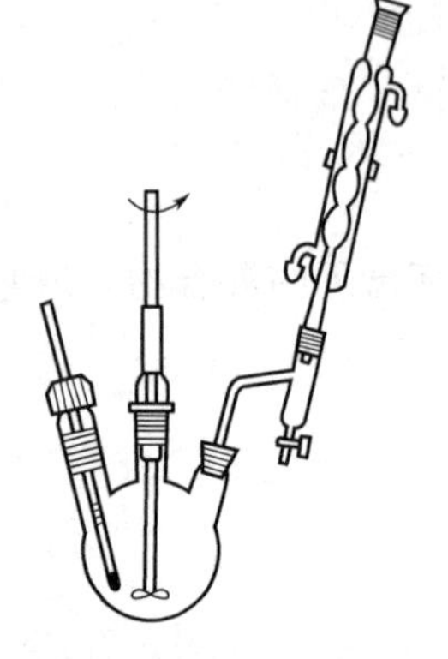

图 3.22　己二酸二乙酯的合成反应实验装置

化学反应式

主反应

$$HOOC(CH_2)_4COOH + 2CH_3CH_2OH \xrightleftharpoons{\text{催化剂}} CH_3CH_2OOC(CH_2)_4COOCH_2CH_3 + 2H_2O$$

副反应

$$2CH_3CH_2OH \longrightarrow CH_3CH_2OCH_2CH_3$$

$$CH_3CH_2OH \longrightarrow CH_2{=}CH_2 + H_2O$$

仪器、装置与试剂

100mL 三口烧瓶，分水器，球形冷凝管，直形冷凝管，蒸馏头，接液管，25mL 锥形瓶（2 只），50mL 烧瓶，分液漏斗，搅拌器，搅拌器套管，温度计，温度计套管，100mL 烧杯。

实验主要装置见图3.22。

己二酸，乙醇，环己烷，氯化四丁基铵。

实验步骤与操作

用100mL三口烧瓶按图3.22装好仪器，依次加入己二酸5.8g、乙醇22mL①、环己烷20mL②及0.5mL四丁基氯化铵③。投料毕，搅拌加热回流4h，直至无水分蒸出为止④。将温度控制在85℃以下，蒸尽过量乙醇，趁热将反应液倒入盛有20mL 5%碳酸钠溶液的烧杯中，中和未反应的己二酸（pH=8～9），使之成为己二酸盐溶于水，经分液漏斗分离而除去。

用少量的水洗涤至中性，以无水氯化钙干燥，减压蒸馏而得纯净的己二酸二乙酯。

（1）己二酸二乙酯的性质　己二酸二乙酯（diethyl adipate）[141-28-6]，M202.25。m.p. −18℃，b.p. 251℃，n_D^{20} 1.4270，d_4^{20} 1.009，无色液体。溶于醇、醚及其他有机溶剂，不溶于水。

（2）注解

① 乙醇（ethyl alcohol）[64-17-5]，CH_3CH_2OH，M46.07。m.p. −130℃，b.p. 78℃，n_D^{20} 1.3600，d_4^{20} 0.785，无色澄清液体。有愉快气味无灼烧味，极易从空气中吸收水分，能与水及许多有机溶剂混溶。

② 环己烷（cyclohexane）[110-82-7]，m.p. −6.47℃，b.p. 80.7℃，n_D^{20} 1.3993，d_4^{20} 0.778。能与乙醇、醚、甲醇、丙酮、苯与四氯化碳混溶，几乎不溶于水。

③ 氯化四丁基铵（tetrabutylammonium chloride）[1112-67-0]，$(C_4H_9)_4N^+Cl^-$，季铵盐，液体状。

④ 随着反应的进行，在分水器中会形成三层液体：下层为分水器中原有的水；中间层为共沸物的下层，约占共沸物总量的16%，其中含水约40%；上层为共沸物的上层，约占共沸物总量的84%，其中含水约1%，水-乙醇的共沸点是62.1℃。

（3）其他制法　己二酸与乙醇由十二水合硫酸铁铵催化合成。己二酸与乙醇经磷钨酸催化合成。己二酸与乙醇由浓硫酸或磷酸催化而成。

（4）安全提示

① 乙醇：易燃。

② 环己烷：吸入和皮肤接触有中等毒性，易燃，防止摄入与吸入，防止皮肤接触，使用时防止明火。

预习内容

（1）填写下列数据

化合物	M	m.p.	b.p.	d或ρ	S(水中溶解度)	n_D^{20}	投料量			理论产量/g
							mL	g	mol	
己二酸二乙酯										
己二酸										
乙醇										

（2）完成操作流程图

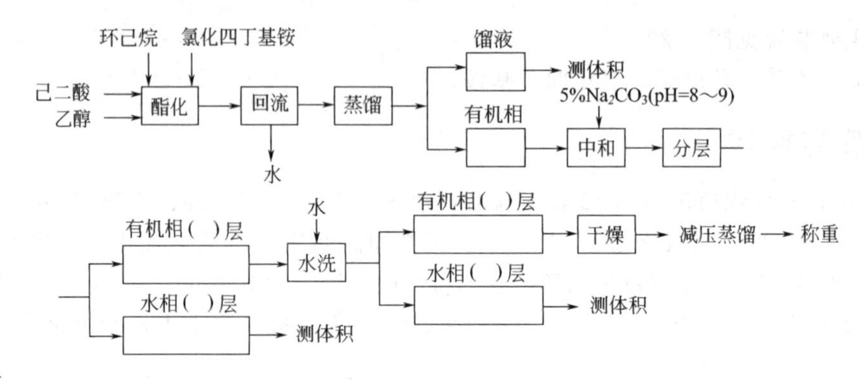

思考题

（1）酯化反应结束后，产物是否可以不经洗涤，而直接分馏提纯，为什么？

（2）产物经洗涤至中性后，是否可以不经无水氯化钙干燥，而直接分馏提纯，为什么？

（3）本实验中，乙醇与己二酸的摩尔比是多少，为什么？

（4）为什么要用环己烷除去反应体系中的水？

实验 3.13　叔戊醇的脱水

实验目的

（1）了解由醇脱水生成烯的方法。

（2）掌握分液漏斗的正确使用。

（3）巩固蒸馏与分馏的操作。

实验原理与方法

按反应条件的不同，醇可以分子内或分子间脱水形成烯烃或醚，如分子内脱水成烯烃。醇脱水的反应活性为：叔醇＞仲醇＞伯醇。当有多个不同的 β 氢原子时，主要产物为生成双键碳上连有较多取代基的烯烃或共轭烯烃。本实验采用的是叔戊醇脱水生成烯烃。

化学反应式：

$$CH_3CH_2C(CH_3)(OH)CH_3 \xrightarrow[-H_2O]{\text{浓 } H_2SO_4} CH_3CH{=}C(CH_3)_2 + CH_3CH_2C(CH_3){=}CH_2$$

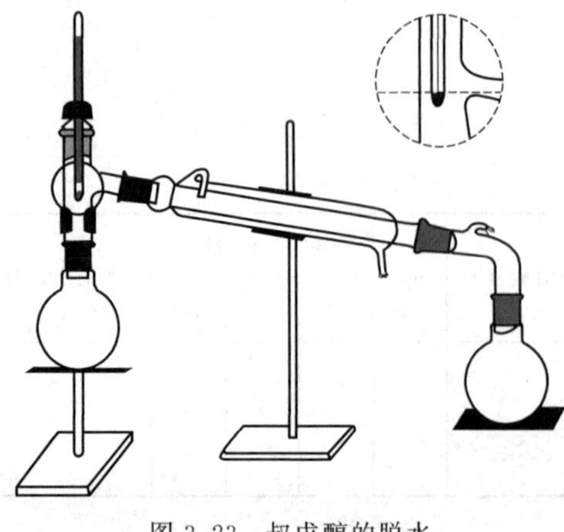

图 3.23　叔戊醇的脱水反应实验装置

仪器、装置与试剂

圆底烧瓶，烧杯，玻璃棒，锥形瓶，分液漏斗，分馏柱，蒸馏头，温度计，直形冷凝管，接收管。

实验主要装置见图 3.23。

叔戊醇，浓硫酸，氢氧化钠，无水硫酸镁。

实验步骤与操作

将盛有 18mL 水的烧杯放在冰水浴中，边搅拌边慢慢加入 9mL 浓硫酸。在 100mL 圆底烧瓶中加入冷却的硫酸溶液。边冷却边加入 18mL 叔戊醇。投入数粒沸石，按蒸馏装置图

3.23 装好仪器。加热混合物至沸腾，继续以小火加热，直至烃类完全蒸出为止。将馏出液移至分液漏斗中，加入 5mL 10%氢氧化钠溶液，洗涤一次，再用等体积水洗涤。烃层倒入一干燥的 50mL 锥形瓶中，再用无水硫酸镁干燥。干燥后的 2-甲基-1-丁烯和 2-甲基-2-丁烯用分馏装置进行分馏，收集 40℃以前的馏分。

（1）叔戊醇的性质　叔戊醇（tertiary amyl alcohol）[75-85-4]，$CH_3CH_2(CH_3)_2COH$，无色易燃液体，燃烧时具有特殊的类似樟脑的气味。m. p. −11.9℃，b. p. 101.8℃，d_4^{20} 0.809，n_D^{20} 1.4052，闪点（开杯）24℃，自燃点 437.2℃。溶于 8 倍的水，与乙醇、乙醚、苯、氯仿、甘油和油类混溶。水溶液对石蕊呈中性。叔戊醇脱水所形成的 2-甲基-2-丁烯的红外光谱如图 3.24。

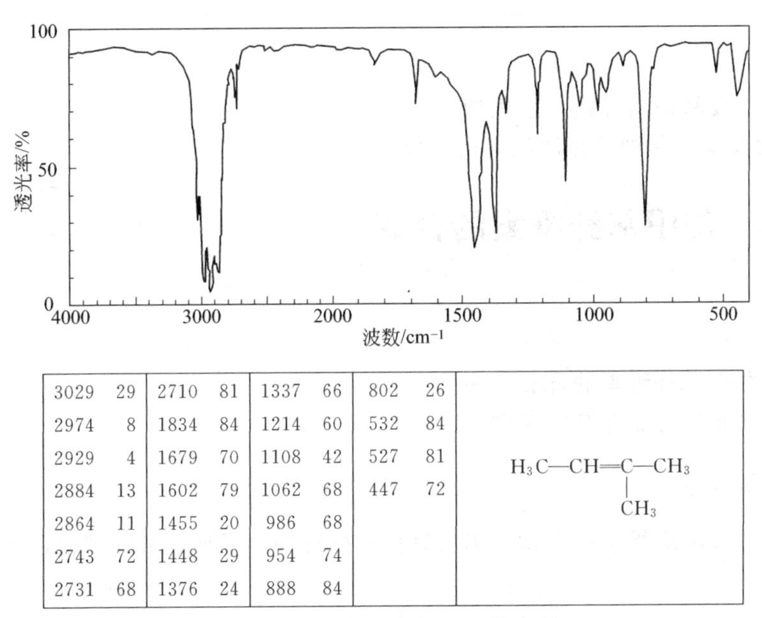

3029	29	2710	81	1337	66	802	26
2974	8	1834	84	1214	60	532	84
2929	4	1679	70	1108	42	527	81
2884	13	1602	79	1062	68	447	72
2864	11	1455	20	986	68		
2743	72	1448	29	954	74		
2731	68	1376	24	888	84		

图 3.24　2-甲基-2-丁烯的红外光谱

（2）其他制法　叔戊醇用 γ-氧化铝脱水。

（3）安全提示　叔戊醇：中等毒性，刺激眼、鼻和呼吸器官。吸入其蒸气可引起眩晕、头痛、咳嗽、恶心、耳鸣、谵语，严重者可致高铁血红蛋白病和糖尿病等。大鼠经口 LD_{50} 为 1000mg/kg。生产设备应密闭，防止泄漏。操作人员应穿戴防护用具。

预习内容

（1）完成下表

化合物	M	m. p.	b. p.	d 或 ρ	S(水中溶解度)	n_D^{20}	投料量			理论产量/g
							mL	g	mol	
叔戊醇										
2-甲基-1-丁烯										
2-甲基-2-丁烯										
硫酸										

（2）列出主要反应物的投料摩尔比、反应介质及催化剂、反应温度及反应时间。

（3）完成本实验的流程示意图

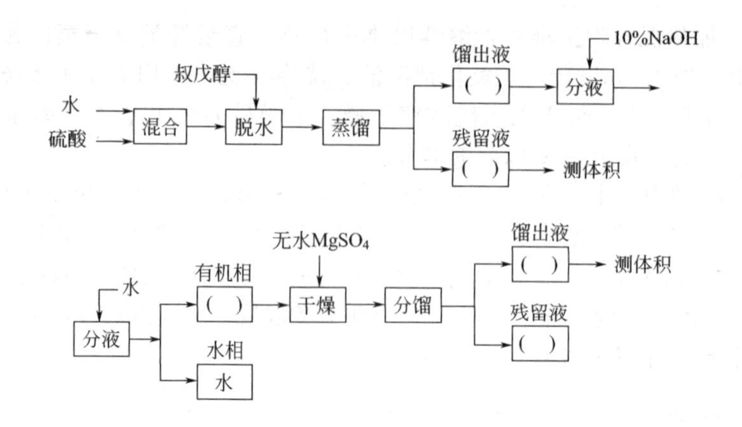

思考题

(1) 为什么要将硫酸慢慢往水里加?

(2) 用10%氢氧化钠溶液洗涤有何用处?

实验3.14 羧甲基纤维素的合成

实验目的

(1) 掌握羧甲基纤维素的合成方法。

(2) 进一步掌握抽滤等基本操作。

实验原理与方法

由羧甲基取代的纤维素衍生物，用氢氧化钠处理纤维素形成碱纤维素，再与一氯乙酸反应制得。

$$[C_6H_7O_2(OH)_3]_n + nNaOH \xrightarrow{\text{碱化}} [C_6H_7O_2(OH)_2(ONa)]_n + nH_2O$$

$$[C_6H_7O_2(OH)_2(ONa)]_n + nClCH_2COONa \xrightarrow{\text{醚化}} [C_6H_7O_2(OH)_2(CH_2COONa)]_n + nNaCl$$

仪器、装置与试剂

三口烧瓶，烧杯，电动搅拌器，温度计，布氏漏斗，抽滤瓶。

实验主要装置参见图3.20。

脱脂棉，一氯乙酸，NaOH，乙醇(95%)，盐酸，pH试纸。

实验步骤与操作

将5g脱脂棉短绒浸于盛有40mL 35%氢氧化钠溶液的500mL烧杯中，浸泡30min后取出，压干碱液，得碱化棉。在250mL三口烧瓶中，安装电动搅拌器，加入碱化棉、10mL 95%乙醇，开动搅拌，慢慢滴加一氯乙酸的乙醇溶液(4g一氯乙酸溶于25mL 95%乙醇中)，控制温度在35℃以下，于2h左右加完。然后升温至45℃，搅拌反应3h。取样检查反应终点。加入60mL 70%乙醇，搅拌30min。用稀盐酸调至中性，过滤去乙醇，压干，再用60mL 70%乙醇洗涤2次，压干，扯松，低于80℃的温度干燥。干燥后，粉碎成白色粉末，即是羧甲基纤维素(CMC)。

羧甲基纤维素的性质　羧甲基纤维素(carboxymethyl cellulose)[9004-32-4]，$(C_6H_9O_4OCH_2COOH)_n$，纤维素醚的一种，通常所用的是它的钠盐，白色或微黄色粉末。

吸湿性很强，能溶于水中而生成透明胶状液，黏度（25℃）10～40mPa·s。羧甲基纤维素的红外光谱图见图 3.25。

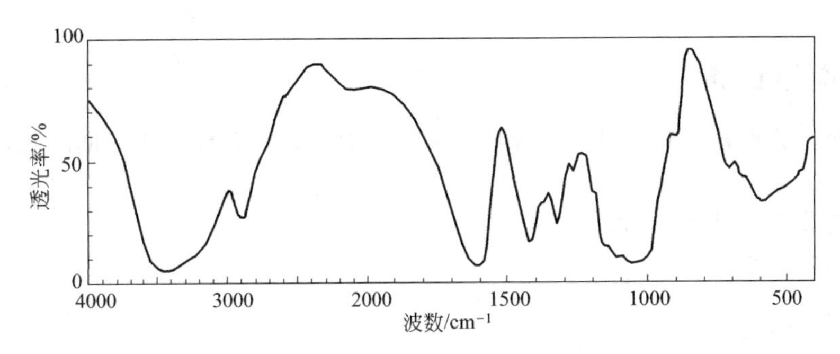

图 3.25　羧甲基纤维素的红外光谱

预习内容

（1）完成下表

化　合　物	M	m. p.	b. p.	d 或 ρ	S(水中溶解度)	n_D^{20}	投　料　量			理论产量/g
							mL	g	mol	
羧甲基纤维素 一氯乙酸 乙醇										

（2）列出主要反应物的投料摩尔比、反应介质及催化剂、反应温度及反应时间。

（3）完成本实验的流程示意图

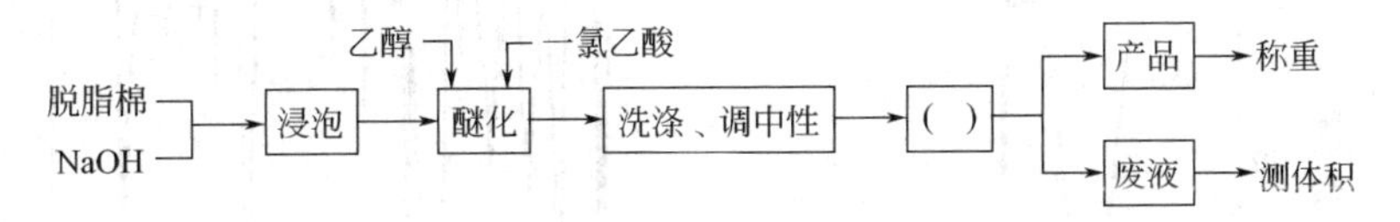

思考题

（1）羧甲基纤维素主要有哪些应用？

（2）乙醇在本实验中有何作用？

实验 3.15　双酚 A 的合成

实验目的

（1）掌握苯酚与丙酮的缩合反应。

（2）进一步掌握重结晶操作。

实验原理与方法

酚的邻位和对位上的氢原子都很活泼，在酸和碱的作用下，易与羰基化合物（醛或酮）发生缩合①。

本实验双酚 A 的制备是采用苯酚与丙酮在催化剂硫酸存在下进行缩合，生成双酚 A。

化学反应式：

$$C_6H_5-OH + H_3C-\overset{O}{\overset{\|}{C}}-CH_3 + HO-C_6H_5 \xrightarrow{H_2SO_4} HO-C_6H_4-\underset{CH_3}{\overset{CH_3}{C}}-C_6H_4-OH + H_2O$$

仪器、装置与试剂

三口烧瓶，Y 形管，滴液漏斗，球形冷凝管，温度计，布氏漏斗，抽滤瓶，烧杯，熔点测定管，电动搅拌器，滤纸。

实验主要装置参见图 3.20。

丙酮，苯酚，浓硫酸。

实验步骤与操作

在 100mL 三口烧瓶中，加入 10g 苯酚，瓶外用冷水浴冷却。搅拌，加入 4mL 丙酮。当苯酚全部溶解后，温度达到 15℃时，在不断搅拌下，滴加浓硫酸 6mL。保持反应温度为 35℃。溶液颜色由无色透明转为橘红色，逐渐变黏，持续搅拌 2h。将反应液倒入 50mL 冰水中，搅拌，溶液中出现黄色（或微红色）小颗粒。静置。冷却后减压过滤，水洗至中性。抽滤，烘干。粗品用甲苯进行重结晶，每克粗品约需 8～10mL 甲苯溶剂。烘干。测定产物的熔点。

（1）双酚 A 的性质　双酚 A(bisphenol A) [80-05-7]，$C_{15}H_{16}O_2$，白色针晶或片状粉末，微带苯酚气味。m. p. 155～158℃，b. p. 250～252℃ (1.733kPa)，d_{25}^{25} 1.195。闪点 79.4℃，可燃。溶于乙醇、丙酮、乙醚、苯及稀碱液等，微溶于四氯化碳，几乎不溶于水。双酚 A 的红外光谱图见图 3.26。

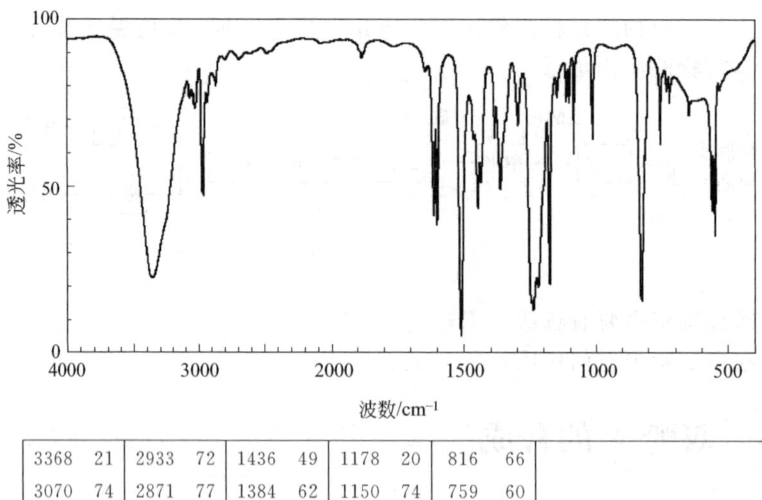

3368	21	2933	72	1436	49	1178	20	816	66
3070	74	2871	77	1384	62	1150	74	759	60
3050	74	1612	39	1363	47	1113	72	735	77
3030	70	1600	37	1296	66	1102	72	724	72
2976	46	1510	4	1247	14	1085	57	650	68
2966	46	1463	62	1239	12	1013	62	565	41
2956	62	1447	42	1221	19	827	14	663	34

图 3.26　双酚 A 的红外光谱

（2）注解

① 苯酚和丙酮在盐酸、硫酸、三氟化硼或酸性离子交换树脂等催化剂作用下生成 2,2-双（4,4′-二羟基二苯基）丙烷，俗名双酚 A，它是环氧树脂、聚砜、聚碳酸酯等高分子产品的原料。

预习内容

（1）完成下表

化　合　物	M	m. p.	b. p.	d 或 ρ	S(水中溶解度)	n_D^{20}	投　料　量			理论产量/g
							mL	g	mol	
双酚 A										
丙酮										
苯酚										

（2）列出主要反应物的投料摩尔比、反应介质及催化剂、反应温度及反应时间。

（3）画出本实验的流程示意图：

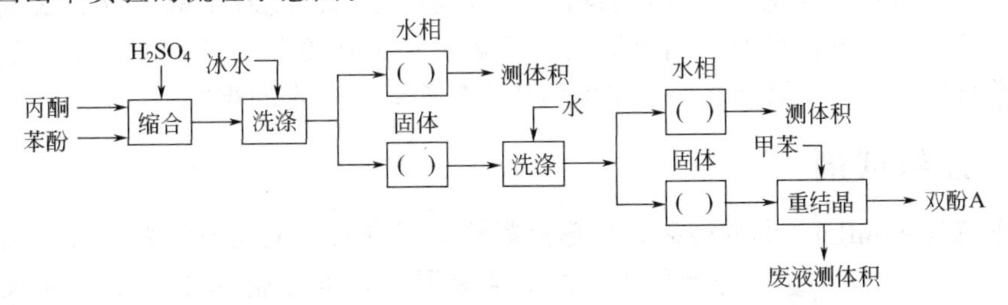

思考题

（1）控制加酸的速度有何用处？

（2）为什么要调节好反应温度？

（3）水洗至中性，洗去的是什么杂质？

（4）2mol 苯酚、1mol 丙酮在硫酸的催化下，进行缩合反应，可能生成哪几种异构体？

实验 3.16　聚己内酰胺的制备

实验目的

（1）贝克曼重排反应原理和实验操作。

（2）聚合反应的基本原理和实验操作。

实验原理

本实验中聚己内酰胺的合成是以环己醇为起始原料的，基于七元环的己内酰胺的不稳定性，发生开环聚合来实现的。

① 首先由环己醇经次氯酸钠氧化得到环己酮。

② 环己酮与羟胺发生缩合反应生成环己酮肟。

③ 环己酮肟经酸催化发生著名的贝克曼重排反应生成七元环的己内酰胺。

④ 七元环的己内酰胺不稳定，在高温和催化剂作用下开环聚合成相对分子质量高的线型高聚物。

化学反应方程式：

① 环己酮的制备：

$$\text{(环己基)}-OH + NaClO \longrightarrow \text{(环己基)}=O + H_2O + NaCl$$

② 环己酮肟的制备：

$$\text{环己酮}=O + NH_2OH \cdot HCl \xrightarrow{CH_3COONa} \text{环己基}=NOH + H_2O + HCl$$

③ 己内酰胺的制备：

$$\text{环己基}=N-OH \xrightarrow{85\%\ H_2SO_4} \text{己内酰胺（环中含 N—H 和 C=O）}$$

④ 聚己内酰胺的制备：

$$(n+1)\ \text{己内酰胺} \xrightarrow{H_2O} HO\overset{O}{\overset{\|}{C}}-(CH_2)_5-\left[NH\overset{O}{\overset{\|}{C}}(CH_2)_5\right]_n-NH_2$$

聚合反应常用的催化剂是水，也可以用有机酸、碱或碱金属。用水做催化剂时反应温度在250℃左右，通常要在高压釜中进行聚合反应，试验规模小（<50mL）时，常在封闭的玻璃管中进行，用水作催化剂，原料易得，聚合反应由己内酰胺水解生成6-氨基乙酸引发聚合反应，然后6-氨基乙酸对己内酰胺进行氨解反应使链增长，长链的氨基乙酸不断地对己内酰胺进行氨解，完成聚合反应。本实验步骤较多，有一定的难度。

仪器、装置与试剂

三口烧瓶（250mL），圆底烧瓶，球形冷凝管，干燥管，电动搅拌器（或磁力搅拌器），分液漏斗，恒压滴液漏斗，锥形瓶（250mL），布氏漏斗，抽滤瓶，烧杯（600mL），温度计（250℃），克氏蒸馏瓶，水泵，油泵，羊角瓶（ϕ10）。

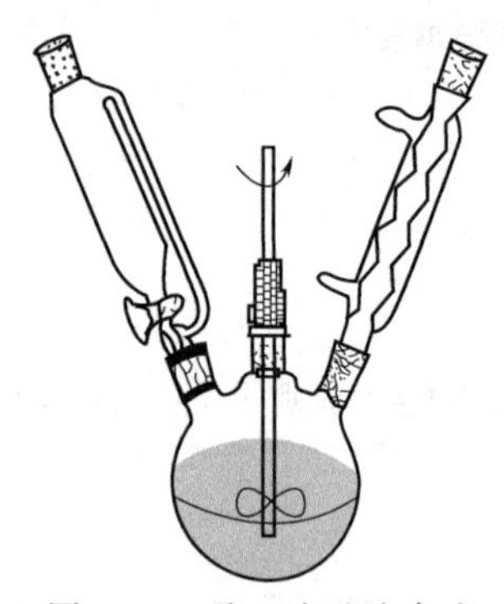

图3.27　聚己内酰胺合成反应实验装置

实验主要装置见图3.27。

环己醇，次氯酸钠溶液（含量≥11%），乙酸，无水碳酸钠，饱和亚硫酸氢钠溶液，碳酸氢钠，氯化钠，羟胺盐酸盐，结晶乙酸钠，硫酸（85%），20%氨水，二氯甲烷，KI-淀粉试纸。

实验步骤与操作

（1）环己酮的制备　将10.4mL环己醇[a]和25mL乙酸加入250mL三口烧瓶中，按图3.27安装反应装置，并在冷凝管上口接一装有粒状碳酸氢钠干燥管[b]。在搅拌下滴加11%次氯酸钠溶液[c]，控制滴加速度使反应温度保持在30～35℃。滴加约75mL后，反应混合物呈绿色，继续搅拌5～6min，观察反应混合物是否不褪色，或用KI-淀粉试纸检查[d]。如果反应混合物不呈绿色，继续滴加直至使KI-淀粉试纸为正结果。然后再加入5mL使次氯酸钠溶液过量。在室温下继续搅拌15min后，滴加饱和亚硫酸氢钠溶液（1～5mL），使反应混合物变为无色，此时KI-淀粉实验呈负结果。

把反应装置改成蒸馏装置，加入60mL水和几粒沸石，蒸馏收集100℃以前的馏分（约50mL）[e]。分批向馏出液中加入无水碳酸钠，直至无气体产生为止（约需无水碳酸钠6.5～7g），再加入10g氯化钠，搅拌15min，使溶液饱和。用分液漏斗分出环己酮放到50mL锥形瓶中，水层用25mL甲基叔丁基醚萃取，醚层与环己酮合并，用无水硫酸镁干燥。分出硫酸镁后，蒸馏回收甲基叔丁基醚，再收集150～155℃馏分[f]。

① 环己酮的性质　环己酮（cyclohexanone）[108-94-1]，$C_6H_{10}O$，M98，m.p. −47℃，b.p.155.7℃，d_4^{20}0.9478，n_D^{20}1.4507。无色透明液体，带有泥土气息，含有痕量的酚时，则带有薄荷味。不纯物为浅黄色，随着存放时间生成杂质而显色，呈水白色到灰黄色，具有刺鼻臭味。蒸气压2kPa(47℃)。黏度[2.2mPa·s(25℃)]。自燃点520～580℃，

与空气混合爆炸极限为3.2%～9.0%(体积分数)。在水中溶解度10.5%(10℃)，水在环己酮中溶解度5.6%(12℃)，易溶于乙醇和乙醚。其红外光谱见图3.28。

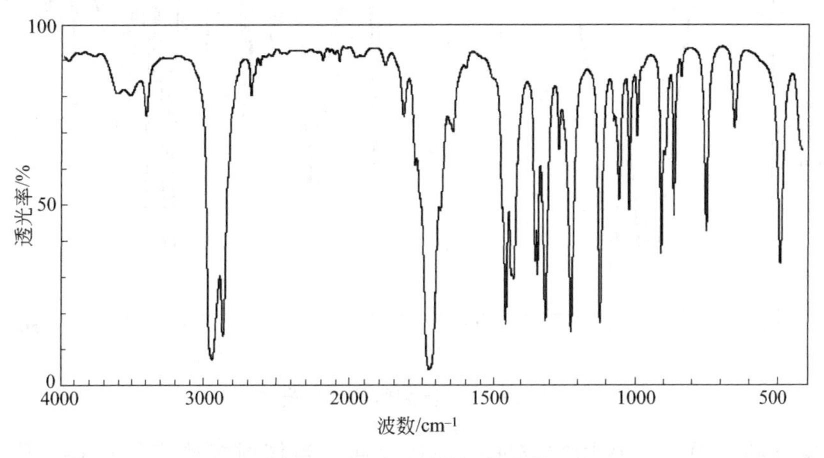

图3.28　环己酮的红外光谱

② 注释

a. 环己醇（cyclohexanol）[4354-58-9]，$C_6H_{11}OH$，M100，无色油状可燃液体，有类似樟脑的气味，低于凝固点时呈白色结晶体。m.p.25.15℃，b.p.161.1℃，d_4^{20}0.9493，n_D^{25}1.4648。闪点（开杯）67.2℃，黏度（30℃）41.067mPa·s。具有吸湿性，可与乙醇、乙酸乙酯、亚麻仁油、芳烃、乙醚、丙酮、氯仿等有机溶剂混溶，微溶于水。与空气混合爆炸极限为1.52%～11.1%(体积分数)。本品有毒，其毒性比苯强，吸入环己醇蒸气时，对中枢神经和肌肉有麻痹作用，对皮肤和黏膜有刺激性。工作场所环己醇最高容许浓度为200mg/m^3。生产设备应密闭，防止跑、冒、滴、漏。操作人员应带防护用具。

b. 碳酸氢钠吸收可能放出的氯。

c. 次氯酸钠放出的游离氯气可引起中毒，也可引起皮肤病。其溶液有腐蚀性，能伤害皮肤。应在通风橱中转移次氯酸钠溶液。

d. 用玻璃棒或滴管取少许反应混合物，点到KI-淀粉试纸上，如果立即出现蓝色，表明有过量的次氯酸钠存在（正结果）。

e. 环己酮-水共沸点为95℃，低于100℃馏出来的主要是环己酮、水和少量乙酸。

f. 产品产量约为8g，产率约为82%。

(2) 环己酮肟的制备　在250mL锥形瓶中，放入50mL水和7g羟胺盐酸盐，摇动，使之溶解。加入7.8mL环己酮[a.]，摇动，使之溶解。在一烧瓶中，把10g结晶乙酸钠溶于20mL水中，将此乙酸钠溶液滴加到上述溶液中，边加边摇动锥形瓶，即可得粉末状环己酮肟。为使反应进行得完全，可用橡皮塞塞紧瓶口，用力摇荡约5min。把锥形瓶放入冰水浴中冷却。粗产物在布氏漏斗上抽滤，用少量水洗涤，尽量挤出水分。取出滤饼，放在空气中晾干。产物[b.]可直接用于贝克曼重排实验。

① 环己酮肟（cyclohexanone oxime）[100-64-1]，$C_6H_{11}NO$，M113.16，无色棱柱状晶体。m.p.88～92℃，b.p.206～210℃。闪点90℃。20℃时水溶性<0.1g/100mL。环己酮肟的红外光谱如图3.29。

② 注释

a. 投料量为7.8mL(7.5g)环己酮。

b. 产品产量为7～8g，产率为85%。

(3) 己内酰胺的制备　在600mL烧杯[a.]中放入10g环己酮肟和20mL 85%硫酸。用一

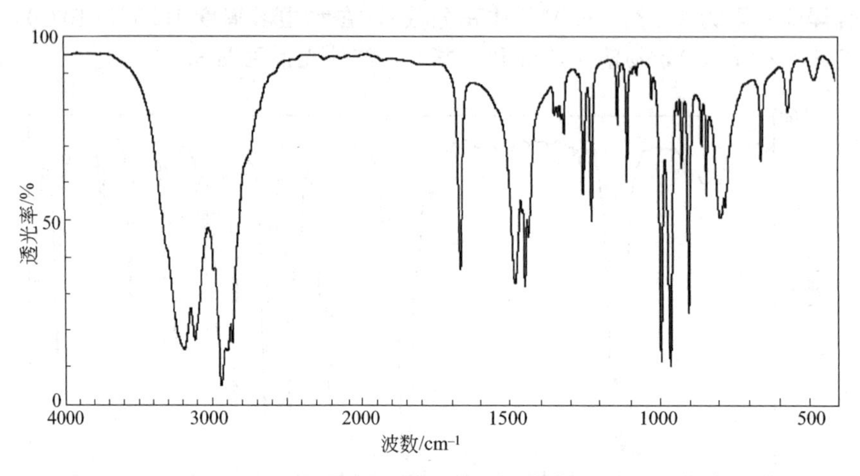

图 3.29　环己酮肟的红外光谱

支 250℃温度计和一根玻璃棒用橡皮圈捆绑在一起，当作搅拌棒进行搅拌，使两者充分混合。在石棉网上用小火加热烧杯，当开始出现气泡时（约 120℃），立即移去灯焰。此时发生强烈的放热反应[b]。待冷却后将此溶液倒入 250mL 三口烧瓶中，三口烧瓶装配机械搅拌器、温度计和恒压滴液漏斗[c]。用冰盐水冷却三口烧瓶。当反应液温度下降到 0～5℃时，从滴液漏斗缓慢地滴加 20%氨水[d]，直至溶液对石蕊试纸呈碱性。

将反应物抽滤。滤液用二氯甲烷[e]萃取 5 次，每次用 20mL。合并二氯甲烷萃取液，用 5mL 水洗涤，分出水层。在热水浴上蒸除二氯甲烷。将残余液转移到 50mL 克氏蒸馏瓶内，用真空蒸馏法提纯。先用水泵减压蒸馏，除去残余的二氯甲烷，然后用油泵减压蒸馏。为了防止己内酰胺在冷凝管内凝结，可将接收瓶圆底烧瓶与克氏烧瓶的支管直接连接，省去冷凝管。用油浴加热，收集 137～140℃、1600Pa(12mmHg) 的馏分。己内酰胺[f]在蒸馏烧瓶内凝结为无色晶体。

① 己内酰胺（ε-caprolactam）[105-60-2]，$C_6H_{11}NO$，M113.16，有薄荷香味的白色小叶片状结晶体。m.p. 68～69℃，b.p. 216.9℃，ρ(70℃) 1.023g/cm³，n_D^{40} 1.4935，闪点 125℃。溶于水、石油醚、环己烯、苯、甲苯、乙醇、乙醚、四氢糠醛、二甲基甲酰胺和氯代烃。有吸湿性，手触有润滑感。有毒，长期吸入引起慢性中毒，产生头晕、头疼、神经衰弱、呼吸道发炎等症状。其红外光谱如图 3.30 所示。

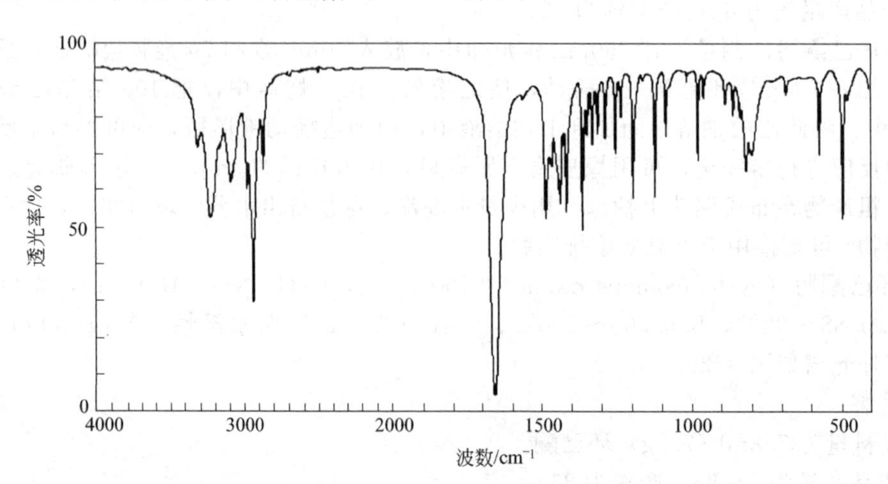

图 3.30　己内酰胺的红外光谱

② 注释

a. 贝克曼重排反应激烈，故用大烧杯以利散热。用浓硫酸或发烟硫酸与环己酮肟液相发生贝克曼重排反应后，再用氨中和反应体系中的酸，生成己内酰胺和副产物硫酸铵等。该法的优点是反应条件温和（反应温度为 80～120℃），环己酮肟的转化率高，己内酰胺的选择性高达 99.5%；因浓硫酸污染严重，化学家们多年来一直试图开发一种不副产硫酸铵，对环境友好的生产己内酰胺的新工艺，其中以无污染多相催化剂取代目前使用的浓硫酸或发烟硫酸是关键。研究最多的固体酸催化剂，主要有氧化物和分子筛，其中以用碱水溶液处理的 MFI 型硅分子筛最重要，有望实现工业化。另外，目前正在研究开发离子液体系催化剂也有良好的开发前景。

b. 反应在几秒内便完成，形成棕色略稠液体。

c. 反应体系必须与大气相通。可以采取各种措施：在固定温度计的橡皮塞上刻一直的沟槽；用有平衡管的滴液漏斗及用二口连接管。

d. 开始加氨水时要缓慢滴加。中和反应温度控制在 10℃以下，避免在较高温度下己内酰胺发生水解。氨水为一无色透明的液体，具有特殊的强烈刺激性臭味，正因为它具有局部强烈兴奋的作用，因此将特定浓度的氨水直接接触皮肤会使皮肤变红，并有灼热感，当眼部被氨水灼伤后，如不采取急救措施，可造成角膜溃疡、穿孔，并进一步引起眼内炎症，最终导致眼球萎缩而失明，操作时须小心。

e. 也可用氯仿。

f. 产品产量约为 5g，产率为 60%左右。

（4）聚己内酰胺的合成　在一干燥 $\phi10$ 的羊角瓶中[a.]，加入 3g 己内酰胺，用高纯氮置换羊角瓶中的空气后[b.]，再滴加 0.03mL 蒸馏水，熔封羊角瓶的两个角[c.]。套上金属保护套，放到 250℃的砂浴中加热约 5h。反应后得到极黏的融熔物。将羊角瓶从砂浴中取出，自行冷到室温，羊角瓶内融熔物凝成固体[d.]。取出聚合物称重。

① 聚己内酰胺（nylon-6，polycaprolactam）[25038-54-4]，$\text{+}NH(CH_2)_5CO\text{+}_n$，半透明或不透明乳白色结晶形聚合物。m. p. 215℃，ρ1.13g/cm^3，热分解温度大于 300℃。平衡吸水率 3.5%。具有良好的耐磨性、自润滑性和耐溶剂性。广泛用于制造轴承、圆齿轮、凸轮、伞齿轮、各种滚子、滑轮、泵叶轮、风扇叶片等。聚己内酰胺的红外光谱见图 3.31。

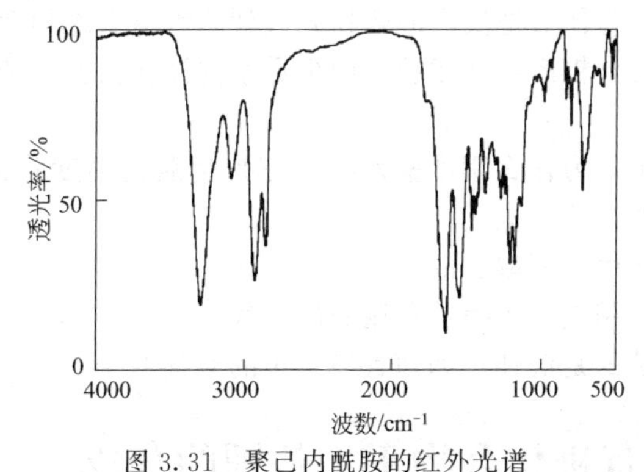

图 3.31　聚己内酰胺的红外光谱

② 注释

a. ϕ10mm×8mm 的羊角瓶用厚壁硬质玻璃管制成，使用前要用洗液、蒸馏水洗干净，烘干。

b. 一个角接高纯氮，一个角接真空泵，对瓶抽空，通氮，反复进行三次，将其中的空气置换出去。

c. 在真空下，用煤气灯强火焰烧熔两个角，并用小火烘烤熔封处以消除应力。

d. 聚合物凝固后，敲碎羊角瓶，取出聚合物。

预习内容

（1）完成下表

化合物	M	m. p.	b. p.	d 或 ρ	S(水中溶解度)	n_D^{20}	投料量			理论产量/g
							mL	g	mol	
环己醇										
环己酮										
环己酮肟										
己内酰胺										
聚己内酰胺										

（2）列出主要反应物的投料摩尔比、反应介质及催化剂、反应温度及反应时间。

（3）完成操作流程图

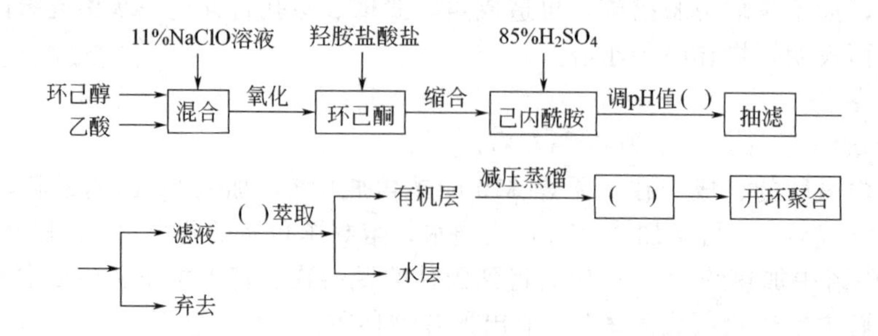

思考题

（1）制备环己酮还有什么方法？

（2）计算 11%次氯酸钠溶液中有效氯的含量是多少？

（3）除用固体碳酸氢钠吸收氯外，还有什么方法可吸收氯？

（4）制备环己酮肟，为什么把反应混合物先放到冰水浴中冷却后再过滤？

（5）环己酮肟纯化时，粗产物抽滤后，用少量水洗涤除去什么杂质？用水量的多少对实验结果有什么影响？

（6）己内酰胺制备中，为什么用冰盐水冷却三口烧瓶使温度降低至 0～5℃时才缓慢滴加氨水？加入氨水的目的是什么？

（7）为什么要用二氯甲烷萃取滤液？

（8）聚合前为什么要用氮气置换羊角瓶中的空气？

（9）羊角瓶中如果装的是液体，如何置换其中的空气？

实验 3.17　金属有机化合物正丁基锂的合成

实验目的

（1）学习以卤代烃和金属锂制备正丁基锂的原理和浓度测定方法。

（2）掌握无水无氧操作技术。

实验原理与方法

本实验通过正氯丁烷与金属锂的反应制备正丁基锂。由于反应中所形成的正丁基锂具有很高的反应性，因此，在制备过程中所有的仪器和溶剂、试剂均需绝对干燥，反应需在惰性气体，如氮气或氩气保护下进行。本实验采用1,3-二苯基-2-丙酮对甲苯磺酰腙为滴定物质，并兼作指示剂，对上述制备的正丁基锂进行滴定。

反应方程式：

$$\mathrm{RX} + 2\mathrm{Li} \xrightarrow{\text{正己烷}} \mathrm{RLi} + \mathrm{LiX}$$

式中，X＝Cl。

仪器、装置与试剂

常量玻璃合成制备仪，砂板漏斗，氮气钢瓶，磁力搅拌器，低温温度计（0～－78℃），具精确刻度1.0mL和2.0mL带针注射器各一支，玻璃毛，医用翻口塞，气球。

实验主要装置参见图3.8。

正氯丁烷，正己烷，1,3-二苯基-2-丙酮对甲苯磺酰腙，四氢呋喃，锂。

实验步骤与操作

（1）正丁基锂的合成　于50mL三口烧瓶上装上一支低温温度计、冷凝管、充氮气球和恒压滴液漏斗，漏斗内装3g正氯丁烷①。反应体系用氮气彻底冲洗后，迅速加入20mL正己烷②和1.5g剪碎的金属锂丝。气球保持适当充气状态。缓慢升温，缓慢滴加正氯丁烷。同时搅拌，保持平稳的沸腾回流状态。加毕，继续搅拌回流1.5h，静置。在氮气气氛下，通过充填有玻璃毛的玻璃管或砂板漏斗滤入用氮气冲洗过的容器中，密封备用。

（2）正丁基锂的浓度测定　在一个装有磁力搅拌器的5mL干燥圆底烧瓶中，加入准确称量的1,3-二苯基-2-丙酮对甲苯磺酰腙（约113mg，0.5mmol），塞上医用翻口塞，其中插入一个充有氮气的气球和一支穿刺针，将烧瓶内的空气置换出来，然后用注射器注入2mL的四氢呋喃③，开动磁力搅拌器，其上放一张白纸以便观察反应液的颜色。用1.0mL具精确刻度的带针注射器准确抽取上述正丁基锂溶液，在迅速搅拌下逐滴加入至橘红色刚出现且不消褪为止。记下所用的正丁基锂溶液的体积，按下式计算其浓度。

$$c_{\text{正丁基锂}} = \frac{m}{378.49 V_{\text{正丁基锂}}} \ (\mathrm{mol/L})$$

式中　m——1,3-二苯基-2-丙酮对甲苯磺酰腙的质量，mg；

$V_{\text{正丁基锂}}$——所消耗正丁基锂溶液的体积，mL。

至少重复一次，取平均值即为正丁基锂溶液的浓度。

（3）正丁基锂的性质　正丁基锂（*n*-butyl lithium）[124-04-9]，为使产品性能稳定，通常为溶于C_5～C_7烃类中的溶液。溶剂为戊烷、己烷、环己烷、庚烷、甲苯等，浓度有15%或1.6mol/L、2.0mol/L、2.5mol/L、10mol/L等。由于溶剂、含量不同，其相对密度、闪点等亦各有不同。2mol/L环己烷溶液的相对密度为0.775。闪点为－18℃，在潮湿空气中能引起燃烧。有腐蚀性。本品应充氮气密封，于4℃保存。注意贮存日久能形成氢化锂的沉淀。

（4）注解

① 分析纯的正氯丁烷经无水氯化钙干燥后，蒸馏。

② 分析纯的正己烷经无水氯化钙干燥后，蒸馏。

③ 分析纯的四氢呋喃经4A分子筛浸泡，用小钠块（丝）加热回流，同时加二苯甲酮，

当溶液变深蓝后，蒸馏。

（5）其他制法 也可通过正溴丁烷与金属锂的反应制备正丁基锂，可以在乙醚溶液中制取。

（6）安全提示

① 正丁基锂遇空气极易自燃，量取时，针头尖端在空气中会冒火星。

② 整个过程中须用氮气或氩气保护，特别需要注意安全。

③ 正丁基锂着火时，须用沙土灭火。平时须在伸手可及的地方备有灭火的沙土。

④ 制备和使用正丁基锂时，最好不要一个人单独操作，以免有意外情况发生时，一个人无法处理。

预习内容

（1）完成下表

化合物	M	m. p.	b. p.	d 或 ρ	S(水中溶解度)	n_D^{20}	投料量			理论产量/g
							mL	g	mol	
正氯丁烷										
正己烷										
四氢呋喃										
正丁基锂										
1,3-二苯基-2-丙酮对甲苯磺酰腙										

（2）完成下列合成操作流程图：

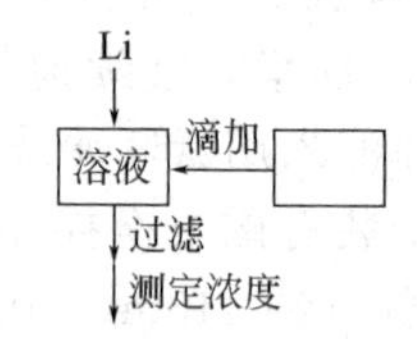

思考题

（1）举例说明正丁基锂在有机合成中的应用。

（2）如果在反应过程中不通入惰性气体，这会对实验造成什么影响？

实验 3.18 元素有机化合物二环戊基二甲氧基硅的合成

实验目的

（1）学习格氏反应的原理。

（2）掌握格氏试剂的制备及格氏反应的操作技术。

（3）巩固减压蒸馏等操作技术。

实验原理与方法

本实验采用四甲氧基硅烷与环戊基格氏试剂合成方法。分成以下 3 个步骤。

① 环戊基格氏试剂的合成。

② 四甲氧基硅烷与环戊基格氏试剂合成。

③ 二环戊基二甲氧基硅的分离和精制。

反应方程式

Cl　→(Mg, 乙醚; I_2)　MgCl　→(—O—Si(O)(O)—O—, 甲苯)　—O—Si(O)(环戊基)$_2$—O—

仪器、装置与试剂

常量玻璃有机合成仪。

实验主要装置参见图 3.8。

氯代环戊烷，四甲氧基硅烷（纯度≥99%），无水乙醚，甲苯，镁屑，碘。其中氯代环戊烷、无水乙醚、甲苯均经干燥处理，四甲氧基硅烷经甲醇钠回流处理。

实验步骤与操作

（1）格氏试剂的制备　在 150mL 三口烧瓶中分别装置机械搅拌器、冷凝器及恒压滴液漏斗。在冷凝器的上口接上液封，整个体系用高纯氮抽空置换数次，并用纯氮保护。瓶内放置 3.1g 镁屑和 25mL 无水乙醚①，在恒压滴液漏斗中加入 12.9g 氯代环戊烷②及 25mL 无水乙醚混匀。先向三口烧瓶中滴加数毫升混液及少量 $I_2$③作引发剂，然后开动搅拌，经缓慢滴加氯代环戊烷让其自动沸腾回流，滴加完毕再用 30～40℃水浴回流一定时间，直至镁屑几乎耗完为止。

（2）二环戊基二甲氧基硅的合成　在上述相同反应装置中加入 9.0g 四甲氧基硅烷④和 25mL 甲苯⑤混匀。在搅拌下将制备好的格氏试剂先快后慢滴加到反应瓶中，维持水浴 50～60℃，边滴加边蒸出乙醚。当乙醚完全脱出之后再补充一定量的甲苯，升温至 90～100℃，保温 4 h。

（3）二环戊基二甲氧基硅的分离和精制　将上述反应混合物冷却离心分离处理，并用溶剂萃取数次。反应产物和萃取溶剂合并在一起经常压蒸馏回收溶剂，再用 NaOH 对粗产品处理，然后减压（0.62kPa）精馏，收集 103℃馏分，称重，计算产率，测定产物的红外光谱、气相色谱。

（4）二环戊基二甲氧基硅的性质　二环戊基二甲氧基硅（dicyclopentyl dimethoxy silane，俗称 D-Donor）$(c\text{-}C_5H_9)_2Si(OCH_3)_2$，［126990-35-0］，$M$228.4，无色透明液体。$n_D^{25}$ 1.4635～1.4650，ρ0.98 g·cm^{-3}，b.p.103℃(0.665kPa)。其红外光谱图见图 3.32。

（5）注解

① 乙醚（ether）［60-29-7］，$C_4H_{10}O$，无色易挥发的流动液体，有芳香气味。具有吸湿性。m.p. －116.3℃，b.p.34.5℃，d_4^{20} 0.7145，n_D^{20} 1.3527，闪点－49℃。溶于乙醇、苯、氯仿及石油，微溶于水。

② 氯代环戊烷（cyclopentyl chloride）［930-28-9］，C_5H_9Cl，无色液体，有刺激性气味。m.p. －50℃，b.p.114℃，n_D^{20} 1.4502～1.4522。易燃。能与乙醇、醚、甲醇、丙酮、苯和四氯化碳混合，几乎不溶于水。

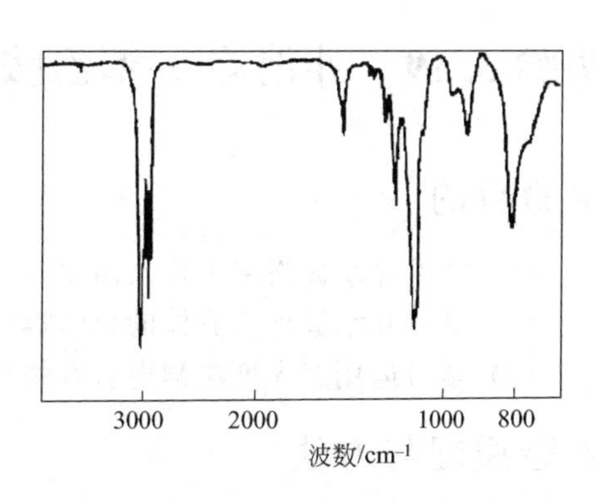

图 3.32　二环戊基二甲氧基硅的红外光谱

③ 碘（iodine）[7553-56-2]，I_2，带有金属光泽的紫黑色鳞晶或片晶，性脆，蒸气呈紫色，具有特殊刺激性臭味。m. p. 113.5℃，b. p. 184.35℃，d_4^{20} 4.93。微溶于水，溶解度随温度升高而增加，难溶于硫酸，易溶于有机溶剂。

④ 四甲氧基硅烷（tetramethyl orthosilicate）[681-84-5]，$Si(OCH_3)_4$，无色透明液体，有特殊气体。m. p. －4℃，b. p. 121～122℃，d_4^{20} 1.032，n_D^{20} 1.3688。能与有机溶剂任意混溶，不溶于水。易燃，有毒，有腐蚀性。

⑤ 甲苯（toluene）[108-88-3]，C_7H_8。无色透明液体，有类似苯的芳香气味。m. p. －94.9 ℃，b. p. 110.6 ℃，d_4^{20} 0.87。不溶于水，可溶于苯、醇、醚等多数有机溶剂中。

（6）其他制法

① 四氯化硅与环戊基格氏试剂合成法；

② H_2SiCl_2 与环戊基格氏试剂合成法；

③ 以环戊烯与 H_2SiCl_2 为原料合成法。

（7）安全提示

① 乙醚：易挥发。

② 氯代环戊烷：易燃液体。有刺激性气味。

③ 四甲氧基硅烷：易燃。有毒。有腐蚀性。

预习内容

（1）完成下表

化合物	M	m. p.	b. p.	d 或 ρ	S(水中溶解度)	n_D^{20}	投料量			理论产量/g
							mL	g	mol	
氯代环戊烷										
四甲氧基硅烷										
二环戊基二甲氧基硅										

（2）列出主要反应物的投料摩尔比、反应介质及引发剂、反应温度及反应时间。

（3）写出合成操作流程图。

思考题

（1）格氏反应在有机合成中有哪些应用？

（2）在格氏反应初始阶段，加入碘晶起什么作用？

（3）格氏试剂对水、氧都很敏感，在格氏反应中应采取什么措施？

实验3.19 外消旋 α-苯乙胺的合成与拆分

实验目的

（1）学习并掌握洛伊卡特（Leukart）反应，并用以合成（±）-α-苯乙胺。

（2）学习并掌握外消旋体的化学拆分原理和方法，并用酒石酸拆分（±）-α-苯乙胺。

（3）学习运用旋光度法测定获取物光学纯度的方法。

实验原理与方法

利用 Leukart 反应，用苯乙酮和甲酸胺制得（±）-α-苯乙胺。

$$C_6H_5COCH_3 + HCOONH_4 \xrightarrow{\triangle} C_6H_5\overset{*}{C}H(NH_2)CH_3 + H_2O + CO_2$$

生成的 α-苯乙胺是外消旋体。要将外消旋体的一对对映体分离，一般是将其与拆分剂形成非对映体，利用非对映体物理性质的不同将其分离，然后再脱去拆分剂，即可得纯的旋光异构体。拆分剂应是光活性物质。本实验用（+）-酒石酸作为拆分剂，拆分原理如下：

(+)-酒石酸（COOH / H—C—OH / HO—C—H / COOH）与外消旋 α-苯乙胺成盐：

(−)-α-苯乙胺(+)-酒石酸盐 [CH_3 / H—C—NH_3^+ / C_6H_5；COO^- / H—C—OH / HO—C—H / COOH] ⟶ (S)-(−)-α-苯乙胺 [CH_3 / H—C—NH_2 / C_6H_5] + [COO^- / H—C—OH / HO—C—H / COO^-]

(+)-α-苯乙胺(+)-酒石酸盐 [CH_3 / ^+H_3N—C—H / C_6H_5；COO^- / H—C—OH / HO—C—H / COOH] ⟶ (R)-(+)-α-苯乙胺 [CH_3 / H_2N—C—H / C_6H_5] + [COO^- / H—C—OH / HO—C—H / COO^-]

由于（−）-α-苯乙胺(+)-酒石酸盐和（+）-α-苯乙胺(+)-酒石酸盐在甲醇中溶解度有明显差异，其中（−）-α-苯乙胺(+)-酒石酸盐溶解度小，结晶析出，(+)-α-苯乙胺（+）-酒石酸盐溶解度大，留在溶液中。分离后分别用稀碱处理，再用乙醚萃取，蒸出溶剂即得两种不同旋光方向的 α-苯乙胺。

拆分效果常用旋光纯度来表示

$$ee=\frac{[\alpha]}{[\alpha]_{纯品}}\times 100\%$$

仪器、装置与试剂

旋光仪，折光仪，水循环真空泵，250mL 三口烧瓶，直形冷凝管，球形冷凝管，单尾接管，双尾接管，分液漏斗，抽滤瓶，锥形瓶，圆底烧瓶，50mL 容量瓶。

实验主要装置参见图 3.8。

苯乙酮，甲酸铵，氯化钠，盐酸，氢氧化钠，乙醚，(+)-酒石酸，甲醇。

实验步骤与操作

(1)（±）-α-苯乙胺的合成　在 250mL 三口烧瓶中加入 36.0g 苯乙酮、63.0g 甲酸铵及沸石，装配成常压蒸馏装置。温度计从另一侧口插入反应混合物中，加热使反应温度在 185～190℃保持 1h，水和苯乙酮被蒸出，同时有气体放出，然后将馏出物分去水层，油层倒回反应瓶中，再在 185～190℃反应 1h。冷却将反应混合物用 50mL 饱和食盐水洗涤两次，弃去水层。有机层和 36mL 浓盐酸一起回流 50min，冷却，用 20mL 的苯萃取 3 次。水层装入烧杯中，在冷水浴搅拌下缓慢加入 75mL 质量浓度为 400g/L 的氢氧化钠溶液，分出有机层，水层用 3×40mL 乙醚萃取，合并有机层和乙醚层，用粒状氢氧化钠干燥。常压蒸馏先蒸出乙醚，再收集 180～190℃的馏分，即得（±）-α-苯乙胺。称重，计算产率，测折射率。

(2)（±）-α-苯乙胺的拆分　在 250mL 圆底烧瓶中加入 11.4g(+)-酒石酸和 150mL 甲醇，水浴上加热回流，待其完全溶解后停止加热，移去回流冷凝管，在摇荡下用滴管缓慢加入 9.0g(±)-苯乙胺（须小心操作，以免混合物沸腾或起泡溢出）。自然冷却至室温后，塞紧瓶塞，放置 24h 以上，瓶内应生成棱柱状晶体。若生成针状晶体或棱柱状结晶混合物，可分出少量棱柱状结晶，然后再重新加热回流，待晶体完全溶解，稍冷后用取出的棱柱状晶体接种，再让溶液缓慢冷却，待结晶完全后，减压过滤，并用少量甲醇洗涤晶体 3 次，即得

(－)-α-苯乙胺(＋)-酒石酸盐。干燥称重，计算产率。母液保留，用于制备另一种对映体。

将所得晶体溶于30mL水中，加入6mL 50% NaOH溶液，充分振荡使溶液呈碱性，将溶液转入分液漏斗，每次用30mL乙醚萃取3次，合并乙醚萃取液，用粒状氢氧化钠干燥，水层收集留作回收(＋)-酒石酸盐用。

将干燥后的乙醚溶液在常压下蒸去乙醚，再减压蒸馏，在3.5kPa时收集84～85℃的馏分，所得无色液体即为(－)-α-苯乙胺，称重，计算收率，测折射率。

将上述析出(－)-α-苯乙胺(＋)-酒石酸盐后的母液浓缩，在水浴上蒸出甲醇，残留物呈白色固体，用5mL 50%氢氧化钠处理，使固体溶解，然后用乙醇萃取3次，合并萃取液，用无水硫酸钠干燥。蒸去乙醚，减压蒸馏2.8kPa下收集85～86℃的馏分，即得(＋)-α-苯乙胺粗品，重结晶后得纯品。

(3) 产品鉴定　外观与形状检查，熔点测定，红外光谱测定，旋光度与旋光纯度的测定。

取一干燥、洁净、恒重的50mL容量瓶，准确称重后将所制得的(－)-α-苯乙胺移入其中，准确称重后用甲醇稀释至刻度，准确计算出(－)-α-苯乙胺的浓度，在旋光仪上测其旋光度，并计算比旋光度和旋光纯度。

(4) 产物性质

① (±)-α-苯乙胺(DL-α-phenylethylamine)，$C_8H_{11}N$，M121.18，无色液体。b.p. 184～188℃，b.p. 80～81℃(2.4kPa)，d_4^{15} 0.9395，n_D^{20} 1.528。呈强碱性。能与乙醇、乙醚相混溶，微溶于水(20℃，约4.2%)。其红外光谱图如图3.33所示。

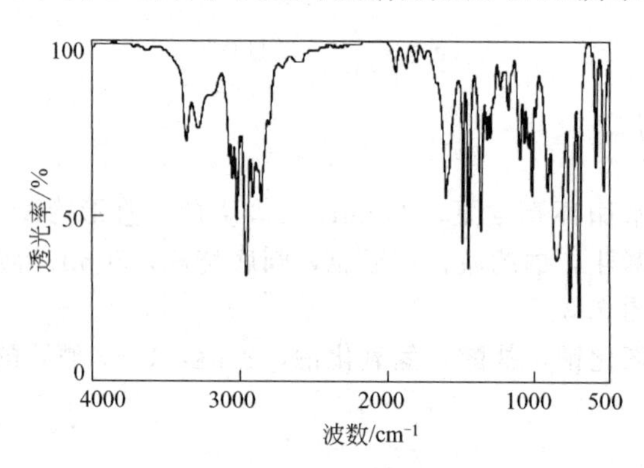

图3.33　α-苯乙胺的红外光谱

② (＋)-α-苯乙胺，无色液体，b.p. 184～186℃，d_4^{22} 0.950，n_D^{20} 1.528，α_D^{22} +40.3°。其他同上。

③ (－)-α-苯乙胺，无色液体，b.p. 187～189℃，d_4^{22} 0.950，n_D^{20} 1.528，α_D^{22} −40.3°。

(5) 安全提示

① 苯乙胺口服与皮肤接触有害，具有腐蚀性，能引起烧伤，避免吸入和接触皮肤和眼睛。

② 乙醚、乙醇、甲醇易燃易爆，操作时应远离明火。

③ 甲醇有毒，切勿吸入其蒸气。

④ 氢氧化钠具有腐蚀性，能引起烧伤，对呼吸系统有刺激性，使用时应避免吸入本品的蒸气。皮肤接触后应立即用大量指定液冲洗。

预习内容

(1) 完成下表

化　合　物	M	m. p.	b. p.	d 或 ρ	n_D^{20}	[α]	S(溶解度)			
							水	甲醇	乙醇	乙醚
(＋)-α-苯乙胺										
(－)-α-苯乙胺										
(＋)-酒石酸										

(2) 完成下列合成操作流程图

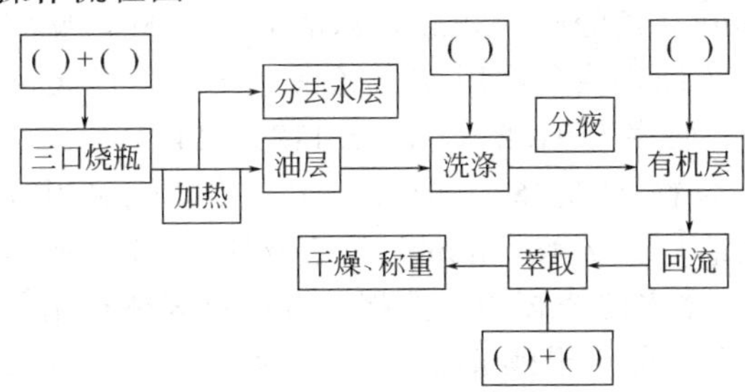

思考题

(1) 拆分 (－)-α-苯乙胺时，如果析出的结晶不是棱柱状的，如何处理？为什么？

(2) 本实验的关键步骤是什么？

(3) 如何回收 (＋)-酒石酸？

实验 3.20　五乙酰葡萄糖的合成

实验目的

(1) 合成 α-D-五乙酰葡萄糖和 β-D-五乙酰葡萄糖。

(2) 了解糖类羟基保护的基本方法。

(3) 巩固化合物分离提纯的后处理的基本操作。

实验原理与方法

糖类为多羟基化合物。在糖的化学中合成有关糖的衍生物时，常常需将糖分子中不参加反应的羟基保护起来，待反应完成后再将保护基脱掉，从而提高反应的区域选择性，所以羟基的选择性保护和脱保护是在糖化学研究中最基本手段。对糖分子中的羟基进行保护有多种方法，如形成酯类、醚类、缩醛等。乙酰基是糖化学中最常用的保护基，本实验中采用乙酸酐-吡啶体系或乙酸钠催化和糖羟基反应得到相应的 α-D-五乙酰葡萄糖和 β-D-五乙酰葡萄糖。

反应方程式：

$$\text{D-葡萄糖} \xrightarrow{Ac_2O, Py} \alpha\text{-D-五乙酰葡萄糖}$$

$$\text{D-葡萄糖} \xrightarrow{Ac_2O, CH_3COONa} \beta\text{-D-五乙酰葡萄糖}$$

仪器、装置与试剂

三口烧瓶 (100mL)，温度计 (0～200℃)，温度计套管，冰浴，电动搅拌器 (或磁力搅拌器），布氏漏斗，抽滤瓶，烧杯，玻璃棒，旋转薄膜蒸发器。

实验主要装置参见图 3.8。

无水葡萄糖，吡啶，乙酸酐，无水乙酸钠。

实验步骤与操作

（1）α-D-五乙酰葡萄糖的合成　向 100mL 三口烧瓶中加入无水葡萄糖[①] 3.0g (16.65mmol)，吡啶[②] 25mL，乙酸酐[③] 20mL，冰浴下搅拌 6h，反应结束。然后将反应混合液用旋转薄膜蒸发器减压浓缩，残余物用 50%乙醇重结晶，得无色针状结晶。放置在真空干燥箱内干燥，得 5.93g，收率为 91.2%，m.p. 112～114℃（文献值 112～113℃）。

（2）β-D-五乙酰葡萄糖的制备　向 100mL 三口烧瓶中加入无水葡萄糖 3.0g (16.65mmol)、无水醋酸钠[④] 2.4g(43.8mmol)、乙酸酐 15mL，加热回流，反应 2h，得棕黄色溶液，倒入盛有 150mL 冰水的烧杯中，搅拌，有白色固体析出[⑤]，过滤，洗涤，用 50%乙醇重结晶，得白色固体，真空干燥得 5.1g，收率 78.7%，m.p. 130～131℃（文献值 130～131℃）。

（3）产物性质

① α-D-五乙酰葡萄糖（α-D-pentaacetyl glucopyranose），$C_{16}H_{22}O_4$，白色结晶性粉末。m.p. 111～113℃，$[\alpha]_{546}^{20}=+119°\pm2°$，$[\alpha]_{D}^{20}=+100°\pm2°$($c=5$，$HCCl_3$)。溶于醇和三氯甲烷，不溶于水。红外光谱图见图 3.34。

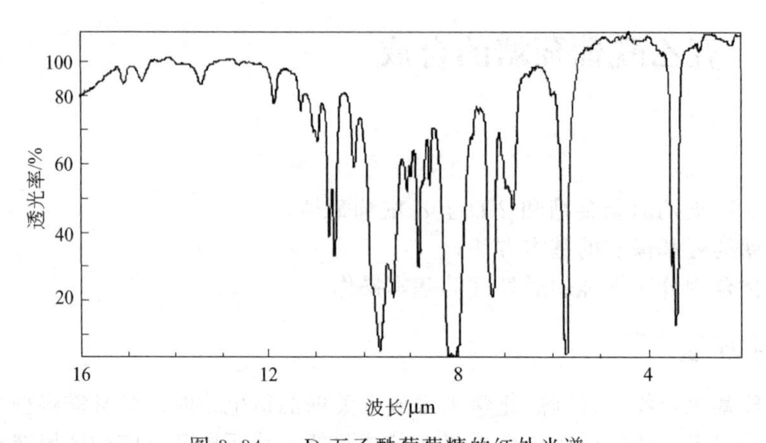

图 3.34　α-D-五乙酰葡萄糖的红外光谱

NIST Chemistry WebBook(http：//webbook,nist，gov/chemistry)

② β-D-五乙酰葡萄糖（β-D-pentaacetyl glucopyranose），$C_{16}H_{22}O_4$，白色结晶性粉末。m.p. 130～131℃，$[\alpha]_{546}^{20}=+5.5\pm0.5°$，$[\alpha]_{D}^{20}=+4.5\pm0.5°$($c=5$，$HCCl_3$)。能溶于三氯甲烷，不溶于水。

（4）注解

① 无水葡萄糖（glucose anhydrous）[50-99-7]，$C_6H_{12}O_6$，白色结晶或结晶性粉末。溶于水，微溶于醇、醚和丙酮。

② 吡啶（pyridine）[110-86-1]，C_5H_5N，无色透明液体，有特殊臭味。b.p. 114～116℃，F.p. 68°F(20℃)，d_4^{20} 0.981，n_D^{20} 1.508。能与水、醇、三氯甲烷和乙醚等有机溶剂相混溶，能随水蒸气挥发。

③ 乙酸酐（acetic anhydride）[108-24-7]，无色透明液体，有酸味。m.p. −73℃，F.p. 130°F(55℃)，d_4^{15} 1.080，n_D^{20} 1.3904。能与三氯甲烷和醚相混溶。

④ 无水乙酸钠（sodium acetate anhydrous）[127-09-3]，白色粉末。有吸湿性，溶于水

与醇。

⑤ 制备 β-D-五乙酰葡萄糖时，在冰水中析出固体要尽量使块状固体成为粉末，防止块状固体中包含未反应的乙酸酐等其他杂质。

(5) 安全提示

① 吡啶，高度易燃，吸入或与皮肤接触有害。入眼睛时应立即用大量水冲洗后请医生诊治，接触皮肤后应立即用大量指定的液体冲洗。应远离火种存放。

② 乙酸酐，二级酸性腐蚀品。该品易燃，具有腐蚀性，能引起烧伤，万一接触到眼睛，应立即用大量水冲洗，应密封保存。

预习内容

(1) 完成下表

化　合　物	M	m. p	b. p.	d 或 ρ	S(水中溶解度)	n_D^{20}	投　料　量			理论产量/g
							mL	g	mol	
葡萄糖										
乙酸酐										
α-D-五乙酰葡萄糖(吡啶催化)										
β-D-五乙酰葡萄糖(无水乙酸钠催化)										

(2) 预习实验教材给出的参考文献，学习糖类上羟基的保护和脱保护基本原理和方法。

(3) 了解有关实验仪器和设备的操作规程，及所用药品的危害性及安全操作方法。

(4) 完成下列操作流程图

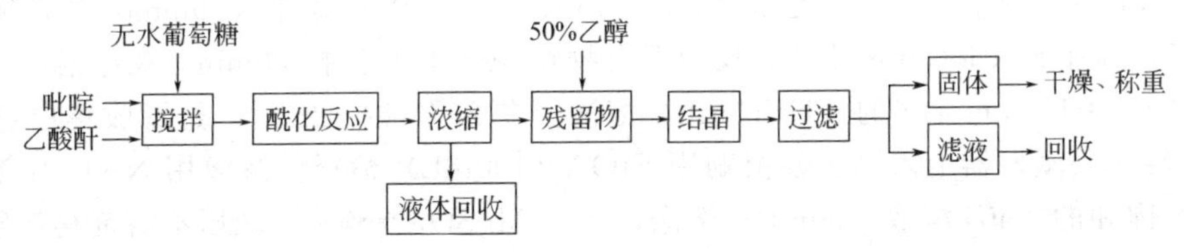

思考题

(1) 乙酸酐-吡啶体系或乙酸钠的两种催化体系为什么会得到五乙酰葡萄糖的 α 和 β 两种异构产物？

(2) 查找文献给出其他糖类（如甘露糖、半乳糖、麦芽糖、乳糖等）的乙酰化方法，进行对比。

实验 3.21　活性中间体 Fmoc-L-Trp-Bt 的合成

实验目的

(1) 制备出活性中间体 Fmoc-L-Trp-Bt。

(2) 了解氨基酸的保护和羧基活化的方法。

(3) 巩固化合物分离提纯等后处理的基本操作。

实验原理与方法

对氨基保护后的氨基酸中羧基的活化方法的研究，由于其在肽键的形成中具有重要意义，一直备受关注。众多的合成方法以其反应中间体是否分离主要可以分为以下两类：①不分离活化中间体的方法，例如使用DCC或者EDAC和HOBt联用；②分离出活化中间体的方法，例如对氨基保护的酰卤、苯酯等。

本实验合成的Fmoc-L-Trp-Bt为后者，即分离出活化中间体，但它具有一定的稳定性，可与游离的氨基酸（例如：D,L-Ala-OH）在温和的水溶液反应条件下实现手性完全保持的肽键偶联（例如：Fmoc-L-Trp-D，L-Ala-OH的混合物）。

反应方程式：

$$\text{Fmoc-Trp-OH}\ \xrightarrow[20^\circ C]{BtH, SOCl_2/THF}\ \text{Fmoc-Trp-Bt}$$

（Fmoc-Trp-OH：吲哚-3-基—$CH_2CHCOOH$，N上为H，α-NH—Fmoc；Fmoc-Trp-Bt：吲哚-3-基—$CH_2CHCOBt$，N上为H，α-NH—Fmoc）

仪器、装置与试剂

三口烧瓶（100mL），球形冷凝管，温度计（0～150℃），温度计套管，冰浴，电动搅拌器（或磁力搅拌器），布氏漏斗，抽滤瓶，烧杯（250mL），玻璃棒，分液漏斗，旋转薄膜蒸发器。

实验主要装置参见图3.8。

Fmoc-L-Trp-OH，苯并三氮唑（1*H*-benzotriazole），$MgSO_4$，四氢呋喃（THF），乙酸乙酯（EtOAc），Na_2CO_3，NaCl，$CHCl_3$，氯化亚砜（$SOCl_2$），正己烷，$CHCl_3$。

实验步骤与操作

在100mL三口烧瓶中加入无水THF(15mL)[①]，苯并三氮唑（20mmol）[②]，搅拌溶解后，在25℃滴加$SOCl_2$(5mmol)[③]，反应混合物在35～40℃搅拌20min。在冰浴冷却下滴加Fmoc-L-Trp-OH(5mmol)[④]的THF(5mL)溶液。在25℃搅拌2h后，过滤收集白色沉淀[⑤]，滤液在旋转薄膜蒸发器上浓缩。残留物用EtOAc(100mL)稀释，溶液用Na_2CO_3溶液(3×50mL)及饱和的NaCl溶液（50mL）洗涤，无水$MgSO_4$干燥[⑥]。减压蒸溶剂得产物Fmoc-L-Trp-Bt。真空干燥，称重，计算产率[⑦]。测定产物的熔点[⑧]和比旋光度[⑨]。用$CHCl_3$-正己烷重结晶进行元素分析[⑩]。

（1）Fmoc-L-Trp-Bt的性质　Fmoc-L-Trp-Bt，白色结晶。m. p. 88～90℃。

（2）注解

① 四氢呋喃（tetrahydrofuran）[109-99-9]，C_4H_8O，无色易挥发液体，有类似乙醚的气味。溶于水、乙醇、乙醚、丙酮、苯等多数有机溶剂。

② 苯并三氮唑（1*H*-benzotriazole）[95-14-7]，$C_6H_5N_3$，白色至微黄色片状、粒状、针状。

③ 氯化亚砜（thionyl chloride）[7719-09-7]，$SOCl_2$，无色至浅黄或浅红色发烟液体，有窒息气味。有高折光性，加热至140℃以上分解成氯气、二氧化硫和二氯化硫，遇水水解成二氧化硫和盐酸。能与苯、氯仿和四氯化碳混溶。

④ Fmoc-L-Trp-OH纯度为99%。

⑤ 苯并三氮唑在酸性条件下形成的盐。

⑥ 无水硫酸镁（anhydrous magnesium sulfate）[7487-88-9]，$MgSO_4$，白色无味固体，可水结合，形成水合硫酸镁。

⑦ 本实验产物的收率较高，约90%。

⑧ m. p. 88～90℃。^1H NMR（DMSO-d_6）：$\delta=3.27$（dd，$J=14.6$，9.9Hz，1H，$ArCH_2CH$），3.52（dd，$J=14.6$，4.1Hz，1H，$ArCH_2CH$），4.15～4.30（m，3H，

CH_2，CH，Fmoc)，5.74～5.81(m，1H，CH_2CHN)，6.97～7.09(m，2H)，7.17～7.46(m，6H)，7.61～7.84(m，5H)，7.88(d，J=7.4Hz，2H)，8.25(d，J = 8.2Hz，1H，Bt)，8.28(d，J = 8.3Hz，1H，Bt)，8.36(d，J = 7.1Hz，1H，NH)，10.89(s，1H，NH)。

⑨ $[\alpha]_D^{25}=+12.7(c=1.5，DMF)$。

⑩ $C_{32}H_{25}N_5O_3$。

(3) 其他衍生物的制法

化合物	收率/%	$[\alpha]_D^{25}$/(°)	m. p. /℃	化合物	收率/%	$[\alpha]_D^{25}$/(°)	m. p. /℃
Cbz-L-Tyr-Bt	86	+46.5	165～166	Fmoc-L-Met-Bt	87	−75.1	98～100
Cbz-L-Trp-Bt	95	+35.2	100～101	Cbz-L-Gln-Bt	72	−27.1	161～162
Cbz-L-Cys-Bt	76	−121.7	144～147				

注：Cbz 为苄氧羰基，氨基酸中氨基的一种保护基团。

(4) 安全提示

① THF：本品具有刺激性和麻醉作用。液体或高浓度蒸气对眼有刺激性。

② $SOCl_2$：本品能灼伤皮肤，对黏膜有刺激。操作时须穿戴好防护用品，若溅到皮肤上，立即用大量清水冲洗。

预习内容

(1) 联网查询实验中所用原料的物理化学性质、国内外供应商和价格等相关信息。

(2) 完成下表

化合物	M	m. p	b. p.	d 或 ρ	S(水中溶解度)	n_D^{20}	投料量			理论产量/g
							mL	g	mol	
Fmoc-L-Trp-OH										
$SOCl_2$										
苯并三氮唑										
Fmoc-L-Trp-Bt										

(3) 完成本实验的操作流程图：

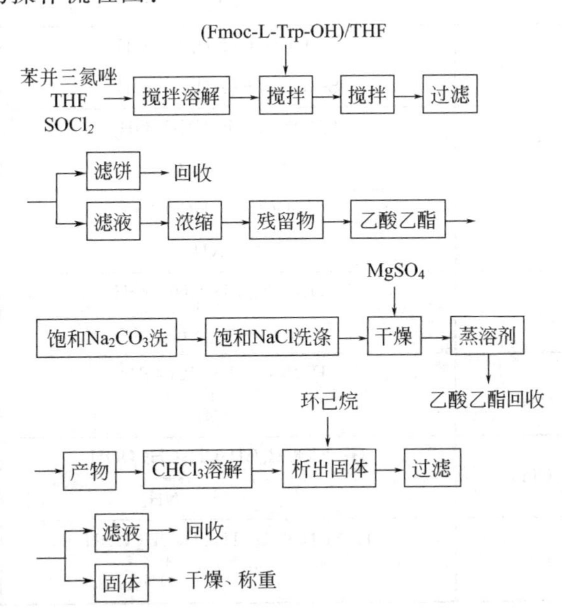

思考题

(1) Na_2CO_3 溶液洗涤，饱和的 NaCl 溶液洗涤，无水 $MgSO_4$ 干燥在本实验中起何作用？

(2) $SOCl_2$ 在本实验中起何作用？

(3) 采用其他氨基酸为原料合成同类肽键偶联活性酯的反应方程式，并计算投料比，设计出实验步骤。

(4) 阅读本实验指定的参考文献，说明本活性中间体的优点。

附表　常见氨基酸

名　称	缩　写	结　构　式	熔　点/℃
甘氨酸 (Glycine)	Gly	CH_2COOH | NH_2	292(分解)
丙氨酸 (Alanine)	Ala	H $H_3C—C—COOH$ | NH_2	297(分解)
缬氨酸 (Valine)	Val	$(CH_3)_2CHCHCOOH$ | NH_2	315(分解)
亮氨酸 (Leucine)	Leu	$(CH_3)_2CHCH_2CHCOOH$ | NH_2	337(分解)
异亮氨酸 (Isoleucine)	Ile	$CH_3CH_2CH—CHCOOH$ |　| CH_3　NH_2	285(分解)
丝氨酸 (Serine)	Ser	$HOCH_2CHCOOH$ | NH_2	228(分解)
苏氨酸 (Threonine)	Thr	$CH_3CH—CHCOOH$ |　| OH　NH_2	253(分解)
半胱氨酸 (Cysteine)	Cys	$HSCH_2CHCOOH$ | NH_2	—
胱氨酸 (Cystine)	Cys- Cys	S—$CH_2CH(NH_2)COOH$ | S—$CH_2CH(NH_2)COOH$	258
蛋氨酸 (Methionine)	Met	$CH_3SCH_2CH_2CHCOOH$ | NH_2	283
天冬氨酸 (Aspartic acid)	Asp	$HOOCCH_2CHCOOH$ | NH_2	269
谷氨酸 (Glutamic acid)	Glu	$HOOCCH_2CH_2CHCOOH$ | NH_2	247
天冬酰胺 (Asparagine)	Asn	$H_2NCOCH_2CHCOOH$ | NH_2	236
谷酰胺 (Glutamine)	Gln	$H_2NCOCH_2CH_2CH_2CHCOOH$ | NH_2	184
赖氨酸 (Lysine)	Lys	$H_2NCH_2CH_2CH_2CH_2CHCOOH$ | NH_2	224

续表

名　称	缩　写	结　构　式	熔　点/℃
羟赖氨酸 (Hydroxylysine)	Hyl	$H_2NCH_2CH(OH)CH_2CH_2CH(NH_2)COOH$	—
精氨酸 (Arginine)	Arg	$H_2NC(=NH)NHCH_2CH_2CH_2CH(NH_2)COOH$	230～244(分解)
组氨酸 (Histidine)	His	咪唑基$-CH_2CH(NH_2)COOH$	287
苯丙氨酸 (Phenylalanine)	Phe	$C_6H_5CH_2CH(NH_2)COOH$	283
酪氨酸 (Tyrosine)	Tyr	$HO-C_6H_4-CH_2CH(NH_2)COOH$	342
色氨酸 (Tryptophan)	Trp	吲哚基$-CH_2CH(NH_2)COOH$	283
脯氨酸 (Proline)	Pro	吡咯烷-2-COOH（N—H）	220
羟脯氨酸 (Hydroxyproline)	Hyp	4-HO-吡咯烷-2-COOH（N—H）	270

实验 3.22　二肽 Fmoc-L-Trp-D,L-Ala-OH 的合成

实验目的

（1）合成出二肽 Fmoc-L-Trp-D,L-Ala-OH。

（2）掌握苯并三氮唑法形成肽键的特点及多肽合成方法。

（3）巩固化合物分离提纯等后处理的基本操作。

实验原理与方法

一分子氨基酸的羧基与另一分子氨基酸的氨基反应，脱去一分子水形成的酰胺键，称为肽键。氨基酸的 α-羧基不可能直接与氨基作用形成肽键，通常是采用两种方法进行：①羧基活化法；②偶联剂法。形成活性中间体为羧基活化法中的一种，其具有一定的稳定性及反应活性。

本实验采用苯并三氮唑活化羧基后的活性中间体，与游离的氨基酸反应，在温和的水溶液反应条件下实现手性完全保持的肽键偶联。

反应方程式：

$$\text{吲哚基}-CH_2CH(NH-Fmoc)COBt \xrightarrow[CH_3CN\text{-}H_2O,\ Et_3N]{D,L\text{-}Ala\text{-}OH} \text{吲哚基}-CH_2CH(NH-Fmoc)-C(=O)-NH-CH(CH_3)-COOH$$

Fmoc-Trp-Bt　　　　Fmoc-Trp-D,L-Ala-OH

仪器、装置与试剂

三口烧瓶（100mL），温度计（0～150℃），温度计套管，电动搅拌器（或磁力搅拌器），薄层板，布氏漏斗，抽滤瓶，量筒（10mL），烧杯（250mL），玻璃棒，分液漏斗，旋转薄膜蒸发器。

实验主要装置参见图3.8。

Fmoc-L-Trp-Bt，D,L-Ala-OH，乙腈（CH_3CN），H_2O，三乙胺（Et_3N），EtOAc，HCl，$MgSO_4$，$CHCl_3$，正己烷。

实验步骤与操作

将Fmoc-L-Trp-Bt①（1mmol）加入到含D,L-Ala-OH②（1mmol）的CH_3CN-H_2O③（10mL∶4mL）溶液中，同时加入Et_3N④（1mmol）。反应液在室温下搅拌约10h（通过TLC检测至原料Fmoc-L-Trp-Bt消耗完）。减压除去反应液中的CH_3CN后，加入EtOAc，有机层用6mol/L HCl洗涤、无水$MgSO_4$干燥⑤。蒸去溶剂后，剩余物在$CHCl_3$-正己烷中析晶，真空干燥，称重，计算产率⑥。测定产物的熔点⑦和比旋光度⑧。

（1）Fmoc-L-Trp-D,L-Ala-OH的性质　Fmoc-L-Trp-D,L-Ala-OH为白色结晶。m. p. 136～138℃。其中Fmoc-L-Trp-L-Ala-OH的核磁共振数据：^1H NMR（DMSO-d_6）：δ=1.31(d，J=7.1Hz，3H，CH_3CH)，2.89～2.97(m，1H，ArCH_2CH)，3.10～3.21(m，1H，ArCH_2CH)，4.13(s，2H，CH_2，Fmoc)，4.19～4.33[m，3H，CH(Fmoc)，2×COCHN]，6.95～7.0(m，1H)，7.03～7.08(m，1H)，7.19～7.43(m，6H)，7.51(d，J=8.5Hz，1H)，7.59～7.66(m，2H)，7.71(d，J=7.7Hz，1H)，7.87(d，J=7.1Hz，2H)，8.37(d，J=7.1，1H，NH)，10.82(s，1H，NH)，12.51(s，1H，CO_2H)。

（2）注解

① 实验室自己合成。

② 丙氨酸、D,L-Ala-OH为外消旋的混合物。

③ 乙腈（acetonitrile）[75-05-8]，CH_3CN，无色透明液体，微有醚样臭气。易燃。与水或乙醇能任意混合。

④ 三乙胺（triethylamine）[121-44-8]，Et_3N，易挥发的无色液体，有氨的气味。溶于水和乙醇。有碱性，与无机酸生成可溶的盐类。

⑤ 无水硫酸镁（anhydrous magnesium sulfate）[7487-88-9]，$MgSO_4$，白色无味固体。可与水结合，形成水合硫酸镁。

⑥ 本实验产物收率的文献值为68%。

⑦ m. p. 136～138℃。

⑧ $[\alpha]_D^{25}=-0.6(c=1.5$，DMF)。

（3）其他衍生物的制法

化合物	收率/%	$[\alpha]_D^{25}$/(°)	m. p./℃	化合物	收率/%	$[\alpha]_D^{25}$/(°)	m. p./℃
Cbz-L-Tyr-D,L-Phe-OH	86	−13.3	115～117	Fmoc-L-Met-D,L-Ala-OH	72	−7.8	109～110
Cbz-L-Trp-D,L-Ala-OH	90	−19.5	93～95	Cbz-L-Gln-D,L-Phe-OH	74	−0.5	148～150
Cbz-L-Cys-D,L-Ala-OH	71	−99.9	153～155				

注：Cbz为苄氧羰基，氨基酸中氨基的一种保护基团。

（4）安全提示

① 乙腈　易燃。与硫酸、发烟硫酸、氯磺酸、过氯酸盐等反应剧烈。

② 三乙胺　操作时候应注意通风。

预习内容

（1）联网查询实验中所用原料的物理化学性质、国内外供应商和价格等相关信息。

（2）完成下表

化合物	M	m. p	b. p.	d 或 ρ	S(水中溶解度)	n_D^{20}	投料量			理论产量/g
							mL	g	mol	
Fmoc-L-Trp-Bt D, L-Ala-OH CH_3CN Et_3N Fmoc-L-Trp-D, L-Ala-OH										

（3）完成本实验的操作流程图

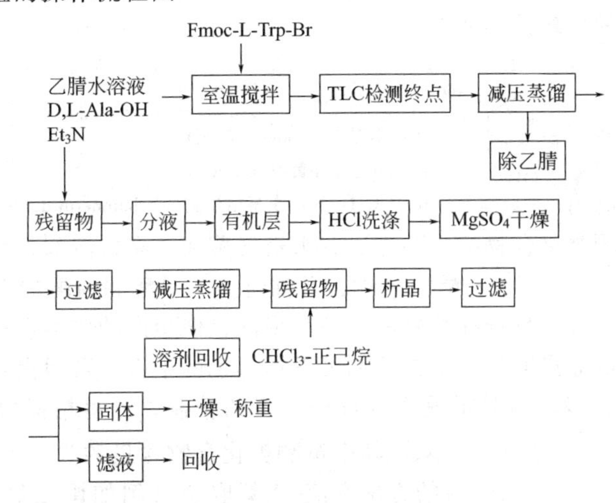

思考题

（1）常用的羧基活化法有哪几种，各有何优缺点？

（2）氨基酸羧基活化形成的活性酯有哪些？

（3）Et_3N 在本实验中起何作用？

（4）阅读本实验指定的参考文献，说明该方法形成肽键的优点。

实验 3.23　银杏叶中有效成分的提取

实验目的

（1）通过银杏叶中有效成分的提取，掌握用索氏提取器提取天然产物中有效成分的原理和操作方法。

（2）了解银杏叶中有效成分的种类和含量分布。

实验原理与方法

银杏叶是银杏科银杏属植物银杏的叶子。由于其果、皮等具有很高的保健和药用价值，因而一直受到国内外学者的高度重视。近年来，由于银杏叶中的有效成分得到了分离和利用，使得银杏叶的价格不断上涨。银杏叶提取物对于治疗心脑血管和周边血管疾病、神经系统障碍、头晕、耳鸣、记忆损失以及消除人体自由基等方面有显著效果。目前，银杏叶的开发利用在国内外已成研究热点。我国银杏资源十分丰富，约占世界银杏资源的3/4以上，是世界上最大的银杏叶生产国和出口国。因此研究和开发以银杏叶为原料的产品具有重大的现实意义。

银杏叶中化学成分很多，主要有黄酮类、萜内酯类、聚戊烯醇类等化合物，此外，还有酚类、生物碱和多糖等药用成分。黄酮类化合物具有广泛的生理活性。药理试验表明，黄酮类化合物有使冠状血管扩张、抗自由基、抑制脂质过氧化的作用，也有降血脂、增加脑血流量等作用。国外对银杏叶的开发较早，主要以银杏叶提取的银杏内酯、黄酮等药用成分为主。20世纪80年代就有许多以银杏叶为原料的制剂上市，用于保健品、化妆品和药品。以黄酮为主的制剂有银可络、百露达、天保宁、银杏叶片等。

银杏叶中的黄酮类化合物由黄酮及其苷、双黄酮、儿茶素三类组成，已分离出约40种黄酮类化合物，其中黄酮及其苷28种、双黄酮6种、儿茶素4种。它们的结构相对较复杂，如其中的黄酮醇及苷的母环结构如下：

R＝H：莰菲醇(kaempferol)

R＝OH：五羟黄酮(quercetin)

R＝OCH_3：异鼠李亭衍生物(isorhamnetin derivatives)

提取银杏叶中黄酮类化合物的主要方法有水蒸气蒸馏、有机溶剂萃取和超临界流体萃取法[①]。常用的有机溶剂有甲醇、乙醇、丙酮、石油醚等。甲醇和丙酮的毒性较大，因而，乙醇作为萃取溶剂用的较多，且选择性好和产品产率高，但生产的成本也较高。干燥和粉碎过的银杏叶通过索氏提取器提取后，蒸去溶剂可得棕黑色的银杏浸膏粗提物。粗提物化学组成较复杂，所含的杂质较多。如对粗提物进行进一步的精制，可得精提取物，为黄褐色的粉末，其中黄酮类化合物含量约为20%～26%。通常采用的方法有液-液萃取法（例如用二氯甲烷或氯仿或苯脱酯）、沉淀法（用NH_4OH或$PbAc_2$等沉淀剂）和吸附洗脱法（用大孔树脂、硅藻土或硅胶等吸附剂）。本实验采用有机溶剂萃取法提取银杏叶中的有效成分，使用索氏提取器进行提取得粗提物，然后再用液-液萃取法和吸附洗脱法对粗提物进行精制。

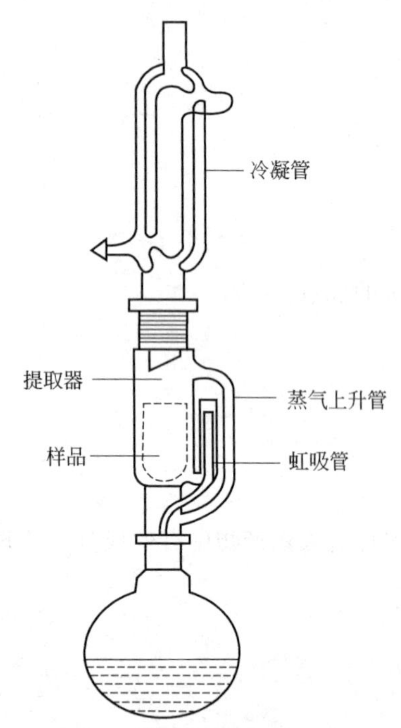

图3.35　银杏叶中有效成分的提取实验装置

索氏提取器（图3.35）是用来从固体混合物中提取物质的仪器[②]。在提取前，先将滤纸做成与提取器大小相适应的套袋，然后把研细和被提取的固体装入纸套袋内。开始加热后使溶剂回流，溶剂在提取器内达到一定的高度就和所提取的物质一同从侧面虹吸管流入烧瓶中，溶剂就这样在仪器内循环流动，把所要提取的物质集中到下面的烧瓶里。提取液经浓缩后，将所得的固体进行进一步纯化，可得纯品。

仪器、装置与试剂

索氏提取器，水浴锅，离心机，圆底烧瓶（500mL），回流冷凝管（40cm），蒸馏装置一套，分液漏斗（500mL），锥形瓶（100mL、250mL），色谱柱。

实验主要装置见图 3.35。

乙醇（20%、60%、70%），二氯甲烷，无水硫酸钠，NaOH（0.5mol·L^{-1}），HCl（0.5mol·L^{-1}），絮凝剂，D101 树脂，聚酰胺树脂，银杏叶粉末。

实验步骤与操作

（1）粗提物的获得　称取干燥和粉碎后的银杏叶粉末 50g，装入索氏提取器的滤纸套袋中，在 500mL 圆底烧瓶内加入 250mL 60%乙醇，用水浴加热（如索氏提取器较小，可分次进行）。连续提取 3h 左右，等叶子颜色变浅，可停止加热。待虹吸管内的冷凝液刚落下时，立即停止加热，改成蒸馏装置，减压蒸去溶剂即得棕黑色的银杏浸膏粗提物③。称量，计算产率。

（2）粗提物的精制

① 液-液萃取法　将银杏浸膏粗提物加 250mL 水，搅拌，置于分液漏斗中，用 3×60mL 二氯甲烷萃取④，合并萃取液。用无水 Na_2SO_4 干燥，蒸去二氯甲烷，得黄酮提取物。干燥，称量，计算产率。

② 吸附洗脱法　将银杏浸膏粗提物加水稀释到 300mL，加入 5mL 絮凝剂，搅拌，产生大量絮状沉淀⑤，离心过滤，取澄清液，用 0.5mol·L^{-1} NaOH 溶液调节至 pH8.5～9，产生絮状沉淀，离心过滤，滤液用 0.5mol·L^{-1} HCl 溶液调节 pH6～7⑥。取 D101 树脂和聚酰胺树脂约 40g，体积比为 1∶1，体积为 100mL，混匀装柱。将经絮凝、pH 处理的澄清液约 300mL 上柱分离。树脂的吸附量为 3.0g/100mL。以 4 倍柱体积的水洗、2 倍体积的 20%乙醇洗，然后以 70%乙醇解吸，经浓缩、干燥后产品黄酮提取物。

（3）注解

① 超临界流体是优良的萃取剂，已广泛用于药物、食品（天然香料、调味品）、化妆品、蛋白质等的提取。超临界流体 CO_2 可用以萃取黄酮类物质。

② 索氏提取器的结构较特殊且易损坏，使用时须小心。

③ 溶剂的选择、加热的方式及提取的时间都将影响产品的产率及质量。

④ 每次用 60mL 二氯甲烷提取，前后提取 3 次，总共用 180mL 二氯甲烷。

⑤ 絮凝剂是合成的高分子聚合物，加絮凝剂能使蛋白质变性，产生沉淀。

⑥ 调节 pH 值主要是沉降原花色素，因原花色素与黄酮苷的紫外吸收波长相近，易干扰黄酮含量的进一步测定，且有一定的毒性。

（4）其他制法　还可采用水蒸气蒸馏、超临界流体 CO_2 萃取。

（5）安全提示

① 乙醇：蒸气吸入或皮肤吸收有毒，一级易燃品，使用时防止明火。

② 乙醚：有麻醉性，一级易燃品，防止吸入，防止明火。

③ 二氯甲烷：防止蒸气吸入，防止皮肤吸收或摄入。

④ 氢氧化钠溶液：有强碱性，属于无机碱性腐蚀物品，对人体组织的腐蚀性很大，不要吸入，不要触及皮肤。

⑤ 盐酸溶液：避免与皮肤直接接触。

预习内容

设计实验方案：如何对粗提物中的有效化学成分进行定性及定量分析。

思考题

（1）用索氏提取器提取银杏叶中有效成分的原理是什么？

（2）举例说明其他提取银杏叶中有效成分的方法及其原理。

实验3.24 相转移催化法合成乙酸苄酯

实验目的

（1）了解相转移催化剂在有机合成中的应用。

（2）了解相转移催化反应的原理和意义。

实验原理与方法

乙酸苄酯可作为有机合成原料、树脂溶剂和用于油墨中，并且是具有特有花香香气的香料，用途广泛。

本实验是在相转移催化剂四丁基溴化铵存在下制取乙酸苄酯。相转移催化法现在广泛应用于有机合成中，它的优点是能使采用传统方法难以实现的反应顺利进行，而且反应条件温和，操作简便，反应时间短，产率高，选择性高，副反应少等。

相转移催化反应是在两个互不溶解的相间，利用相转移催化剂使反应物从一相转移到另一相中，随即与该相中的另一个物质发生反应，合成目标化合物。

化学反应式：

$$C_6H_5CH_2Cl + CH_3COONa \xrightarrow{Bu_4NBr} C_6H_5CH_2OOCCH_3$$

其相转移催化反应可能按下面的图示进行：

$$CH_3COONa \cdot 3H_2O \rightleftharpoons CH_3COONa + 3H_2O$$

$$CH_3COONa \rightleftharpoons CH_3COO^- + Na^+$$

$$CH_3COO^- + H_2O \rightleftharpoons CH_3COOH + OH^-$$

水相：

$$Bu_4\overset{\oplus}{N}\overset{\ominus}{Br} + OH^- \rightleftharpoons Bu_4\overset{\oplus}{N}\overset{\ominus}{O}H + Br^-$$

$$Bu_4\overset{\oplus}{N}\overset{\ominus}{O}H \xrightleftharpoons{CH_3COOH} Bu_4\overset{\oplus}{N}\overset{\ominus}{O}OCCH_3 + H_2O$$

界面

有机相：

$$Bu_4\overset{\oplus}{N}\overset{\ominus}{O}OCCH_3 \xrightarrow{C_6H_5CH_2Cl} Bu_4\overset{\oplus}{N}\overset{\ominus}{Cl} + C_6H_5CH_2OOCCH_3$$

仪器、装置与试剂

100mL三口烧瓶，150℃温度计，搅拌器套管（3支），球形冷凝管，搅拌棒，60mL分液漏斗，25mL锥形瓶，25mL圆底烧瓶（3支），分馏头，直形冷凝管，双叉接管，50mL烧杯。

实验主要反应装置参见图3.8。

氯化苄①，三水合乙酸钠②，四丁基溴化铵③,④，5%碳酸钠溶液，无水氯化钙。

实验步骤与操作

在100mL三口烧瓶中，放置6.3g氯化苄、10.2g(0.075mol)乙酸钠三水合物和0.25g

(7.8×10^{-4}mol) 催化剂 (Bu_4NBr)。装好搅拌器、回流冷凝管、温度计 (见图 3.8)，冷凝管上端装搅拌器套管，用橡皮管将尾气引入下水道。搅拌并逐渐升温至 115℃，在该温度下继续搅拌反应 1h，然后加入 15～20mL 水继续加热数分钟⑤，使固体 (什么物质?) 完全溶解后，转入分液漏斗，静置分出有机层。有机层用 5mL 5%碳酸钠溶液洗涤，然后再用 10mL 水分 2 次洗涤，以少量无水硫酸镁干燥，静置 15min，减压蒸馏，收集 89～90℃/1.1996 kPa(9mmHg) 的馏分。称重，测折射率。乙酸苄酯纯品是无色液体。产品纯度可用气相色谱仪分析，其色谱见图 3.36⑥。

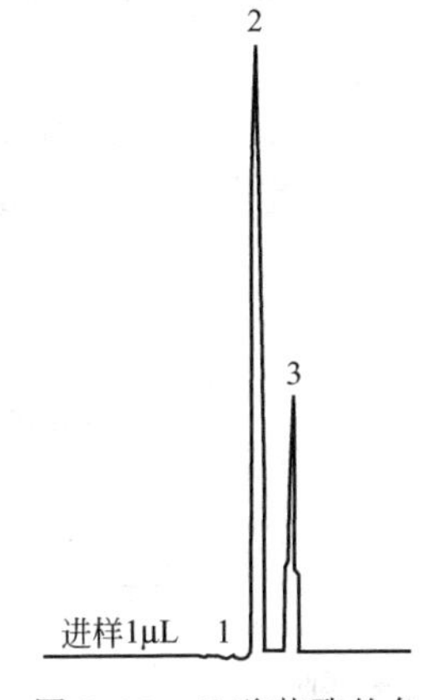

图 3.36 乙酸苄酯的色谱 (GC) 图
1—乙醇 (溶剂)；2—乙酸苄酯；3—丙酸苄酯 (内标)

(1) 乙酸苄酯的性质 乙酸苄酯 (benzyl acetate) [140-11-4]，$C_6H_5CH_2O(O)CCH_3$，*M*150.18，无色至微淡黄色透明液体，有似梨香。m.p. −51℃，b.p. 213℃，n_D^{20}1.5232，d_4^{20}1.040。能与醇及醚混合，不溶于水。

(2) 注解

① 氯化苄 (benzyl chloride) [100-44-7]，*M*126.58，m.p. −43～−48℃，b.p. 179℃。n_D^{15}1.5415，d_4^{20}1.100，无色澄清液体，有不愉快的刺激性气味。能与氯仿、醇及醚混合，不溶于水。当接触铁时加热迅速分解。能刺激眼睛和气管，投料时应在通风橱内进行。

② 乙酸钠 (sodium acetate)，$CH_3COONa\cdot3H_2O$，*M*136.09，m.p. 58℃，无色透明结晶或白色颗粒。在干燥空气中风化，在 120℃时失去结晶水，温度再高时分解。

③ 四丁基溴化铵 (tetrabutylammonium bromide) [1643-19-2]，$[CH_3(CH_2)_3]_4NBr$，*M*322.38，白色结晶。m.p. 102～104℃，n_D^{20}1.3510，d_4^{20}1.007。易潮解，易溶于水、醇、氯仿和丙酮，微溶于苯。

④ 可用其他相转移催化剂，如溴化十六烷基三甲铵 [$C_{16}H_{33}(CH_3)_3NBr$] 等替代。

⑤ 反应结束后向混合物中加水时，应将水置于分液漏斗中缓缓滴入，否则会产生大量泡沫逸出瓶外。

⑥ 检测乙酸苄酯的气相色谱条件：色谱柱：12m×0.32mm(i.d.) 石英玻璃毛细管，SE-30 固定液，柱温 180℃，检测室温度 230℃，汽化室温度 210℃，N_2(载气) 30mL/min，空气 300mL/min，H_2 30mL/min，柱前压 180psi，分流比 60.9 : 1，衰减 1/32，量程 10^{-10}。

(3) 其他制法 工业的制法为苄氯、乙酸钠、吡啶与二甲苯胺反应而得。由苄醇、冰乙酸在浓硫酸催化而得。

(4) 安全提示

氯化苄：有刺激气味，对眼及呼吸器管有刺激性。

预习内容

(1) 完成下表

化合物	*M*	m.p.	b.p.	*d* 或 *ρ*	S(水中溶解度)	n_D^{20}	投料量			理论产量/g
							mL	g	mol	
氯化苄 乙酸钠 乙酸苄酯										

(2) 完成操作流程图

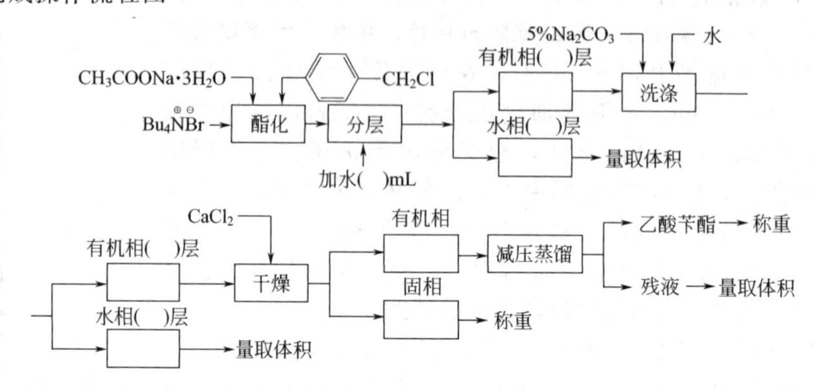

思考题

(1) 至少写出一种用其他方法制备乙酸苄酯的反应方程式。

(2) 加水洗涤可除去哪些物质?

(3) 在相转移催化剂存在下为何会得到高产率的乙酸苄酯。

实验3.25 电化学法合成碘仿

实验目的

(1) 学习有机电化学合成的原理和方法。

(2) 掌握碘仿的鉴别方法。

实验原理与方法

自20世纪60年代美国化学家M. Baizer成功采用电解丙烯腈的方法合成了己二腈以来，有机电解合成技术越来越受到关注。有机电解合成方法较其他有机合成方法具有一些独特的优点：①不需要任何氧化剂或还原剂，所用的氧化还原反应都通过电子转移来实现，减少了环境污染；②具有高的产物选择性，采用不同的电解条件由同一底物可以高产率地得到不同的化工产品，适用于具有多种异构体或多官能团化合物的定向选择合成；③在一定条件下，可以同时在阴极室和阳极室得到不同用途的产品（成对电解合成）；④条件温和，一般在常温常压下进行，特别适用于热力学上不稳定化合物的合成；⑤反应的开始、终结、反应速率的调节均可通过外部操作来控制，易于实现控制自动化；⑥放大效应小，易于实现工业化。当然，有机电解合成也有一些缺点和限制。如电耗较大，单槽产量较低，设备材质要求高，电化学反应器通用性差等。总之，有机电解合成通常适用于小品种、小批量、附加值高、耗电较少的有机化工产品，特别是精细有机化学品的制备。

电化学合成根据电子得失情况分为氧化和还原两类。阳极发生失电子的氧化反应，阴极发生得电子的还原反应。在某些反应中，反应物直接获得电子或失去电子转变为产物，有些反应时物质在阴极或阳极生成某些活泼试剂，再与有机物进行反应。

电解法制备碘仿时，电解液中的碘离子在阳极被氧化成碘，而生成的碘在碱性介质中变成次碘酸根离子，再与丙酮或乙醇作用生成碘仿。反应过程如下：

$$2I^- - 2e^- \longrightarrow I_2$$

$$I_2 + 2OH^- \rightleftharpoons IO^- + I^- + H_2O$$

$$CH_3COCH_3 + 3IO^- \longrightarrow CH_3COO^- + CHI_3 + 2OH^-$$

$$CH_3CH_2OH + 5IO^- \longrightarrow CHI_3 + H_2O + 2I^- + HCO_3^- + 2OH^-$$

从反应方程式可知，每生成 1mol 碘仿，若以丙酮为原料，需要 6mol 电子参加反应。以乙醇为原料需要消耗 10mol 电子。

在此制备反应中，存在的主要副反应是

$$3IO^- \rightleftharpoons IO_3^- + 2I^-$$

每生成 1mol IO_3^-，消耗 6mol 电子用来产生 3mol IO^-。可见实际消耗的电量大于生成碘仿的理论量。按照反应式计算的电量与实际消耗的电量的比值称为电流效率。

采用适当的电极材料和电解条件（电解电位、电流密度、电解液的组成和浓度及反应温度），可以提高电流效率，降低能耗。

仪器、装置与试剂

高脚烧杯，铂电极 2 支（3cm×2cm），磁力搅拌器，直流电源（0～30V，0～5A），可变电阻，减压过滤装置，熔点测定仪，红外光谱仪。

碘化钾，1mL 丙酮，100mL 蒸馏水。

实验步骤与操作

以烧杯为电解池，两电极固定，防止搅拌时短路或变形，电极间距为 3mm，电极下端距烧杯底约 1.5cm，以磁力搅拌器搅拌。实验装置见图 3.37。

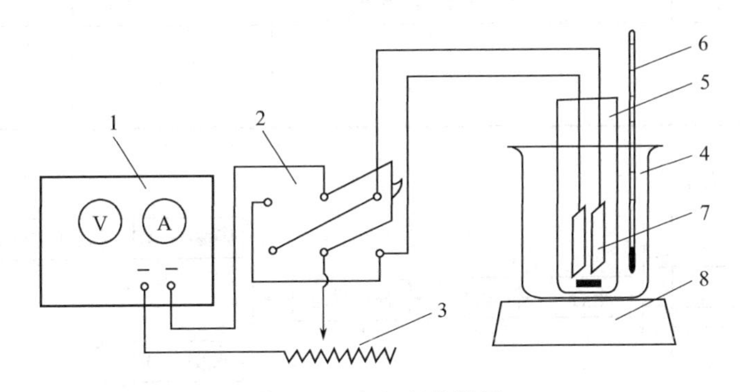

图 3.37　电解氧化装置

1—直流电源（0～30V，0～5A）；2—换向开关；3—可变电阻；4—水浴；5—高脚烧杯（电解槽）；6—温度计；7—铂电极；8—磁力搅拌器

烧杯内加入 100mL 蒸馏水、6g 碘化钾，搅拌使固体溶解，再加 1mL 丙酮混合均匀，测 pH 值并记录。接通电源，将电流调整到 1A，并通过调节可变电阻控制电流恒定。同时每隔 10min 改变电流方向一次，在电解反应过程中控制反应温度 20～30℃。电解时间 100min，电解过程中不断检测 pH 值并记录反应时间与 pH 值的变化。

切断电源后停止搅拌，将电解液减压过滤，滤液保存，可继续使用。用去离子水洗涤烧杯和电极并淋洗滤饼，干燥后称重，计算电流效率。

产品熔点测定，红外光谱鉴定。

（1）碘仿的性质　碘仿（iodoform），*M*393.73，有光泽的黄色结晶或粉末，有特殊气味。易溶于苯、丙酮，微溶于石油醚，极微溶于水。m. p. 119℃，b. p. 210℃（分解），d_4^{20} 4.100。沸点温度能升华，遇高温分解析出碘，能随水蒸气蒸馏。遇有机体的伤口创面会分解出碘，起到消毒的作用，可用作外科的消毒剂。其红外光谱见图 3.38。

（2）安全提示

① 碘仿有毒，具有刺激性，吸入、口服或皮肤接触有害。

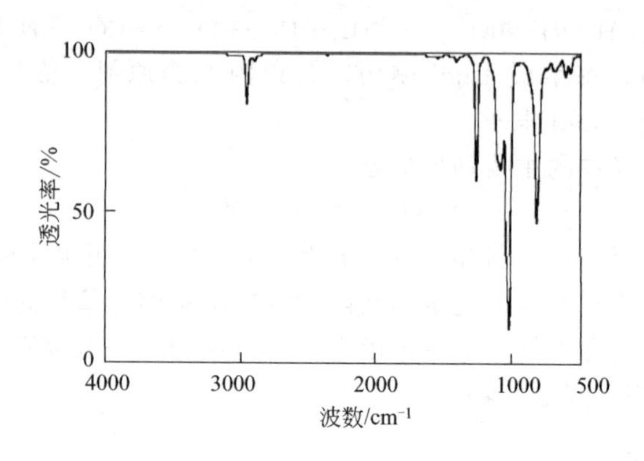

图 3.38 碘仿的红外光谱

② 丙酮易燃，注意预防火灾。

预习内容

(1) 填写下表

化合物	M	m. p.	b. p.	d 或 ρ	S(水中溶解度)	n_D^{20}	投料量			理论产量/g
							mL	g	mol	
碘仿 丙酮 碘化钾										

(2) 完成操作流程

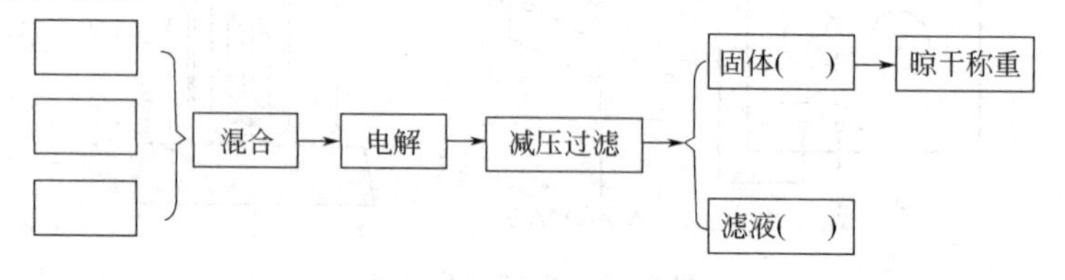

思考题

(1) 电解过程中溶液的 pH 值有何变化，为什么？

(2) 电解过程中会有特殊气味放出，这是什么物质？

(3) 若将反应中的碘化钾替换为溴化钾，所得产物是什么？

(4) 反应后的滤液如何利用？

实验 3.26 离子溶剂介质中合成4-甲基-2-硝基苯甲醚

实验目的

(1) 了解离子性液体绿色溶剂介质中的有机合成反应。

(2) 了解离子性液体的制备技术和溶剂特性。

实验原理与方法

硝酸铵与三氟乙酸能形成三氟乙酸硝酸酯活性硝化剂和三氟乙酸铵，在离子液体的溶剂介质条件下，形成高邻位选择性的硝基苯甲醚化合物。

$$\text{4-}CH_3C_6H_4OCH_3 + NH_4NO_3 + CF_3COOH \xrightarrow{[emim][CF_3COO]} \text{4-}CH_3\text{-2-}NO_2C_6H_3OCH_3$$

［emim］为 1-乙基-3-甲基-1*H*-咪唑阳离子（1-ethyl-3-methylimidazolium），其化学结构式为：

（1-乙基-3-甲基咪唑阳离子结构式：C_2H_5、CH_3 分别连于咪唑环的两个 N 上，环内带 ⊕）

仪器、装置与试剂

三口烧瓶（50mL），球形冷凝管，温度计，磁力搅拌器，旋转蒸发器，分液漏斗（150mL），烧杯，玻璃棒等。TLC、IR 或 NMR 等分析测试用仪器。

实验主要装置见图 3.39。

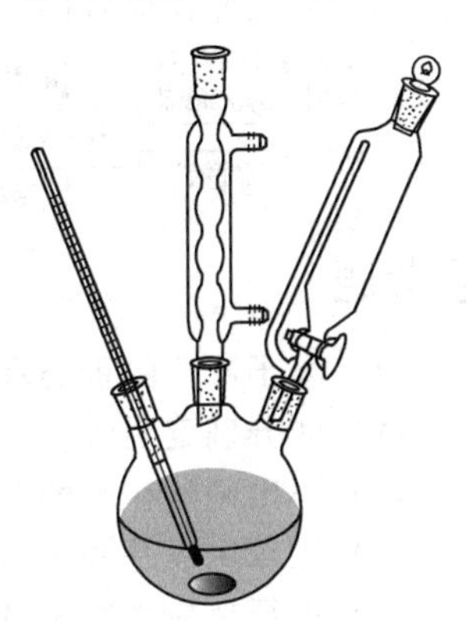

图 3.39　4-甲基-2-硝基苯甲醚的合成反应实验装置

4-甲基苯甲醚，1-乙基-3-甲基-1*H*-咪唑氯化物，乙腈，乙醚，丙酮，三氟乙酸钠，硝酸铵，三氟乙酸。

实验步骤与操作

（1）1-乙基-3-甲基-1*H*-咪唑三氟乙酸盐的制备　安装好反应装置。在室温条件下于 50mL 反应烧瓶中加入 10mL 丙酮和 5mL 乙醚，在慢速搅拌加入 1.47g(10.0mmol)1-乙基-3-甲基-1*H*-咪唑氯化物。不断搅拌下滴加已在 20mL 烧杯中混合有 3mL 乙醚、3mL 丙酮和 1.36g(10.0mmol) 三氟乙酸钠的均匀溶液，加料结束后将反应液继续搅拌 1h，过滤分离出白色沉淀物① 和溶液。将所分离出的溶液加入到蒸馏烧瓶中，常压蒸馏出乙醚和丙酮溶剂，蒸馏瓶中留存约 2.24g 浅黄色油状液体，称重。红外光谱、核磁共振波谱分析等。

（2）4-甲基-2-硝基苯甲醚的合成　安装好反应装置。在置有新制备的 1.75g 1-乙基-3-甲基-1*H*-咪唑三氟乙酸盐的反应器中，依次加入 160mg（2.0mmol）硝酸铵和 488mg (4.0mmol)4-甲基苯甲醚，在 0℃温度和搅拌下缓慢滴加 1.4mL(10.0mmol) 三氟乙酸②，加完料后室温反应 30min。真空蒸馏出三氟乙酸后，于溶液中加入乙醚和 Hunig 碱，溶液分层，再用乙醚洗涤萃取下层油相一次。合并乙醚相后，真空蒸馏分离出乙醚和产品 4-甲基-2-硝基苯甲醚，计算产率（约 70%）。红外光谱、核磁共振波谱分析等。下层油相经真空蒸馏（约 130～150℃）分离出 1-乙基-3-甲基-1*H*-咪唑三氟乙酸盐离子液体和少量盐化合物，计算离子液体回收率。

（3）4-甲基-2-硝基苯甲醚的性质　4-甲基-2-硝基苯甲醚（4-methyl-2-nitroanisole）［119-10-8］，$CH_3C_6H_3(NO_2)OCH_3$，*M*167.16，m.p. 8～9℃，b.p. 154℃/1.87kPa，d_4^{25} 1.205，n_D^{20} 1.5570。不溶于水，易溶于乙醇等。

（4）注解

① 白色沉淀物为氯化钠。

② 反应速率快且放热，注意滴加三氟乙酸要慢。

（5）安全提示

① 三氟乙酸酸性强，具有强腐蚀性，不要接触到皮肤。

② 4-甲基苯甲醚和有机溶剂等为易燃物质，注意防护。

预习内容

（1）完成下表

化合物	M	m. p.	b. p.	d 或 ρ	n_D^{20}	S（水中溶解度）	投料量			理论产量/g
							mL	g	mol	
4-甲基苯甲醚										
硝酸铵										
三氟乙酸										
1-乙基-3-甲基-1*H*-咪唑氯化物										

（2）列出主要反应物的投料摩尔比、反应介质及催化剂、反应温度及反应时间。

（3）完成操作流程图

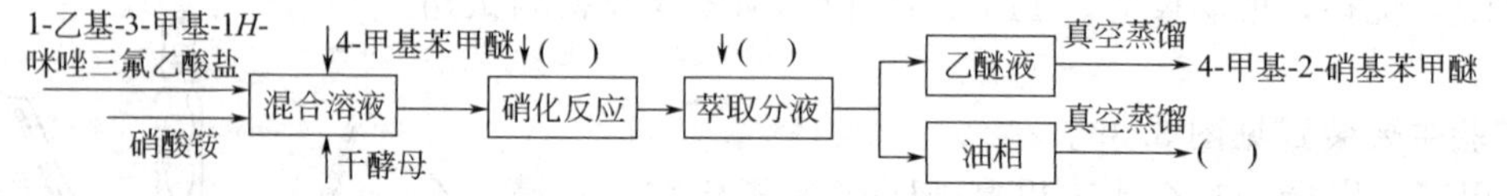

思考题

（1）离子液体的种类和结构特性。

（2）区分确定实验步骤与操作（1）和（2）中所分离出的固体物质名。

（3）写出硝酸在硫酸介质中硝化甲苯的反应机理。

（4）比较甲氧基和甲基两基团在其他反应条件下的定位效应。

（5）进行反应物料衡算，确定该合成反应所形成的副产物等。

实验 3.27 光化学法合成苯频哪醇

实验目的

（1）了解有机光化学合成方法。

（2）掌握光化学合成苯频哪醇的原理。

实验原理与方法

在紫外线辐射下，二苯甲酮分子结构中羰基氧上非成键电子易从基态 S_0 被激发跃迁到最低未占有能级，从第一激发单线态 S_1 转变为第一激发三线态 T_1，从而发生化学反应。T_1 态的二苯甲酮为双自由基，从 2-丙醇中羟甲基上夺取一个质子形成二苯羟基自由基，通过二聚合形成苯频哪醇。

反应方程式

$$C_6H_5C(=O)C_6H_5 + CH_3CH(OH)CH_3 \xrightarrow{h\nu} C_6H_5-C(OH)(C_6H_5)-C(OH)(C_6H_5)-C_6H_5 + CH_3C(=O)CH_3$$

仪器、装置与试剂

单口圆底烧瓶（50mL），球形冷凝管，真空抽滤装置，烧杯，四氟塞。红外光谱等分析测试仪器。

反应主要装置见图 3.40。

二苯甲酮，2-丙醇，冰乙酸。

实验步骤与操作

在 50mL 烧瓶中加入 5g 二苯甲酮[①]和 30mL 2-丙醇，水浴加热搅拌溶解，冷却后滴加一滴冰乙酸[②]，再在烧瓶中加满 2-丙醇。盖紧四氟塞，将反应烧瓶置于 100mL 烧杯中后暴露在太阳光或日光灯下一定时间[③]。观察固体析出量，试验停止需分离产品时[④]，打开瓶盖用水浴将溶液温热 15min 后，真空抽滤，滤出的固体用少量热水洗涤，再抽干。烘干后称重，计算产率[⑤]。测定产物的熔点。测定产物的红外光谱。

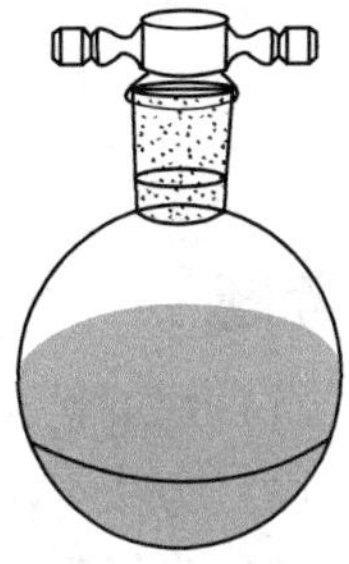

图 3.40　苯频哪醇的合成反应实验装置

(1) 苯频哪醇的性质　苯频哪醇（benzopinacol）$(C_6H_5)_2C(OH)C(OH)(C_6H_5)_2$[464-72-2]，*M*366.46，无色结晶。m. p. 184～186℃。难溶于水和醇等溶剂。苯频哪醇的红外光谱见图 3.41。

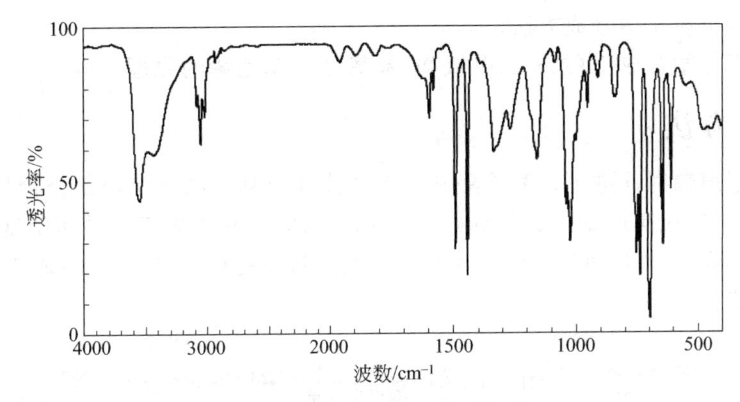

图 3.41　苯频哪醇的红外光谱

(2) 注解

① 二苯甲酮（benzophenone）[119-61-9]，$(C_6H_5)_2CO$，*M*182.22。m. p. 48～49℃，b. p. 305℃，难溶于水，易溶于有机溶剂。

② 加入冰乙酸以消除玻璃材质的碱性对反应的影响。

③ 暴露在强日光下或紫外灯下反应速率较快，在室内日光灯辐射下需要反应 1～2 周的时间。

④ 试验结束时间可根据实验具体安排。

⑤ 反应的完全程度与光辐射强度和时间有关。

预习内容

(1) 完成下表

化合物	*M*	m. p.	b. p.	*d* 或 *ρ*	n_D^{20}	*S*(水中溶解度)	投料量			理论产量/g
							mL	g	mol	
苯频哪醇										
二苯甲酮										
2-丙醇										

(2) 完成操作流程图

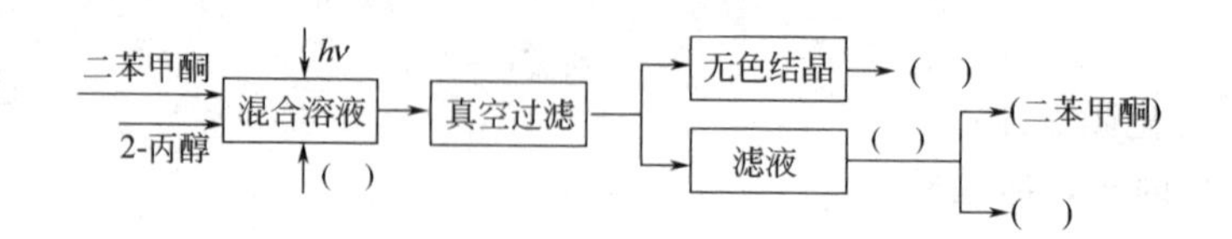

思考题

（1）写出光合成苯频哪醇的反应机理？

（2）为什么在反应烧瓶中装满 2-丙醇？

（3）为何要加入冰乙酸消除玻璃容器材质的碱性对反应的影响？

（4）若分离时，存在未反应的原料二苯甲酮，怎样回收利用，计算反应的物料平衡。

实验 3.28　声化学法合成 1-(2,3-二甲氧基) 苯基-2-硝基乙烯

实验目的

（1）了解有机声化学合成方法。

（2）掌握声化学合成 1-(2,3-二甲氧基)苯基-2-硝基乙烯的原理。

实验原理与方法

在室温和超声辐射促进下，芳香醛和具有活泼亚甲基的硝基烷烃化合物易发生 Knoevenagel 缩合反应，形成高产率的硝基烯烃化合物。2,3-二甲氧基苯甲醛和硝基甲烷在通常的反应条件下仅形成 35%的硝基烯烃，而在超声波促进下能够达到 99%的硝基烯烃产率。

反应方程式：

$$\text{MeO-C}_6\text{H}_3\text{(OMe)-CHO} + CH_3NO_2 \xrightarrow[\text{超声波,室温,3h}]{NH_4OAc/HOAc} \text{MeO-C}_6\text{H}_3\text{(OMe)-CH=CH-NO}_2$$

仪器、装置与试剂

超声仪，旋转蒸发仪，圆底烧瓶（50mL），球形冷凝管，分液漏斗，烧杯等。红外光谱等分析测试仪器。

反应主要装置见图 3.42。

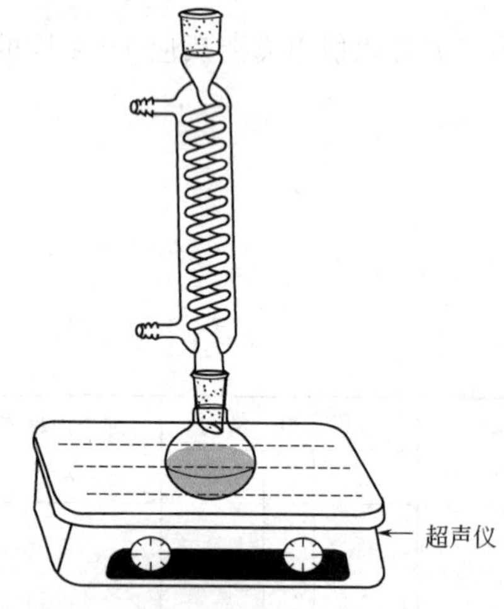

图 3.42　1-(2,3-二甲氧基) 苯基-2-硝基乙烯的合成反应实验装置

2,3-二甲氧基苯甲醛，硝基甲烷，冰乙酸，乙酸铵，二氯甲烷，碳酸钠，乙醇。

实验步骤与操作

在 50mL 烧瓶中加入 20.0mmol 的 2,3-二甲氧基苯甲醛①，13.0mL 硝基甲烷②，3.3mL 冰乙酸③ 和 3.324g 乙酸铵，室温下置于超声仪④ 辐射浴中反应 3h⑤。蒸馏出过量的硝基甲烷后，加入 15mL 水和 15mL 二氯甲烷，搅拌后分出有机相，用 5%碳酸钠溶液洗涤有机相至中性，分液，旋转蒸发至干，所得固体用乙醇重结晶，干燥称重，计算产率。测定产物的红外光谱。

（1）1-(2,3-二甲氧基)苯基-2-硝基乙烯的性质　1-

(2,3-二甲氧基)苯基-2-硝基乙烯［1-(2,3-dimethoxy) phenyl-2-nitroethylene］［37630-20-9］，$C_{10}H_{11}NO_4$，M209.20，无色结晶，m.p.83～85℃。难溶于水和醇等溶剂。

（2）注解

① 2,3-二甲氧基苯甲醛（2,3-dimethoxybenzaldehyde）［119-61-9］，$(C_6H_5)_2CO$，M182.22，m.p.48～49℃，b.p.305℃，难溶于水，易溶于有机溶剂。

② 硝基甲烷（nitromethane），易燃，有毒，注意不要接触皮肤。

③ 加入冰乙酸以消除玻璃材质的碱性对反应的影响。

④ 超声仪也可选用通常的超声清洗设备进行试验。

⑤ 暴露在强日光下或紫外灯下反应速率较快，在室内日光灯辐射下需要反应1～2周的时间。

预习内容

（1）完成下表

化　合　物	M	m.p.	b.p.	d 或 ρ	n_D^{20}	S(水中溶解度)	投　料　量			理论产量/g
							mL	g	mol	
1-(2,3-二甲氧基)苯基-2-硝基乙烯										
2,3-二甲氧基苯甲醛										
硝基甲烷										
冰乙酸										
乙酸铵										

（2）完成操作流程图

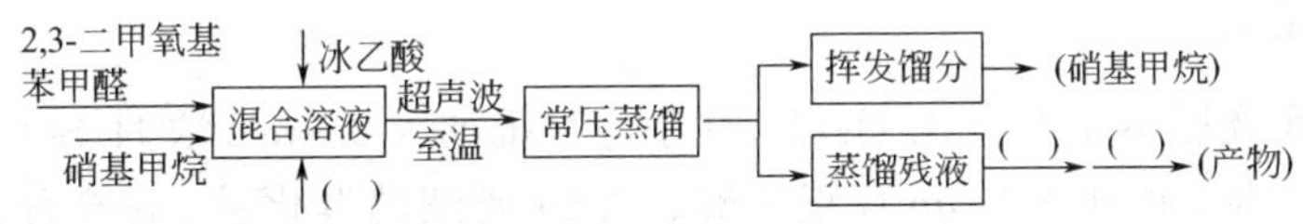

思考题

（1）写出Knoevenagel一般缩合反应机理？

（2）超声仪的作用原理？

（3）分析比较4-硝基苯甲醛等不活泼芳香醛和硝基甲烷的超声缩合反应结果？

（4）过量的硝基甲烷怎样回收利用，计算反应的物料平衡。

实验3.29　微波化学法合成1-溴丁烷

实验目的

（1）了解利用微波辐射合成有机化合物的原理和方法。

（2）掌握用微波辐射技术合成1-溴丁烷。

（3）了解微型实验的操作方法。

实验原理与方法

将微波技术应用于有机合成是从1986年才开始的，该技术能使有机反应速率提高数百倍甚至上千倍，具有反应快速、选择性好、产率高、副反应少等特点，近年来发展非常迅速。至于微波加速反应的原理，目前说法不一，较普遍的看法是，极性分子能很快吸收微波能，能量吸收的速率随介电常数而改变。极性分子接受微波辐射能量后，通过分子偶极以每秒数十亿次的高速旋转产生热效应，从而加速反应进行。

卤代烷可通过多种方法和试剂进行制备，如烷烃的自由基卤代和烯烃与氢卤酸的亲电加成反应等，但因产生的异构体混合物难以分离。实验室制备卤代烷最常用的方法是将结构对应的醇通过亲核取代反应转变为卤代物，常用试剂有卤化氢、三卤化磷、氯化亚砜。

本实验是微波加热条件下利用1-丁醇与溴化氢反应制备1-溴丁烷，反应式如下：

主反应

$$NaBr + H_2SO_4 \longrightarrow HBr + NaHSO_4$$

$$n\text{-}C_4H_9OH + HBr \xrightarrow{H_2SO_4} n\text{-}C_4H_9Br + H_2O$$

可能的副反应

$$CH_3CH_2CH_2CH_2OH \xrightarrow{H_2SO_4} CH_2CH_2CH{=\!=}CH_2 + H_2O$$

$$2CH_3CH_2CH_2CH_2OH \xrightarrow{H_2SO_4} (CH_3CH_2CH_2CH_2)_2O + H_2O$$

$$2HBr + H_2SO_4 \xrightarrow[\triangle]{} Br_2 + SO_2 + 2H_2O$$

仪器、装置与试剂

烧杯，圆底烧瓶，球形冷凝管，微电脑微波化学反应器 WBFY-201，75°蒸馏头，微型直形冷凝管，接收管，锥形瓶，分液漏斗，圆底烧瓶，温度计。

实验主要装置见图1.69。

浓硫酸①，1-丁醇②，溴化钠③，饱和碳酸氢钠，无水氯化钙。

实验步骤与操作

在25mL圆底烧瓶中加入2mL H_2O，并小心分批加入2.8mL浓 H_2SO_4，充分摇动混合物后冷至室温④。再依次加入2.0mL正丁醇、2.6g研细的溴化钠⑤，充分摇振后加入几粒沸石，装上回流球形冷凝管，冷凝管上口连一气体吸收装置⑥，用5%NaOH溶液作吸收液，将微波炉火力调至P80档，并将反应瓶置于微波炉内水浴加热（水温约90℃），并开始反应。回流10min左右。反应结束后，将反应液自然冷却数分钟后，拆去球形冷凝管及气体吸收装置。依次安装75蒸馏头、直形冷凝管、接收管及接收瓶。烧瓶内重新加几粒沸石，进行蒸馏，蒸至无油状物时，停止蒸馏。烧瓶内的残存物应趁热慢慢地倒入指定的废液缸中。将馏出液移至分液漏斗中，加入等体积的水洗涤。产物转入另一干燥的分液漏斗中，用等体积的浓硫酸洗涤，尽量分去硫酸层，有机相依次用等体积 H_2O、饱和 $NaHCO_3$、H_2O 洗涤⑦，然后转入干燥锥形瓶中，用适量的无水 $CaCl_2$ 干燥⑧。将干燥后的产物过滤到另一干燥的5mL蒸馏瓶中⑨，加入几粒沸石，加热蒸馏，收集99～103℃的馏分，放入已知质量的样品瓶中。称重，计算产率。测定折射率和红外光谱。

（1）1-溴丁烷的性质　$CH_3CH_2CH_2CH_2Br$(1-bromobutane)　[109-65-9]，M137.03，无色液体。能溶于醇和醚，不溶于水。m.p. －112.4℃。b.p.101～103℃，d1.2686(25/4℃)，n_D^{20}1.4398。1-溴丁烷的红外光谱图如图3.43。

（2）注解

① 硫酸（sulfuric acid），纯品为无色油状液体。m.p.10.49℃，b.p.338℃，340℃时分解，98.3%硫酸的 d_4^{20}1.834。有强烈吸水作用与氧化作用，与水猛烈结合放出大量的热，使棉麻织物、木材、纸张等碳水化合物剧烈脱水而炭化。

② 1-丁醇（butanol）[71-36-3]，$CH_3CH_2CH_2CH_2OH$，M74.12，无色透明液体。m.p. －90℃，b.p.117～118℃，d_4^{25}0.8097，n_D^{20}1.3993，闪点36～38℃。能与醇和醚及许

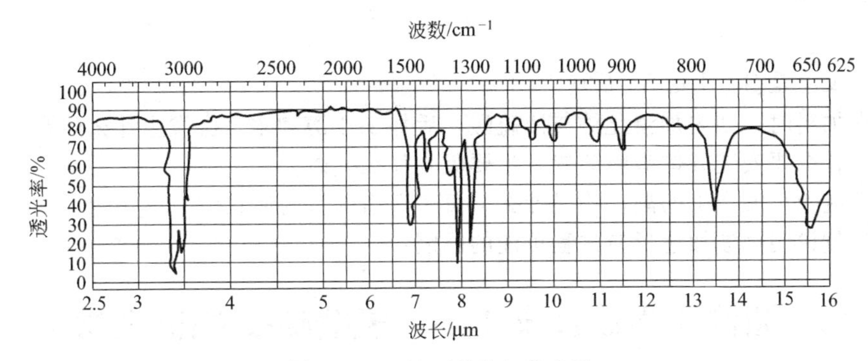

图 3.43　1-溴丁烷的红外光谱

多有机溶剂混溶，能溶于水。

③ 溴化钠（sodium bromide），m. p. 747℃，b. p. 1390℃，d_4^{25} 3.203。

④ 反应中生成的硫酸氢钠，冷却后生成硬块状物而留在烧瓶中，不易洗净。

⑤ 加溴化钠时尽量使其不要留在瓶壁上，尤其是烧瓶磨口处。

⑥ 气体吸收装置用于吸收反应中逸出的溴化氢气体，安装时必须使漏斗尽可能接近水面，但漏斗边缘不可侵入水面，以防倒吸。

⑦ 各步洗涤，均需注意何层取用，何层弃用。预习时应查找物理常数数据。若不知密度，可根据水溶性判断。若判断错误，切不可将废液倒掉，而应将每步洗涤废液留着，直到实验结束。

⑧ 干燥完毕，澄清透明的液体用倾析法（或过滤）倒入蒸馏烧瓶，切不可将干燥剂一起倒入进行蒸馏。

⑨ 粗产品洗涤后，应置于干燥的锥形瓶中干燥。第二次蒸馏必须全部使用干燥仪器。

（3）安全提示

① 1-溴丁烷：易燃，不要接近明火。有毒，不要吸入其蒸气或触及皮肤。

② 1-丁醇：其毒性与乙醇相近，不要吸入其蒸气或触及皮肤。二级易燃品，避免与明火接触。

③ 浓硫酸：有毒，腐蚀性强，一级无机酸性腐蚀品。不要吸入其烟雾，不要触及皮肤。配取硫酸水溶液时，一定要注意加料次序，应将浓硫酸滴加到水中。浓硫酸不得与粉状可燃物接触，以免发生燃烧事故。

预习内容

（1）完成下表

化合物	M	m. p.	b. p.	d 或 ρ	S(水中溶解度)	n_D^{20}	投料量			理论产量/g
							mL	g	mol	
1-溴丁烷										
1-丁醇										
溴化钠										
浓硫酸										

（2）请画出本实验的操作流程图。

（3）通过查阅有关资料了解本实验的反应原理以及微波辐射在有机合成反应中的应用及进展。

思考题

（1）本反应是 S_{N1} 还是 S_{N2} 反应？

（2）在加料时，如先加溴化钠与浓硫酸，后加1-丁醇和水，会发生什么问题？

（3）为什么要安装气体吸收装置，主要吸收什么气体？

（4）反应中可能产生的副产物是什么，每步洗涤的目的何在？

（5）举例说明微波加速反应进程可能的原因？

实验 3.30 微波化学法合成 3,4-二氢嘧啶-2-酮衍生物

实验目的

（1）利用微波法合成 3,4-二氢嘧啶-2-酮衍生物。

（2）掌握有机人名反应——Bigineli 反应及其机理。

（3）掌握微波合成的基本操作方法，巩固化合物分离提纯后处理的基本操作。

实验原理与方法

Bigineli 于1893年首次报道了由1分子的 β-羰基酯（乙酰乙酸乙酯）、1分子的芳香醛和1分子的尿素共三个组分原料，在含有催化量酸的质子溶剂中回流生成 3,4-二氢嘧啶-2-酮的衍生物，该合成方法称为 Bigineli 反应。研究发现，该反应产物具有与 1,4-二氢吡啶衍生物相似的结构和药理学活性，可制备钙拮抗剂、抗高血压药物等，并广泛应用在抗微生物、抗病毒、抗癌、杀菌等领域中。Bigineli 最早以浓盐酸作为反应催化剂，产率较低，科学家做了大量工作来改进 Bigineli 反应，使反应产率显著提高，有些反应产率达到90%以上。改进工作主要分为两个方面：一是使用更好的催化剂，如 Lewis 酸（$SnCl_2 \cdot 2H_2O$、$CoCl_2 \cdot 6H_2O$、$NiCl_2 \cdot 6H_2O$、$LaCl_3$、$InCl_3/InBr_3$ 等）、固体酸、离子液体等；二是采用新型合成方法，如固相合成法、超声波合成和微波合成法。

1986年 Gedye 等发现微波照射可以促进有机反应微波合成，标志着微波化学开始作为化学领域中一门新兴的边缘学科。由于微波的能级恰好与极性分子的转动能级相匹配，这就使得微波能可以被极性分子迅速吸收，从而与平动能发生自由交换，使反应活化能降低，进而使反应活性大为提高。所以微波合成具有传统加热方式不可比拟的优势。它不仅大大加快了反应速率，而且减少了副反应的发生，提高了收率，其原因主要是极快的升温速度使反应很快进行，从而减少了副反应的发生。

本实验中采用微波法，通过 Bigineli 反应合成 3,4-二氢嘧啶-2-酮衍生物。

反应方程式：

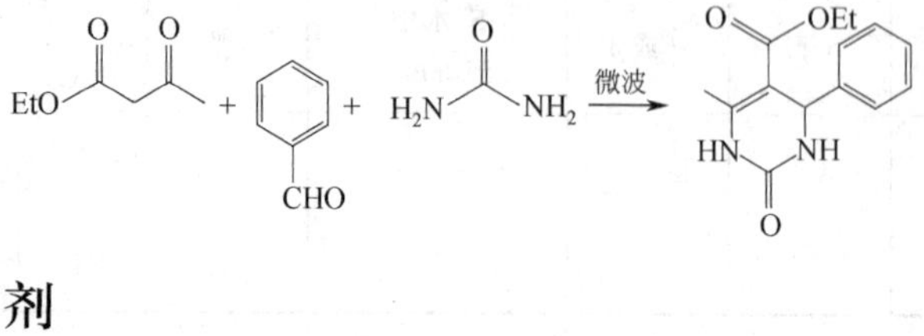

EtO ... O O ＋ CHO ＋ H_2N ... O ... NH_2 —微波→ O OEt / HN NH / O

仪器、装置与试剂

单口烧瓶（100mL），温度计（0～200℃），微电脑微波化学反应器 WBFY-201，布氏漏斗，抽滤瓶，烧杯，玻璃棒。

实验主要装置见图3.44。

乙酰乙酸乙酯（Ethyl acetoacetate），苯甲醛（Benzaldehyde），尿素（Urea），无水三氯化铁[Iron(Ⅲ)chloride anhydrous]。

实验步骤与操作

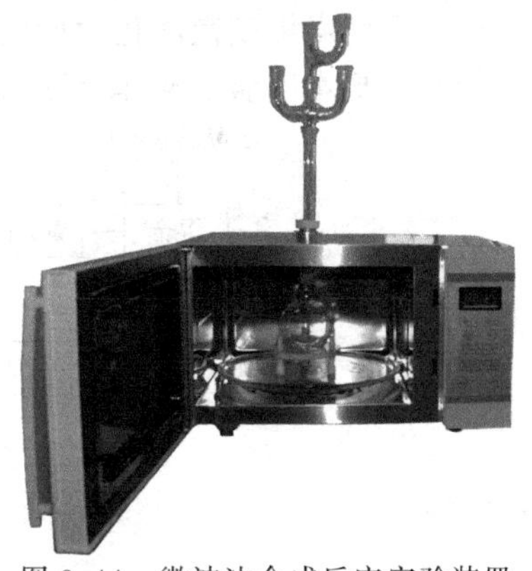

图 3.44 微波法合成反应实验装置

（1）3,4-二氢嘧啶-2-酮的制备 向 100mL 单口烧瓶中加入乙酰乙酸乙酯① 5.1mL(0.04mol)、苯甲醛② 4.0mL(0.04mol)、尿素③ 2.40g(0.04mol)、无水三氯化铁④ 0.65g(0.004mol)，混合溶液成深色。调整微波化学反应器 WBFY-201 置 10%功率挡，反应 10min 结束。然后将反应混合液置于冰箱冷藏室中，4℃下放置 8h 后，有固体析出。过滤得粗产品黄色固体，用乙醇反复洗涤，最后过滤得白色固体⑤。将其放置在干燥箱内 50℃下干燥 2h，最终得到 6.59g 白色固体，收率 63.36%，m.p. 200～202℃(文献值 204℃)。

（2）产物性质 3,4-二氢嘧啶-2-酮，$C_{14}H_{16}O_3N_2$，白色结晶性粉末。b.p. 204℃，^{1}H NMR 参见文献[28]。

（3）注解

① 乙酰乙酸乙酯（ethyl acetoacetate）[141-97-9]，$C_6H_{10}O_3$，无色透明液体，有香味。b.p. 180～181.5℃，F.p. 184°F(84℃)，d_4^{20} 1.020～1.029，n_D^{20} 1.4190～1.4196。能与多种有机溶剂相混溶，微溶于水。

② 苯甲醛（benzaldehyde）[100-52-7]，C_7H_6O，无色或淡黄色液体，有杏仁味，能挥发。b.p. 177～179℃，d_4^{20} 1.05，n_D^{20} 1.545。具强折光性，露置空气中或见光颜色变黄。能与乙醇相混溶。

③ 尿素（urea）[57-13-6]，H_4N_2CO，无色柱状结晶或白色粉末。溶于水、醇和苯，难溶于醚，不溶于三氯甲烷。

④ 无水三氯化铁[anhydrous iron(Ⅲ)chloride][7705-08-0]，黑棕色有金属光泽的细小结晶。m.p. 300℃。易潮解，溶于水、三溴化磷、三氯氧磷和有机溶剂，尤其溶于甲醇和丙酮，与乙醇和乙醚能生成分子复合物。

⑤ 乙醇反复洗涤黄色粗品时，要将粗品研磨碎，使包含的杂质溶于乙醇中，通过过滤除去。

（4）安全提示

① 苯甲醛 该品吞入有害，使用时应避免与皮肤接触，应密封避光保存。

② 无水三氯化铁 该品具有腐蚀性，能引起烧伤，接触皮肤后应立即用大量指定的液体冲洗。应密封避光干燥保存。

预习内容

（1）预习实验参考文献，了解 Bigineli 反应和微波反应在有机合成中的发展与应用。

（2）完成下表

化合物	M	m.p.	b.p.	d 或 ρ	S(水中溶解度)	n_D^{20}	投料量			理论产量/g
							mL	g	mol	
乙酰乙酸乙酯										
苯甲醛										
尿素										
无水三氯化铁										
3,4-二氢嘧啶-2-酮										

（3）了解微电脑微波化学反应器 WBFY-201 的操作规程及安全操作方法。

（4）完成本实验的操作流程图

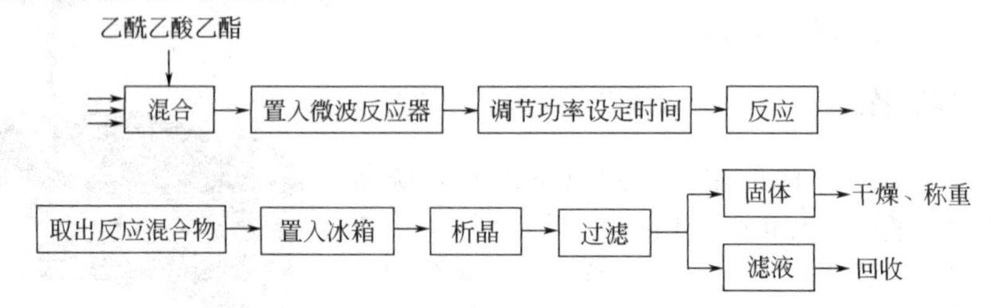

思考题

（1）画出 Bigineli 反应可能的反应机理，并指出实验中无水三氯化铁的作用。

（2）分析微波反应在有机合成中的优势。查找文献，了解微波反应在有机合成中的其他应用。

实验 3. 31　微波化学法合成五乙酰基葡萄糖

实验目的

（1）用微波辐射法合成五乙酰基葡萄糖。

（2）通过与传统加热方法的比较，了解微波辐射促进有机合成反应的特点。

基本原理与方法

自 1986 年，加拿大 Laurentian 大学 R. Gedye 教授领导的课题组报道了在常规条件和微波照射下一些有机反应的对比结果，发现微波能够加快反应速率，提高产率以来，微波作为一种非传统的能源在有机合成中越来越受到关注。

微波是指频率在 300MHz～300GHz，即波长在 1mm～1m 范围的电磁波，它位于电磁波谱的红外辐射与无线电波之间。微波是怎样与物质作用的呢？目前主要有两种观点：一种观点认为微波反应是内加热，具有加热速度快，加热均匀，无温度梯度，无滞后效应等优点。但其对化学反应的加速主要归结为对极性物质的选择性加热，亦即微波的致热效应。另一种观点认为微波对化学反应的作用是非常复杂的，不能仅用致热效应来解释，微波还有一种非热效应，可以降低活化能。

糖是一类多羟基醛酮化合物，采用传统的加热方法不仅耗时长，而且反应副产物多，增加了分离和分析的困难。如果能用微波辐射作为反应能量，不仅能够降低反应时间，提高产率，而且能增加反应选择性。微波可促进无溶剂等有机合成，正日益发展成为“绿色化学”的新兴研究领域之一。

本实验在微波辐射下进行的糖上羟基的乙酰化反应，羟基保护是糖化学中的基本反应之一。

反应方程式如下：

$$\alpha\text{-D-葡萄糖} \xrightarrow[\text{5min, 30\% 功率}]{Ac_2O,\ ZnCl_2} \text{D-五乙酰基葡萄糖}$$

仪器、装置与试剂

微电脑微波反应器 WBFY-201，单颈烧瓶，球形冷凝管。

实验主要反应装置参见图 3.8。

α-D-葡萄糖，乙酸酐①，氯化锌②，所用试剂均为分析纯级。

实验步骤与操作

（1）D-五乙酰基葡萄糖的合成　在 100mL 单颈烧瓶中加入 2g（11.1mmol）α-D-葡萄糖、10.2g（100mmol）乙酸酐和 0.2g（1.47mmol）氯化锌。将烧瓶放置于微波反应器中，在烧瓶的上方加上球形冷凝管。在 30%功率下反应 5min。反应结束后，反应液呈亮黄色。后处理有两种方法。

方法一：待反应液冷却至室温后，倾入大量冰水中，D-五乙酰基葡萄糖就会慢慢析出，减压抽滤，固体用水洗涤至中性，得到白色的固体，可用乙酸乙酯或无水乙醇重结晶。D-五乙酰基葡萄糖的得率为 66%，$\alpha/\beta=1:1$，m.p. 112～113℃。

方法二：在冷却至室温的反应液中加入适量的二氯甲烷，再加入粉末状的碳酸氢钠（3g），混合液搅拌 10min，减压抽滤，滤液用旋转蒸发仪除去溶剂，得到的 D-五乙酰基葡萄糖可在戊烷中沉淀出来，可用来纯化 D-五乙酰基葡萄糖。

（2）注解

① 乙酸酐（acetic anhydride）[108-24-7]，$C_4H_6O_3$，M102.09。为二级有机酸性腐蚀物品，属低毒类，对皮肤、眼睛、呼吸道黏膜都有伤害，有催泪作用。能引起组织细胞的蛋白质变性。其蒸气的刺激性极强，吸入蒸气而产生的中毒作用基本上与乙酸相同。经常接触会引起皮炎、慢性结膜炎等。皮肤接触时立即用大量水和肥皂冲洗，24h 后再上烫伤药膏。

② 氯化锌（zinc chloride）[7646-85-7]，$ZnCl_2$，M136.29。吸入氯化锌烟雾可引起支气管肺炎，高浓度吸入可致死，患者表现有呼吸困难，胸部紧束感，胸骨后疼痛，咳嗽等。氯化锌潮解性极强，能从空气中吸收水分潮解。

预习内容

（1）完成下表

化合物	M	m.p.	b.p.	d 或 ρ	S（水中溶解度）	n_D^{20}	投料量			理论产量/g
							mL	g	mol	
葡萄糖										
乙酸酐										
氯化锌										
D-五乙酰基葡萄糖										

（2）完成下列操作流程图（后处理选用方法一）

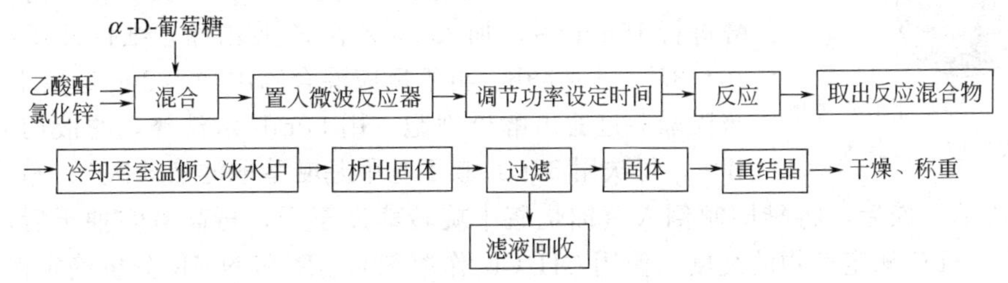

（3）预习糖上羟基的保护和脱保护基本原理和方法。

（4）查找微波促进有机化学反应原理和实验方面的相关文献。

思考题

（1）微波作用于物质的基本原理是什么？

（2）与传统的反应相比，微波反应有哪些优点？

（3）微波的功率选择太大会出现什么情况？

（4）在糖的一系列反应中为什么要将糖上的羟基保护起来；除了乙酰基可作为保护基，你还知道哪些保护基团？

实验 3.32　酶催化化学法合成 3-羟基丁酸乙酯

实验目的

（1）了解生物酶催化有机合成的原理和方法。

（2）学习生物酶催化剂的特性。

实验原理与方法

3-羟基丁酸乙酯手性化合物能通过生物酶催化还原乙酰乙酸乙酯制备。传统的 $NaBH_4$ 或 $LiAlH_4$ 还原方法形成外消旋化产物，即产生 50％的 R 型和 50％的 S 型醇异构体。在手性酶催化还原作用下，非手性的酮能被还原为手性醇化合物，对映体过量值为 70％～97％。

反应方程式

$$CH_3\overset{\overset{O}{\|}}{C}CH_2\overset{\overset{O}{\|}}{C}OCH_2CH_3 \xrightarrow{\text{酶}} H\cdots C(CH_3)(OH)-CH_2\overset{\overset{O}{\|}}{C}OCH_2CH_3$$

仪器、装置与试剂

三口烧瓶（100mL），球形冷凝管，温度计（0～100℃），磁力搅拌器（或电动搅拌器），旋转蒸发器，布氏漏斗，分液漏斗（250mL），烧杯，玻璃棒。TLC，旋光仪，IR 或 NMR 等分析测试用仪器。

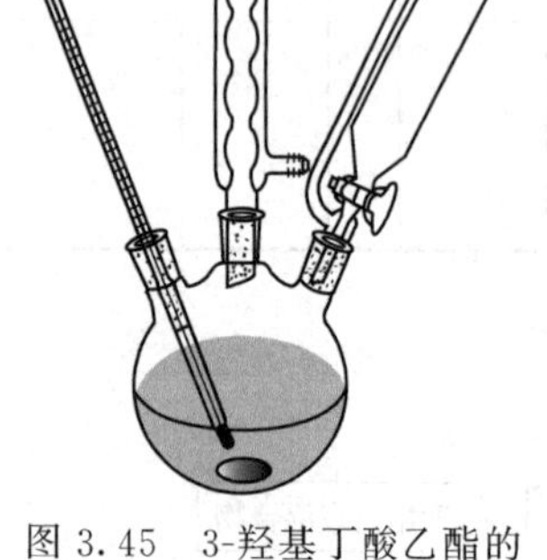

图 3.45　3-羟基丁酸乙酯的合成反应实验装置

实验主要装置见图 3.45。

乙酰乙酸乙酯，蔗糖，磷酸氢二钠，干酵母，硅藻土，氯化钠，叔丁基甲基醚，甲醇，无水硫酸钠。

实验步骤与操作

在 500mL 三口烧瓶中依次加入 80g 蔗糖、0.5g 磷酸氢二钠溶于 35℃ 300mL 的热水，搅拌下在加入 16g 干酵母。当发酵进行 15min 后，加入 5g 乙酰乙酸乙酯，维持此反应体系在 30～35℃至少 48h。再于反应混合物中加入 20g 硅藻土①，通过布氏漏斗过滤出酵母细胞，用 50mL 水洗涤，滤液用氯化钠饱和②，每次用 50mL 叔丁基甲基醚萃取滤液 5 次③。萃取液醚层用无水硫酸钠干燥后，将醚层倾倒入蒸馏烧瓶中旋转蒸发至干，再高真空抽干后，称重约 3.5g 产品。TLC 测定产物的纯度（使用 CH_2Cl_2 作溶剂），IR 和 NMR 分析确定产品结构，旋光仪测定产物的光学纯度。

（1）3-羟基丁酸乙酯的性质 3-羟基丁酸乙酯（ethyl 3-hydroxybutyrate）［5405-41-4］，$CH_3CH(OH)CH_2CO_2C_2H_5$，M132.16，无色或浅黄色液体。b. p. 170℃，n_D^{20} 1.4200，d_4^{20} 1.017。

S-(+)-3-羟基丁酸乙酯（ethyl-S-(+)-3-hydroxybutyrate）［56816-01-4］。b. p. 180～182℃。d_4^{25} 1.012，n_D^{20} 1.4210，$[\alpha]_D^{20}$ +43°(c=1，$CHCl_3$)。

R-(−)-3-羟基丁酸乙酯（ethyl R-(−)-3-hydroxybutyrate）［24915-95-5］，b. p. 75～76℃/1.6kPa。d_4^{25} 1.017，n_D^{20} 1.4200，$[\alpha]_D^{20}$ −46°（c=1，$CHCl_3$）。

（2）注解

① 硅藻土［61790-53-2］，白色结晶性粉末，用作助滤剂。

② 降低产物在水中的溶解度。

③ 若分液出现乳化现象，可加入少量甲醇。

预习内容

（1）完成下表

化合物	M	m. p.	b. p.	d 或 ρ	n_D^{20}	S(水中溶解度)	投料量			理论产量/g
							mL	g	mol	
乙酰乙酸乙酯										
磷酸氢二钠										
3-羟基丁酸乙酯										

（2）写出反应介质和反应条件（温度、时间）。

（3）完成操作流程图

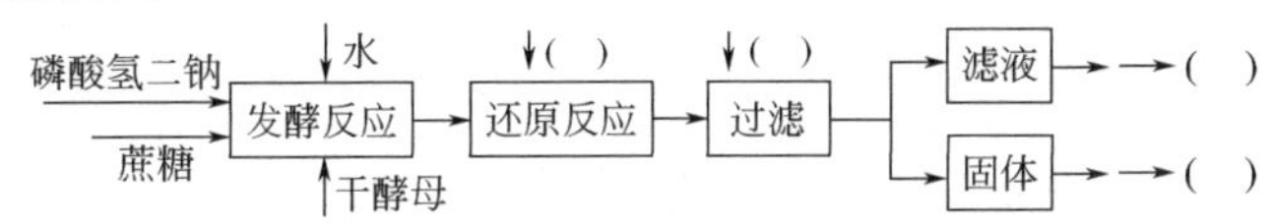

思考题

（1）生物酶的特性有哪些？

（2）手性分子的 R，S 标记方法？

（3）怎样确定所合成手性产物的光学纯度？

（4）进行本反应的物料平衡计算，有多少副产物形成？怎样回收处理？

参 考 文 献

1 武汉大学化学与分子科学学院实验中心．有机化学实验．武汉：武汉大学出版社，2004
2 许遵乐，刘汉标，陆慧宁．有机化学实验．第二版．广州：中山大学出版社，1999
3 朱霞石．大学化学实验・基础化学实验一．南京：南京大学出版社，2006
4 殷学锋．新编大学化学实验．北京：高等教育出版社，2002
5 李兆陇，阴金香，林天舒．有机化学实验．北京：清华大学出版社，2000
6 谷珉珉，贾韵仪，姚子鹏．有机化学实验．上海：复旦大学出版社，1991
7 周宁怀，王德琳．微型有机化学实验．北京：科学出版社，1999
8 黄宪，王彦广，陈振初．新编有机合成化学．北京：化学工业出版社，2003
9 高占先．有机化学实验．第四版．北京：高等教育出版社，2004
10 唐玉海，刘芸．有机化学实验．西安：西安交通大学出版社，2002
11 周志高，蒋鹏举．有机化学实验．北京：化学工业出版社，2004
12 唐培堃，冯亚青．精细有机合成化学与工艺学．第二版．北京：化学工业出版社，2006
13 华东理工大学有机化学教研组．有机化学．北京：高等教育出版社，2006
14 陈寿山，刘玉龙．有机锂、有机镁制备手册．天津：南开大学出版社，1995

15 Suffert J. Simple direct titration of organolithium reagents using *N*-pivaloyl-o-toluindine and/or *N*-pivaloyl-o-benzylaniline. *J Org Chem*, 1989, 54: 599
16 浙江大学. 综合化学实验. 北京：高等教育出版社，2001
17 王尊本. 综合化学实验. 北京：科学出版社，2003
18 北京大学. 综合性实验. 北京：高等教育出版社，2003
19 许招会，廖维林，王牲. 化工时刊，2006，20：30
20 黄涛. 有机化学实验. 第二版. 北京：高等教育出版社，1998：176
21 Conchie J. Advances in Carbohydrate Chemistry. 1957, 12: 161
22 Katritzky A R, Angrish P, Deniz H, Kazuyuki S. *N*-(Cbz-and Fmoc-α-aminoacyl)benzotriazoles: Stable Derivatives Enabling Peptide Coupling of Tyr, TRP, Cys, Met, and Gin with Free Amino Acids in Aqueous Media with Complete Retention of Chirality. *Synthesis*, 2005, 3: 397
23 Laali K K, Gettwert V J. Electrophilic Nitration of Aromatics in Ionic Liquid Solvents. *J Org Chem*, 2001, 66: 35
24 Williamson K L. Macroscale and Microscale Organic Experiments: 3rd. MA: Houghton Mifflin Company, 1999
25 McNulty J, Steere J A, Wolf S. The Ultrasound Promoted Knoevenagel Condensation of Aromatic Aldehydes. *Tetrahedron Lett*, 1998, 39: 8013
26 周志高. 有机化学实验. 北京：化学工业出版社. 2002
27 荣国斌译. 有机人名反应及机理. 第 1 版. 上海：华东理工大学出版社. 2003
28 Stadler A, Kappe C O. Automated Library Generation Using Sequential Microwave-Assisted Chemistry. Application toward the Biginelli Multicomponent Condensation. *J Comb Chem*, 2001, 3: 624
29 Cléophax J, Liagre M, Loupy A, Petit A. Application of Focused Microwaves to the Scale-Up of Solvent-Free Organic Reactions. *Organic Process Research & Development* 2000, 4: 498
30 Stick R V. Carbohydrates-The Sweet Molecules of Life. London: Academic Press, 2001